高等学校经典畅销教材

机床夹具设计

（第3版）

王启平　主编

MACHINE TOOL FIXTURE DESIGN

哈尔滨工业大学出版社
HARBIN INSTITUTE OF TECHNOLOGY PRESS

内容提要

本书主要包括机床夹具概述,工件在夹具中的定位,工件在夹具中的夹紧,夹具在机床上的定位、对刀和分度,各类机床夹具的结构特点,可调夹具及组合夹具设计,机床夹具的设计方法及步骤等7章内容。在主要章节中还编有示例,以帮助读者更好地理解和掌握教材的内容,书后还附有习题,常用夹具的定位、夹紧和主要技术要求的参考资料。

本书是高等工科院校和职业技术学院机械制造类专业教材,也可供从事夹具设计与制造的工程技术人员参考。

图书在版编目(CIP)数据

机床夹具设计/王启平主编. —2 版. —哈尔滨:哈尔滨工业大学出版社,2005.7(2016.7 重印)
ISBN 978-7-5603-0045-0

Ⅰ.①机… Ⅱ.①王… Ⅲ.①机床夹具−设计−高等学校−教材 Ⅳ.①TG750.2

中国版本图书馆 CIP 数据核字(2010)第 035220 号

责任编辑 张秀华 孙连嵩
封面设计 卞秉利
出版发行 哈尔滨工业大学出版社
社　　址 哈尔滨市南岗区复华四道街 10 号 邮编150006
传　　真 0451 − 86414749
网　　址 http://hitpress.hit.edu.cn
印　　刷 肇东市一兴印刷有限公司
开　　本 787mm×1092mm 1/16 印张 15.75 字数 364 千字
版　　次 2005 年 7 月第 2 版 2016 年 7 月第 14 次印刷
书　　号 ISBN 978-7-5603-0045-0
定　　价 30.00 元

(如因印装质量问题影响阅读,我社负责调换)

前　言

本书是为适应普通高等院校、高等职业技术学校和高等职业专科学校机械类专业教学的需要,受全国高等院校机械制造工艺学研究会东北分会的委托编写而成。多年来受到广大读者的欢迎作者表示衷心的感谢。

本书共由 7 章组成。第 1 章机床夹具概述,主要是通过对采用夹具安装方法,保证零件加工精度的原理和各类夹具总体结构以及专用夹具的组成的简要介绍,使读者对机床夹具的作用、结构、分类及组成有一个总的概括认识;第 2~4 章,是通过对工件在夹具中的定位、夹紧及夹具在机床上的定位、对刀和分度等内容的详细分析和讨论,使读者对夹具中的主要组成元件或装置的设计计算及标准元件的选用有一个初步的掌握;第 5、6 章是通过分析介绍各类机床专用夹具、可调夹具和组合夹具的结构特点,使读者对在大批量生产中使用的专用夹具的设计,及在中小批量多品种生产中采用的可调夹具和组合夹具的组装有一个初步的了解;第 7 章是通过对专用夹具设计的方法与步骤,以及夹具体设计的介绍,使读者了解和熟悉一个专用夹具的设计过程,并对夹具主要组成部分——夹具体的设计也有所掌握。

本书在内容上尽量做到少而精,由浅入深,理论与实例相配合,以适用于各类高等学校的教学。为使读者更好地理解和掌握教材内容,在主要章节中均编有示例。书后还附有供教学使用的习题,设计专用夹具时所需的常用定位、夹紧和夹具主要技术要求等参考资料。

本书由哈尔滨工业大学王启平任主编、代明君任副主编,参加编写的有王启平、代明君、韩尚勇、刘会英、缪吉美、李庆余和李益民。全书由大连工学院王小华审阅。

本书可作为普通高等工科院校、高等职业技术学校和高等职业专科学校机械类专业的教材,也可供机械制造企业中从事夹具设计与制造方面的技术人员参考。

由于编者水平所限,书中难免有不当之处,恳请读者批评指正。

编　　者

2005 年 3 月

目　录

第 *1* 章

机床夹具概述

1.1 工件的装夹与夹具

1.1.1 工件装夹的概念

在机床上对工件进行加工时,为了保证加工表面相对其他表面的尺寸和位置精度,首先需要使工件在机床上占有准确的位置,并在加工过程中能承受各种力的作用而始终保持这一准确位置不变。前者称为工件的定位,后者称为工件的夹紧,这一整个过程统称为工件的装夹。在机床上装夹工件所使用的工艺装备称为机床夹具(以下简称夹具)。

工件的装夹,可根据工件加工的不同技术要求,采敢先定位后夹紧或在夹紧过程中同时实现定位两种方式,其目的都是为了保证工件在加工时相对刀具及切削成形运动(通常由机床所提供)具有准确的位置。例如在牛头刨床上加工一槽宽尺寸为 B 的通槽,若此通槽只对 A 面有尺寸和平行度要求时(图 1.1(a))可采用先定位后夹紧装夹的方式;若此通槽对左右侧两面有对称度要求时(图 1.1(b)),则要求采用在夹紧过程中实现定位的对中装夹方式。

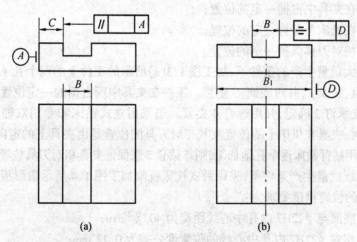

图 1.1　需采用不同装夹方式的工件

1.1.2 工件装夹的方法

在机床上对工件进行加工时,根据工件的加工精度要求和加工批量的不同,可采用如下两种装夹方法。

1. 找正装夹法

找正装夹法即通过对工件上有关表面或划线的找正,最后确定工件加工时应具有准确位置的装夹方法。如对图 1.1(a)所示工件的加工,可将工件直接放置在牛头刨床的工作台上,在牛头刀夹上安置一块百分表或划针,通过牛头滑枕前后运动找正被加工工件的左侧 A 面,如图 1.2(a),找正后再夹紧工件进行刨槽加工。

2. 夹具装夹法

夹具装夹法即通过安装在机床上的夹具对工件的定位和夹紧,最后确定工件加工时应具有准确位置的装夹方法。如对图 1.1(a)所示工件的加工,可将工件装夹到专用刨槽夹具中(图 1.2(b))即可实现工件在加工时的准确位置。由于夹具装夹法的装夹效率高、操作简便和易于保证加工精度,故多在成批或大量生产中采用。

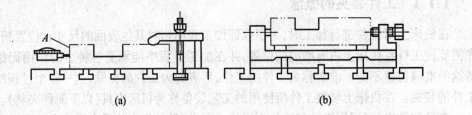

图 1.2 工件装夹的两种方法

1.1.3 用夹具装夹时保证工件加工精度的条件

采用夹具装夹法对工件进行加工时,为了保证工件加工表面相对其他有关表面的尺寸和位置精度,必须满足下述三个条件:

(1)工件在夹具中占据一定的位置;

(2)夹具在机床上保持一定的位置;

(3)夹具相对刀具保持一定的位置。

例如,在大批量生产的条件下,加工图 1.3(a)所示的工件上的两个孔 ϕD,要求两孔的位置尺寸为 A、B 及 L,并对底面 C 垂直。工件在夹具中所占据的一定位置是由四个支承板 1 及三个支承钉 2 确定,并用螺钉 4 夹紧。当采用立式钻床和专用双轴钻削头同时加工工件两孔时,夹具在机床上的位置及其相对刀具的位置是由夹具上的定向键 3 和钻套 5 保证的;若改用摇臂钻床逐个孔地加工,则靠钻套 5 来保证夹具相对刀具位置就可以了。

再如,在成批量生产条件下,采用卧式铣床铣削加工图 1.4 所示扇形板工件上的三个 8H9 通槽,槽的位置精度要求为:

(1)三槽底面与 $\phi 22H7$ 内孔中心线距离为 $40^{+0.2}_{0}$ mm;

(2)三槽相对 $\phi 22H7$ 内孔中心线的位置度公差为 0.12 mm;

(3)三槽对端面 B 的垂直度公差为 0.08 mm;

(4)三槽之间的角度公差为 ±10′。

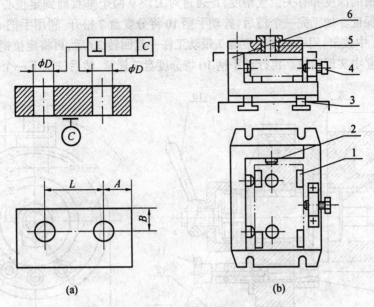

图 1.3　工件上钻孔工序简图及钻孔夹具

1—支承板;2—支承钉;3—定向键;4—螺钉;5—钻套;6—夹具体

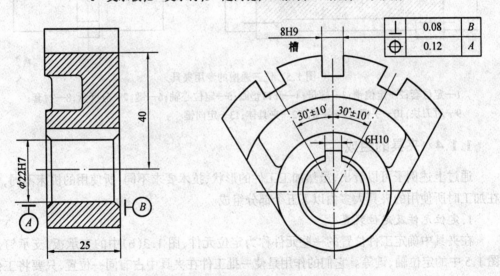

图 1.4　扇形板工件铣三槽的工序简图

　　工件上三个通槽 8H9 的尺寸精度由铣刀的宽度尺寸来保证,三槽底面与 ϕ22H7 内孔中心线距离的尺寸精度及三槽的位置精度,则需由工件在夹具中的装夹及夹具在机床上的准确安装来保驻,即加工时严格控制铣刀相对工件内孔 ϕ22H7 中心线的位置,以保证上述第 1、2、3 项精度要求;由夹具上的精密分度机构保证第 4 项精度要求。

　　图 1.5 为加工扇形板三通槽的专用夹具。扇形板工件上的内孔 ϕ22H7、键槽 6H10 及两端面均在以前工序加工完毕,并达到图纸要求。在铣槽工序中,工件以内孔 ϕ22H7、键槽 6H10 及端面 B 在夹具定位心轴 5 及键 6 上定位,拧紧螺母 3、通过开口垫圈 4 将工件夹紧。件 9 为对刀块,件 13 为定向键,它们分别确定夹具相对刀具和夹具在机床上的准

确位置。铣槽的深度和有关位置精度，是通过对刀块 9 两个垂直面到定位心轴中心线的尺寸精度来保证。加工完一个槽后，拧动手柄 10 将分度盘 7 松开，利用手把 11 将定位销 2 由定位套 1 中拔出，用手柄使分度盘 7 带动工件一起回转 30° 后，再将定位销 2 重新插入另一个定位套中实现转位。再拧动手柄 10 将分度盘 7 锁紧，然后铣削下一个通槽。

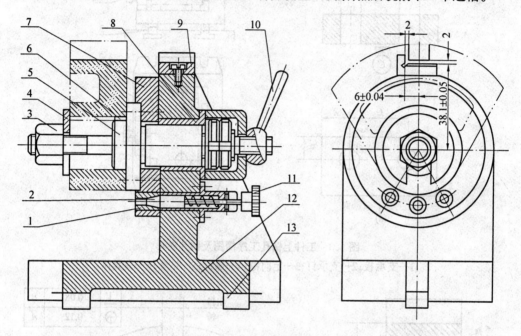

图 1.5　铣三通槽的专用夹具

1—定位套；2—定位销；3—螺母；4—开口垫圈；5—定位心轴；6—键；7—分度盘；8—衬套；
9—对刀块；10—手柄；11—手把；12—夹具体；13—定向键

1.1.4　夹具的组成

通过上述例子可以看出，虽然加工工件的形状、技术要求不同，所使用的机床不同，但在加工时所使用的夹具大多由以下五个部分组成。

1. 定位元件及定位装置

在夹具中确定工件位置的一些元件称为定位元件，图 1.3(b) 中的支承板、支承钉及图 1.5 中的定位轴、键等。它们的作用是使一批工件在夹具中占有同一位置，只要将工件的定位基面与夹具上的定位元件相接触或相配合，就可以使工件定位。有些夹具还采用由一些零件组成的定位装置对工件进行定位。

2. 夹紧装置

在夹具中由动力装置（如气缸、油缸等）、中间传力机构（如杠杆、螺纹传动副、斜楔、凸轮等）和夹紧元件（如卡爪、压板、压块等）组成的装置称为夹紧装置，图 1.3(b) 中的夹紧螺钉及图 1.5 中的螺母、螺杆、开口垫圈等。它们的作用是用以保持工件在夹具中已确定的位置，并承受加工过程中各种力的作用而不发生任何变化。

3. 对刀及导引元件

在夹具中，用来确定加工时所使用刀具位置的元件称为对刀及导引元件，如图 1.3

(b)中的钻套及图 1.5 中的对刀块等。它们的作用是用来确定夹具相对刀具(如铣刀、刨刀等)的位置,或引导刀具(如孔加工用的钻头、扩孔钻,铰刀及镗刀等)的方向。

4. 夹具体

在夹具中,用于连接上述各元件及装置使其成为一个整体的基础零件称为夹具体,如图 1.3(b)中的件 6 及图 1.5 中的件 12 等。它们的作用,除用于连接夹具上的各种元件和装置外,还用于夹具与机床有关部位进行连接。

5. 其他元件及装置

在夹具中,除上述定位元件、夹紧装置、对刀及导引元件以外的其他元件及装置,图 1.3(b)及图 1.5 中的定向键,图 1.5 中的分度转位装置等。它们的作用是确定夹具在机床有关部位的方向或实现工件在夹具同一次装夹中的分度转位。

1.2　夹具的分类与作用

机床夹具的种类很多,可按夹具的应用范围分类,也可按所使用的动力源进行分类。

1.2.1　按夹具的应用范围分类

1. 通用夹具

通用夹具是指在一般通用机床上所附有的一些使用性能较广泛的夹具,如车、磨床上的三爪和四爪卡盘、顶针和鸡心夹头,铣、刨床上的平口钳、分度头和回转工作台等。它们在使用上有很大的通用性,往往无需调整或稍加调整(包括配换个别零件)就可用于装夹不同的工件。这类夹具一般已标准化,并由专业工厂生产作为机床附件供用户使用。

通用夹具主要用于单件和中、小批生产、装夹形状比较简单和加工精度要求不太高的工件。在大批、大量生产中,对形状复杂或加工精度要求较高的工件,往往由于操作麻烦和装夹效率低而很少采用这类夹具。

2. 专用夹具

专用夹具是指专门为某一种工件的某一工序设计的夹具。此类夹具一般不考虑通用性,以便使夹具设计得结构简单、紧凑、操作迅速和维修方便。专用夹具通常由使用厂根据工件的加工要求自行设计与制造,生产准备周期较长。当生产的产品或零件工艺过程变更时,往往无法继续使用,故此类夹具只适于在产品固定和工艺过程稳定的大批量生产中使用。图 1.6 所示的钻左、右支架上三孔的钻床夹具,即为专用夹具的一个示例。

在夹具中,工件以端平面和相互垂直的两孔为定位基准,分别在圆环支承板 2、支承板 1 和定位销 3、削边销 6 上定位,用开口垫圈 4 通过螺母 5 将工件夹紧。

3. 成组夹具

在生产中,有时由于加工批量较小,为每种零件都分别设计专用夹具很不经济,而使用通用夹具又往往不能满足加工精度和生产率的要求,故而采用成组加工工艺,并根据组内的典型代表零件设计成组夹具。这类夹具在使用时,只需对夹具上的部分定位、夹紧元件等进行调整或更换,就可用于组内不同工件的加工。

图 1.7 所示的磨削主轴或套筒锥孔的工具,即为成组夹具中的一个示例。通过更换不同尺寸的可换垫块 3,便可对不同尺寸定位轴颈的主轴或套筒的锥孔进行磨削加工。

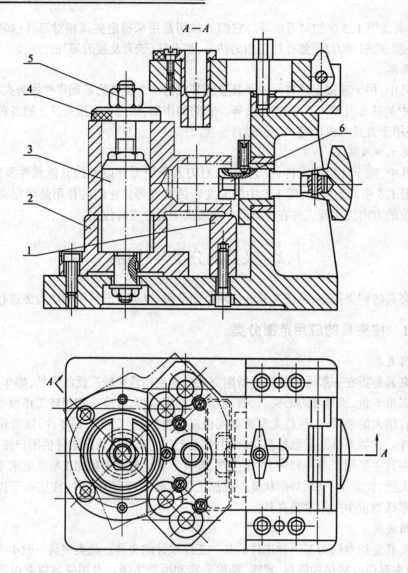

图 1.6   左、右支架钻孔夹具
1—支承板；2—环形支承板；3—定位销；4—开口垫圈；5—螺母；6—削边销

4.组合夹具

组合夹具是在夹具零、部件标准化的基础上发展起来的一种适应多品种、小批量生产的新型夹具。它是由一套结构和尺寸已经规格化、系列化的通用元件、合件和部件构成。它们包括：基础件、支承件、定位件、导向件、压紧件、紧固件、辅助件、合件和部件等。这些通用元件、合件和部件是由专业工厂生产供应的，使用单位可根据被加工工件的加工要求，很快地组装出所需要的夹具。夹具使用完毕后，可以将各组成元件、合件等拆开，清洗后入库以备下次组合使用。由于这类夹具有缩短生产准备周期、减少专用夹具的品种、数量和存放面积等优点，且组装后又可达到较高的精度，故在加工批量较大的生产条件下也是适用的。

图 1.8 所示的双臂曲柄钻孔夹具，由有关元件组装成的组合夹具的一个示例。

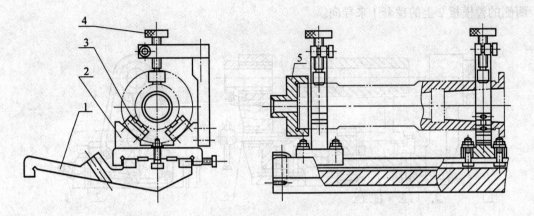

图 1.7　磨削主轴或套筒锥孔的成组夹具
1—夹具体；2—V 形块；3—可换垫块；4—夹紧螺钉；5—带动头

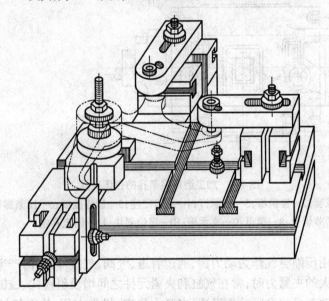

图 1.8　双臂曲柄钻孔组合夹具

1.2.2　按夹具上的动力源分类

1.手动夹具

此类夹具是以操作工人手臂之力作为动力源,通过夹紧机构夹紧工件。为了尽量减轻工人的操作强度和保证夹紧工件的可靠性,此类夹具的夹紧机构必须具有增力和自锁作用。手动夹具一般采用结构简单的螺旋或偏心压板机构,制造方便,但使用时的工作效率较低。

图 1.9 所示的加工磨床尾架孔的镗床夹具,即为手动夹具的一个示例。工件安置在夹具底座的定位斜块 10 和支承板 9 上实现主要定位。转动压紧螺钉 6,便可将工件推向支承钉 3,并保证两者接触以实现工件的轴向定位。工件由铰链压板 5 夹紧,而铰链压板则通过活节螺拴 7、螺母 8 来操纵。加工时,镗杆是由用销钉和螺钉准确固定在夹具底座

两侧的镗模板 2 上的镗套 1 来导向。

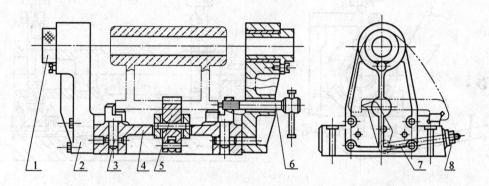

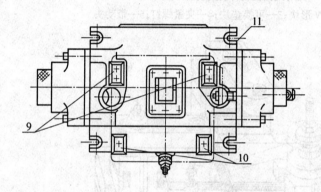

图 1.9 加工磨床尾架孔的镗床夹具

1—镗套；2—镗模板；3—支承钉；4—夹具底座；5—铰链压板；6—压紧螺钉；
7—活节螺栓；8—螺母；9—支承板；10—定位斜块；11—固定耳座

2.气动夹具

此类夹具是用压缩空气作为动力源,通过管道、气阀、气缸等元件,产生夹紧工件的夹紧力。当需要较大的夹紧力时,常在气缸和夹紧元件之间增设斜楔式、铰链式或杠杆式等扩力机构。因气动夹具的夹紧动作迅速、夹紧力稳定、操作方便,故在机械加工中得到广泛的应用。

图 1.10 所示的气动虎钳,即是在生产中应用甚广的气动夹具的一个示例。夹具体 2 通过三个螺栓将其紧固在圆形底座 1 上。在夹具体上有活动钳口 4 及导向板 6,在导向板 6 上装有可以由差动螺杆 7 调节位置的固定钳口 5。当压缩空气进入气室上部时,薄膜 11 及圆盘 10 向下移动,使杠杆 9 摆动而通过杆 8 推动活动钳口 4 向左移动,从而夹紧工件。当转动手柄 12 使压缩空气通入大气后,由于弹簧 3 的作用使活动钳口 4 回到原始位置。整个虎钳在夹具体 2 以上的各部分可以相对圆形底座 1 转动任意一个角度。通过增添和更换不同形式的钳口,即可对不同形状的工件进行夹紧加工。

3.液压夹具

此类夹具是用压力油作为动力源,通过管道、液压阀,液压缸等元件,产生夹紧工件的夹紧力。液压夹具具有气动夹具的各种优点,而夹紧动作则更为平稳。采用较高油压的液压夹具,一般不用增力机构即可直接夹紧工件,因而结构简单,体积较小。

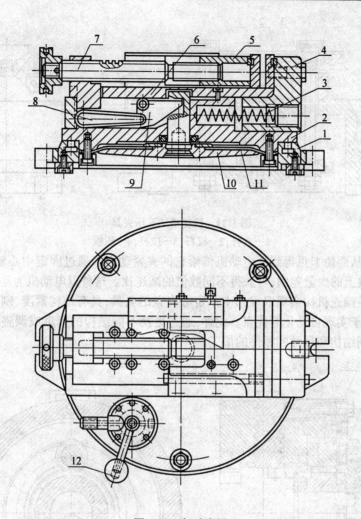

图 1.10　气动虎钳

1—圆形底座；2—夹具体；3—弹簧；4—活动钳口；5—固定钳口；6—导向板；

7—差动螺杆；8—杆；9—杠杆；10—圆盘；11—薄膜；12—手柄

在没有液压泵和液压系统的加工机床上，可采用手动增压或气动增压等装置使液压夹具获得所需的高压油源。图 1.11 所示铣键槽夹具为液压夹具的一个示例。通过手动或气动增压的方法获得的高压油进入油缸的工作腔，活塞带动支杆 1 下移，通过杠杆 2 将两根拉杆 3 向下拉，使两块压板 4 同时在工件的两端将两个工件夹紧。

4．电动夹具

此类夹具是以电动机的扭力作为动力源，通过减速器产生夹紧工件的夹紧力。此种夹具的传动部分常采用齿轮减速装置，显得结构比较复杂，夹紧动作比气动和液压夹紧缓慢。

图 1.12 所示的电动行星齿轮式的双爪定心夹具为电动夹具的一个示例。这种电动夹具是在圆形夹具体 7 内装上一套少齿差的行星减速机构，三个行星轮 4 同时与主动 2、中心轮 2、固定中心轮 3 和可动中心轮 5 啮合。电动机的动力是从主轴后端传给传动轴 1 从而带动主动中心轮 2、行星轮 4 及可动中心轮 5 转动。可动中心轮 5 由其端面齿和沿圆形夹具体上径向移动的两个可换 V 形卡爪 8 上的端面齿啮合，把可动中心轮 5 的旋转运

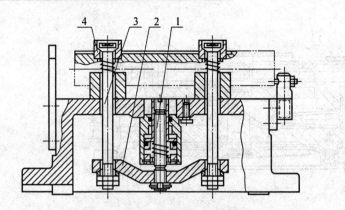
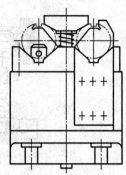

图 1.11   铣键槽的液压夹具
1—支杆;2—杠杆;3—拉杆;4—压板

动传给卡爪,从而使卡爪得到从电动机传给它的夹紧动力。通过固定中心轮 3 和采动中心轮 5 在齿数上的少量差别,可获得不同数值的减速比。这种以电动机为动力源,用一套少齿差的行星减速机构实现双 V 形卡爪定心夹紧的夹具,具有结构紧凑、制造容易、效率高、省力和易于实现自动化等优点。此外,通过更换不同结构的卡爪或调整其径向位置,还可用于不同结构和尺寸的零件的加工。

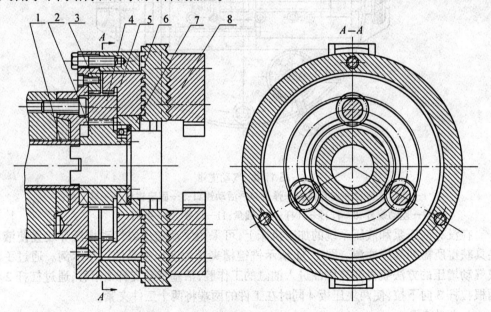

图 1.12   电动行星齿轮式三爪卡盘
1—传动轴;2—主动中心轮;3—固定中心轮;4—行星轮;5—可动中心轮;
6—带有平面螺纹盘的导向块;7—圆形夹具体;8—可换 V 形卡爪

5.磁力夹具

此类夹具是以电磁铁或永久磁铁产生的磁力作为动力源直接夹紧工件,一般多用于切削力较小的精加工,如车床上的电磁吸盘、平面磨床的磁力工作台等。近年来已设计制造出强力磁盘,将逐步推广应用于切削力较大的加工中去。

图 1.13 所示的车床电磁吸盘为磁力夹具的一个示例。

当线圈 1 通入直流电后,在铁芯 2 上产生一定数量的磁通,磁力线避开隔磁物 3,通过工件 4 形成闭路,从而将工件吸牢在盘面上。

6.真空夹具

此类夹具是利用真空泵或以压缩空气为动力源的抽气嘴筒,使夹具的内腔产生真空,依靠四周大气的压力将工件压紧。这类夹具的夹紧力较小,故一般仅适用于精加工本身刚度很低的工件,如磨削加工不导磁的薄形工件等。

图 1.14 所示是铣削飞机方向舵薄壳工件用的夹具,即为真空夹具的一个示例。夹具体 1 由铝或铸铁制成,真空腔由在定位面上开着许多纵横相交的沟槽组成,用"O"形橡皮或塑料密封条密封,以槽底上的两个抽气孔 2 通过管路 4 和气嘴 3 与真空系统相连。工件放到夹具定位面后,操纵三通阀使夹具密闭空腔与真空系统相连,则工件就被均匀地吸住;若夹具的密闭空腔与大气接通,工件即可松开。

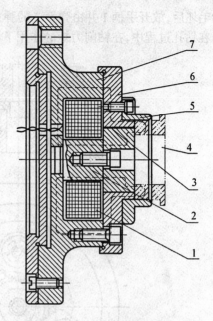

图 1.13　车床电磁吸盘
1—线圈;2—铁芯;3—隔磁物;4—工件;
5—支承;6—支座;7—法兰盘

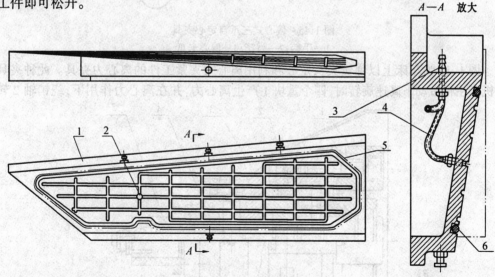

图 1.14　铣飞机方向舵薄壳夹具
1—夹具体;2—抽气孔;3—气嘴;4—管路;5—工件;6—密封条

7.切削力、离心力夹具

切削力、离心力夹具,是一种不用专门动力装置的机动夹紧夹具。这类夹具,通常是利用机床的运动或切削加工过程中产生的离心力或切削力夹紧工件。

图 1.15 所示在钻床上钻削加工齿轮毛坯中心孔的偏心式三爪自定心夹具,即为切削力夹具的一个示例。转动手柄 1,通过齿轮传动使三个偏心卡爪 3 也相应同向转动,放入

齿轮毛坯后,放开手柄1并由弹簧2的弹力通过三个偏心卡爪3使工件定心定位和预夹紧。在钻孔过程中,在钻削力矩的作用下,偏心卡爪3将使被夹紧工作越夹越紧。

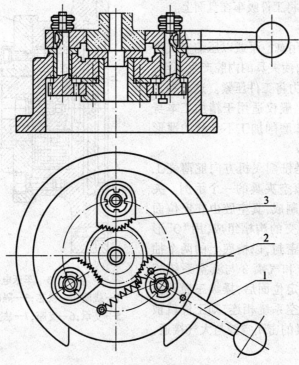

图 1.15   偏心式三爪自定心夹具
1—手柄;2—弹簧;3—偏心卡爪

图 1.16 为车床上以弹簧夹头定心和利用离心力夹紧工件的离心力夹具。此种夹具在机床主轴带动下高速旋转时,四个重块1产生离心力,并在离心力作用下,绕销轴2转

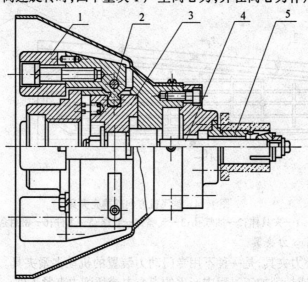

图 1.16   离心力夹具
1—重块;2—销轴;3—滑块;4—拉杆;5—弹簧夹头

动,拨动滑块3通过拉杆4使弹簧夹头5涨开夹紧工件。

1.2.3　夹具的作用

通过上述夹具装夹的实例和各类夹具的性能和特点可以看到,机床夹具有如下主要作用。

1. 易于保证加工精度,并使一批工件的加工精度稳定

由于工件在夹具中的定位,以及夹具在机床上的定位都有专门的元件保证,夹具相对刀具的位置又可通过对刀及导引元件调整,因此可以较容易地保证工件在该工序的加工精度。此外,采用夹具装夹法加工,工件的定位不再受划线、找正等主、客观因素的影响,故对一批工件的加工精度也比较稳定。

2. 缩短辅助时间,提高劳动生产率,降低生产成本

工件在夹具中的装夹和工位转换、夹具在机床上的安装等,都可通过专门的元件或装置迅速完成。此外,在夹具中还可以不同程度地采用高效率的多件、多位、快速、联动等夹紧方式,因而可以缩短辅助时间、提高劳动生产率、降低生产成本。

3. 减轻工人操作强度,降低对工人的技术要求

因为在工件加工中采用了夹具,取消了复杂的划线、找正工作,在夹具中又可采用增力、机动等夹紧机构,装夹工件方便省力,故可降低工人操作强度及对工人技术等级的要求。

4. 扩大机床的工艺范围,实现一机多能

根据加工机床的成形运动,附以不同类型的夹具,即可扩大机床原有的工艺范围。例如在车床的溜板上或在摇臂钻床工作台上装上镗模就可以进行箱体的镗孔加工。

5. 减少生产准备时间,缩短新产品试制周期

对多品种小批生产,在加工中大量应用通用、可调、成组和组合夹具,可以不再花费大量的专用夹具设计和制造时间,从而减少了生产准备时间。同理,对新产品试制,也同样可以显著缩短试制的周期。

1.3　机床夹具设计研究的内容

为了在不同生产类型的条件下,根据被加工工件的工序要求,设计出确保加工质量、效率高、操作方便和经济实用的夹具,必需深入研究如下主要内容。

(1)工件在夹具中的定位;

(2)工件在夹具中的夹紧;

(3)夹具在机床上的定位、对刀及分度;

(4)各类机床夹具的结构特点;

(5)可调夹具及组合夹具设计;

(6)机床夹具的设计方法和步骤。

第 2 章

工件在夹具中的定位

采用夹具装夹法加工时,为了保证零件在某一工序的加工精度(即工件加工表面相对其工序基准的尺寸和位置精度)要求,在加工前就必须使工件相对刀具及切削成形运动(通常由机床提供)处于准确位置。在加工过程中,被加工工件正是通过夹具使其相对刀具及切削成形运动保持准确位置,并实现该工序的加工精度要求的。但在夹具设计中所提及的工件定位问题,一般仅限于工件在夹具中通过定位元件使其占有某一固定位置而言。事实上,为了达到工件在加工时的准确位置,还需解决夹具在机床上的准确定位和夹具相对刀具的准确调整等问题。

工件在夹具中定位的作用和意义,对单个工件来说就是使工件准确占据定位元件所规定的位置;而对一批逐次放入夹具的工件来说,则是使它们都占有一致的位置。一批工件在夹具中位置的一致性,也是由工件上的定位基准表面与夹具中的定位元件相接触或相配合得到的,前者称为支承定位,后者称为对中或定心定位。因为夹具通常是用于加工一批工件的,所以设计夹具时,如何保证一批工件位置的一致性,就是工件在夹具中定位的根本问题。本章着重研究一批工件在夹具中的定位规律及定位精度。

2.1 工件定位原理

工件在夹具中的定位问题,可以采用类似于确定刚体在空间直角坐标系中位置的方法加以分析。工件在没有采取定位措施以前,与空间自由状态的刚体相似,每个工件在夹具中的位置可以是任意的、不确定的。对一批工件来说,它们的位置是不一致的。这种状态在空间直角坐标系中可以用如下六个方面的独立部分加以表示(图2.1)。

沿 X 轴位置的不确定,称为沿 X 轴的不定度,以 $\overrightarrow{X}$ 表示;

沿 Y 轴位置的不确定,称为沿 Y 轴的不定度,以 $\overrightarrow{Y}$ 表示;

沿 Z 轴位置的不确定,称为沿 Z 轴的不定度,以 $\overrightarrow{Z}$ 表示;

绕 X 轴位置的不确定,称为绕 X 轴的不定度,以 $\overset{\curvearrowright}{X}$ 表示;

绕 Y 轴位置的不确定,称为绕 Y 轴的不定度,以 $\overset{\curvearrowright}{Y}$ 表示;

绕 Z 轴位置的不确定,称为绕 Z 轴的不定度,以 $\overset{\curvearrowright}{Z}$ 表示。

六个方面的不定度都存在,是工件在夹具中所占空间位置不确定的最高程度,即工件在空间最多只能有六个不定度。限制工件在某一方面的不定度,工件在夹具中某一方向的位置就得以确定。工件在夹具中定位的任务,就是通过定位元件限制工件的不定度,以求满足工序的加工精度要求。

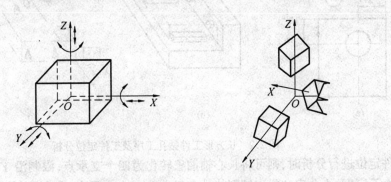

图 2.1　工件在夹具中的六个不定度

目前一般习惯上把工件定位范畴内的位置不确定性称为自由度,因此工件定位就是限制工件的自由度。但是自由度往往容易按力学概念理解为工件有沿坐标轴移动和绕坐标轴转动的可能性。这样就把工件定位的概念引偏至限制工件的运动上去,从而可能得出夹紧才能使工件定位,不夹紧就不能定位的错误结论,造成定位和夹紧概念的混淆。为了避免与力学中的自由度概念混淆,这里将工件定位范畴中习惯所称的"自由度"改为"不定度"。

根据工件各工序的加工精度要求和选择定位元件的情况,工件在夹具中的定位通常有如下几种情况。

2.1.1　完全定位

工件在夹具中定位,若六个不定度都被限制时,称为完全定位。为了便于进行定位分析,可将具体的定位元件抽象转化为相应的定位支承点,与工件各定位表面相接触的支承点将分别限制工件在夹具中各个方面的不定度。

例如图 2.2(a)所示,在长方形工件上加工一个 ϕD 的孔,要求孔中心线对底面垂直且对两侧面保持尺寸 $A + \dfrac{T_A}{2}$ 及 $B \pm \dfrac{T_B}{2}$。在进行钻孔加工前,工件的各个平面均已加工。钻孔时工件在夹具中的定位如图 2.2(b)所示,长方形工件的底面及两个相邻侧面分别采用两个支承板和三个支承钉定位。为了对工件的定位进行分析,可抽象转化成如图 2.2(c)所示的六个支承点定位形式。与工件底面接触的三个支承点,相当于两个定位支承板所确定的平面,限制沿 Z 轴和绕 X、Y 轴的三个不定度;与工件侧面接触的两个支承点,相当于两个支承钉所确定的直线,限制沿 X 轴和绕 Z 轴的两个不定度;与工件端面接触的一个支承点,相当于一个支承钉所确定的点,限制最后一个沿 Y 轴的不定度,实现完全定位。

又如,图 2.3(a)所示为在一法兰套的外圆上铣一键槽的工序简图。为满足工序加工精度要求,可采用图 2.3(b)所示的带有小台肩的长心轴和一削边销定位。对此工序加工

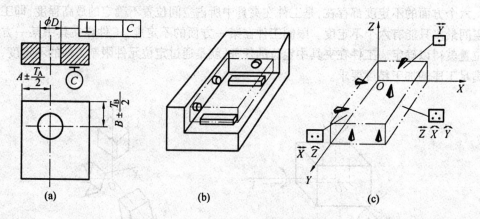

图 2.2　长方形工件钻孔工序及工件定位分析

的工件定位进行分析时,则可将长心轴抽象转化为四个支承点,限制沿 Y、Z 轴和绕 Y、Z 轴四个不定度;小台肩和削边销则均抽象转化为一个支承点,分别限制沿 X 轴和绕 X 轴的不定度,实现了完全定位。

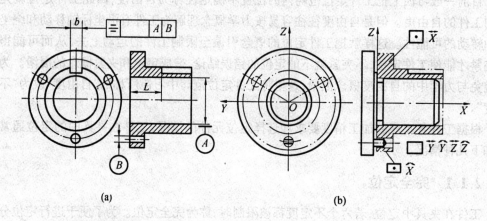

图 2.3　铣键槽工序及工件定位分析

2.1.2　部分定位

工件在夹具中定位,若六个不定度没有被全部限制时,称为部分定位。根据工件加工前结构形状特点和工序加工精度要求,又可分成如下两种情况。

(1)由于工件加工前的结构形状特点,无法也没有必要限制某些方面的不定度。

如图 2.4 所示,在球面上钻一孔、在光轴上车一个阶梯、在套筒上铣一平面及在圆盘圆周铣一个槽等,都没有必要也不可能限制绕它们自身回转轴线的不定度。这方面的不定度没有被限制,并不影响一批工件在夹具中位置的一致性。

(2)由于加工工序的加工精度要求,工件在定位时允许保留某些方面的不定度不被限制。

图 2.5(a)所示的工件,仅要求被加工的上表面与工件底面的高度尺寸及平行度精度,因而在平面磨床工作台上定位时只需要限制 $\vec{Z}$、$\widehat{X}$ 及 $\widehat{Y}$ 三个不定度。又如图 2.5(b)所示的工件,在立式铣床上用角度铣刀加工燕尾槽时,只需要限制 $\vec{Y}$、$\vec{Z}$、$\widehat{X}$、$\widehat{Y}$ 及 $\widehat{Z}$ 五个

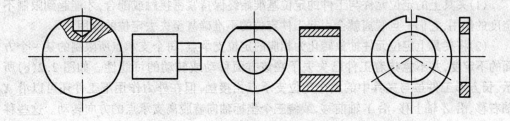

图 2.4　不必限制绕自身回转轴线不定度的实例

不定度。因为工件沿 Y、Z 轴方向的位置变动,将影响被加工燕尾槽位置尺寸 B 和 H 的精度;工件绕 X、Y、Z 轴的位置变动。将影响燕尾槽侧面,底面相对工件侧面,底面的位置精度。而工件沿 X 轴方向的不定度存在,并不影响燕尾槽工序的加工精度。从理论上分析,这一沿 X 轴方向的不定度可以不被限制,但在夹具设计和使用时,往往为了承受部分切削力和便于控制刀具的行程,仍在夹具上设置一个图 2.5(c)所示之挡销 A。这里需着重说明,增加一个挡销 A 之后,虽从形式上来看工件已实现完全定位,但从工件的定位原理分析,仍属于部分定位,此时该挡销主要的作用不是定位。

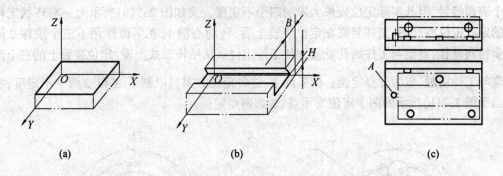

图 2.5　部分定位实例

再如图 2.6 所示的套类工件,欲在其上钻一小孔 ϕD,该孔对套的端面及内孔中心线有尺寸及位置精度要求。在加工定位时,保留 $\vec{Z}$ 及 $\hat{Y}$ 方面的不定度并不影响该工序的加工精度要求。但在设计夹具选用定位元件时,无论是采用长心轴 1 或长 V 形块 2,在限制了 $\vec{Y}$、$\vec{X}$、$\hat{X}$ 及 $\hat{Z}$ 的同时,也自然地限制了 $\vec{Z}$。

由上述完全定位和部分定位的一些实例说明。

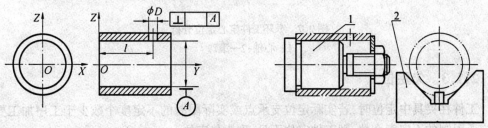

图 2.6　因夹具结构需多限制不定度的实例
1—长心轴;2—长 V 形块

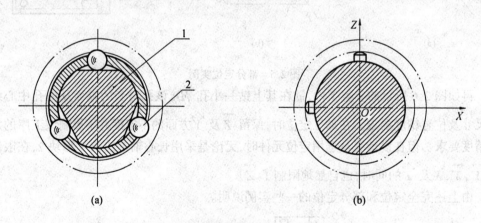

(1)夹具上的定位元件与工件的定位基准始终保持紧密接触或配合,才能起到限制不定度的作用,它们一旦脱离就会引起工件定位的不准确甚至失去定位的作用。

(2)将夹具上定位元件抽象转化为相应的定位支承点,每个支承点所限制的某一个方面的不定度,并不意味着工件已失去了在该方面移动或转动的可能性。如图 2.2(c)所示,长方形工件虽与夹具中的六个定位支承点相接触,但在外力作用下工件还可以沿 X 轴右移、沿 Z 轴上移、沿 Y 轴前移,或绕三个坐标轴向着脱离支承点的方向转动。这些移动或转动可能性,需由夹具中的夹紧装置加以限制。

相反,即使工件在夹紧力的作用下完全限制了移动或转动的可能性,但并不一定是已被完全定位。如图 2.5(a)所示,在平面磨床上磨削工件的上表面,磨床磁性工作台可将工件吸牢在工作台面的任一位置上,但工件只是依靠其底面与磁性工作台面相接触而限制了 $\vec{Z}$、$\widehat{X}$ 及 $\widehat{Y}$ 三个不定度,而其余三个不定度并没有被限制。

总之,应注意将"定位"与"夹紧"的概念区别开,分析夹具中各定位支承点的作用时,不应考虑夹紧力的影响。

(3)对夹具中定位元件限制的不定度进行分析时,不能只看定位元件的结构形式,而应着重看其实际的定位效果。图 2.3 定位用的长心轴,采用过盈配合时虽与工件内孔整个表面接触,但其实际定位效果为限制四个不定度。又如图 2.7(a)所示为一窄环状工件的定心定位原理图,工件装夹在定位装置上后,转动心轴 1,在斜面作用下三个滚珠 2 同步径向外移,直至与工件的孔壁接触使工件定位。从结构形式上看,定位装置上的三个滚珠与工件接触,似为三点定位。但实际上,这种定位方案只限制了 $\vec{X}$ 和 $\vec{Z}$ 两个不定度,相当于图 2.7(b)所示的两个定位支承点,故为两点定位。

(a)　　　　　　　　　　　　　　　　(b)

图 2.7　窄环工件定心定位分析
1—心轴;2—滚珠

2.1.3　欠定位

工件在夹具中定位时,若实际定位支承点或实际限制的不定度个数少于工序加工要求应予限制的不定度个数,则工件定位不足,称为欠定位。

如图 2.8(a)所示的铣键槽工序,工件在夹具中定位时,加工表面键槽的宽度 b 由键槽铣刀的直径尺寸保证,其位置尺寸 A、B、C 及键槽侧面、底面对工件侧面、底面的位置精度,则由夹具上定位支承点的合理布置保证。为满足上述工序要求,工件在夹具中必须实现如图 2.8(b)所示的限制六个不定度的完全定位。

在设计夹具时,若没有设置图中的端面支承点 1(未限制 $\overleftrightarrow{X}$),铣出键槽的长度 C 无法保证;若在工件侧面只设置一个支承点 2(未限制 $\widehat{Z}$),铣出键槽的侧面就不会对工件侧面 D 平行;若在工件底面上仅设置两个支承点 3(未限制 $\widehat{X}$),则铣出键槽的底面也就不能保证对工件底面的平行度。

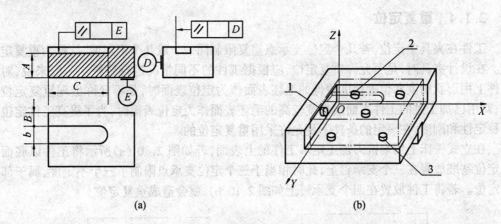

图 2.8　工件上铣键槽工序及工件在夹具中的定位

再如在图 2.9(a)所示的圆盘工件上钻孔 ϕD,钻孔加工前此圆盘工件的上下面、内孔及键槽均已加工好,要求所钻小孔 ϕD 中心线与内孔中心线距离尺寸为 L,小孔对键槽的方位为 90° 并对工件 A 面垂直。从定位原理分析,为保证钻孔工序加工精度要求,只需限制五个不定度,即沿钻孔轴线方向的不定度可保留不被限制。为保证工件定位的稳定性,

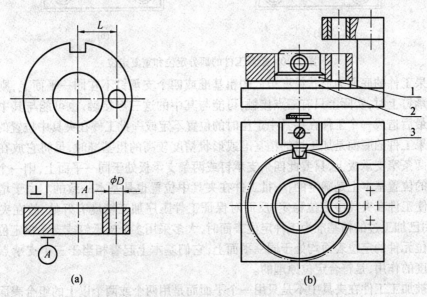

图 2.9　圆盘工件钻孔工序及工件在夹具中的定位
1—短圆柱销;2—圆环支板;3—活动锥销

在实际加工时采用图 2.9(b)所示夹具上的圆环支板 2,短圆柱销 1 及活动锥销 3 定位,限制了 6 个不定度达到完全定位。

在设计夹具时,若在工件下面以两个支承钉代替圆环支板 2,不能保证钻孔轴线对 A 面的垂直度精度;若没有设置短圆柱销 1,不能保证钻孔中心线与工件内孔中心线之间的尺寸精度;若没有设置活动锥销 3,则不能保证钻孔与键槽之间的位置精度。

总之,在设计夹具时,若应限制的不定度没有被全部限制而出现欠定位,则不能保证一批工件在夹具中定位的一致性和工序加工精度要求,因而是不允许的。

2.1.4 重复定位

工件在夹具中定位,若几个定位支承点重复限制同一个或几个不定度时,称为重复定位。在设计夹具时,是否允许重复定位,应根据工件的不同情况进行分析。一般来说,对工件上用形状精度和位置精度很低的毛坯表面作为定位表面时,是不允许出现重复定位的;对用已加工过的工件表面或精度较高的毛坯表面作为定位表面时,为了提高工件定位的稳定性和刚度,在一定的条件下是允许采用重复定位的。

在立式铣床上用端铣刀加工矩形工件的上表面,若如图 2.10 (a)所示将工件以底面为定位基准放置在三个支承钉上,此时相当于三个定位支承点限制了三个不定度,属于部分定位。若将工件放置在四个支承钉上如图 2.10(b),就会造成重复定位。

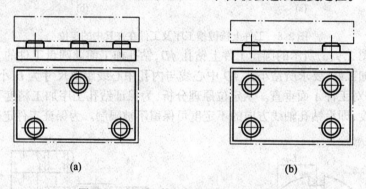

(a)   (b)

图 2.10 矩形工件的部分定位和重复定位

如果工件的底面为形状精度很低的粗基准或四个支承钉不在同一平面上,则工件放置在支承钉上时,实际上只有三点接触,可能与其中的这三点接触,也可能与其中那三点接触。最后造成一个工件在夹具中定位时的位置不定或一批工件在夹具中位置的不一致性。如果工件的底面是加工过的精基准或形状精度较高的粗基准时,虽将它放在四个支承钉或两条窄支承板上,只要此四个支承钉或两条支承板处于同一平面上,则一个工件在夹具中的位置基本上是确定的,一批工件在夹具中位置也是基本一致的。由于增加了支承钉可使工件在夹具中定位稳定,反而对保证工件工序加工精度有好处,故在夹具设计中,对用已加工过的精基准为工件定位表面时,大多采用多个支承钉或支承板定位。由于这些定位元件的定位表面均处于同一平面上,它们基本上起着相当于三个支承点限制三个不定度的作用,是符合定位原理的。

当被加工工件在夹具中不是只用一个平面而是用两个或两个以上的组合表面作为定位基准定位时,由于工件各定位基准面之间存在位置误差,夹具上各定位元件之间的位置也不可能绝对准确,故采用重复定位将给工件定位带来不良后果。

　　图 2.11(a)所示为连杆加工大头孔时工件在夹具中定位的情况,连杆的定位基准为端面、小头孔及一侧面,夹具上的定位元件为支承板、长圆柱销及一挡销。根据定位原理,支承板与连杆端面接触相当于三点定位,限制 $\vec{Z}$、$\hat{X}$、$\hat{Y}$ 三个不定度;长圆柱销与连杆大头孔配合相当于四点定位,限制 $\vec{X}$、$\vec{Y}$、$\hat{X}$、$\hat{Y}$ 四个不定度;挡销与连杆侧面接触,限制一个不定度 $\hat{Z}$。这样,三个定位元件相当于八个定位支承点,共限制了六个不定度,其中 $\hat{X}$ 及 $\hat{Y}$ 被重复限制,属于重复定位。若工件小头孔与端面有较大的垂直度误差,且长圆柱销与工件小头孔的配合间隙很小时,则会产生连杆小头孔套人长圆柱销后,连杆端面与支承板不完全接触情况,如图 2.11(b)。当施加夹紧力 W 迫使它们接触后,则会造成长圆柱销或连杆的弯曲变形,如图 2.11(c),进而降低了加工后大头孔与小头孔间的位置精度。

　　图 2.12(a)所示为加工轴承座时工件在夹具中的定位情况。工件的定位基准为底面及两孔中心线,夹具上的定位元件为支承板 1 及两短圆柱销 2 及 3。根据定位原理,支承板相当于三个支承点限制 $\vec{Z}$、$\hat{X}$、$\hat{Y}$ 三个不定度,短圆柱销 2 相当于两个支承点限制 $\vec{X}$ 及 $\vec{Y}$ 两个不定度,另一短圆柱销 3 也相当于两个支承点限制 $\hat{Z}$ 及 $\vec{X}$ 两个不定度。共限制

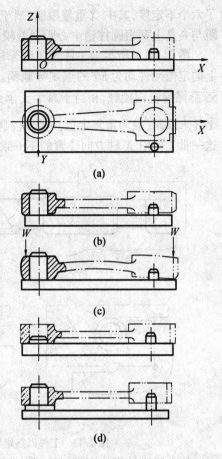

(a)

(b)

(c)

(d)

图 2.11　连杆大头孔加工时工件在夹具中的定位

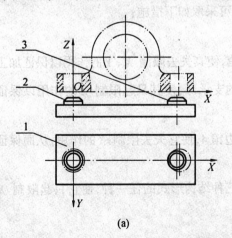

(a)

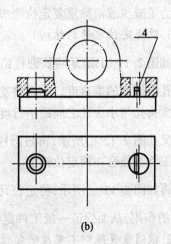

(b)

图 2.12　轴承座加工时工件在夹具中的定位

1—支承板;2、3—短圆柱销;4—削边销

了六个不定度,其中 $\overrightarrow{X}$ 重复限制,属于重复定位。在这样的定位情况下,当工件两孔中心距与夹具上两短圆柱销中心距误差较大时,就会产生有的工件装不上去的现象。

图 2.13(a)所示为工件加工时采用燕尾导轨面定位的情况,工件的定位基准及夹具上的定位元件均为 55° 的燕尾导轨面。夹具定位元件上的两个互成 55° 的面与工件上的 55° 燕尾导轨面接触,相当于六个支承点限制了六个不定度,而沿燕尾导轨方向的不定度 $\overrightarrow{Y}$ 并未限制,故为重复定位。当工件燕尾导轨面之间的夹角大于或小于 55° 时,则将造成这一批工件沿 X 轴方向位置的不一致,如图 2.13(b)。

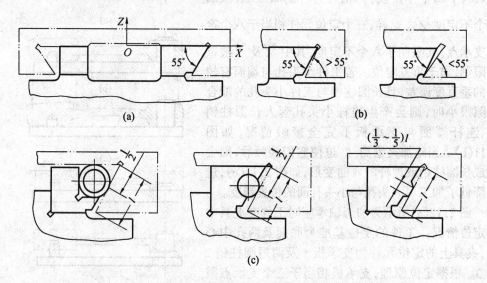

图 2.13　工件以燕尾导轨面定位及改进后的定位元件结构

从上述工件定位实例可知,形成重复定位的原因是由于夹具上的定位元件同时重复限制了工件的一个或几个不定度。重复定位的后果是使工件定位不稳定,破坏一批工件定位的一致性,使工件或定位元件在夹紧力作用下产生变形,甚至使工件无法进行装夹。

为了减少或消除重复定位造成的不良后果,可采取如下措施:

1. 改变定位元件的结构

如图 2.11(d)所示将长圆柱销改为短圆柱销,使其失去限制 $\overset{\curvearrowright}{X}$、$\overset{\curvearrowright}{Y}$ 的作用以保证加工大头孔与端面的垂直度。或者将支承板改成小的支承环,使其只起限制 $\overrightarrow{Z}$ 的作用以保证加工大头孔与小头孔之间的平行度。

又如图 2.12(b)所示,将短圆柱销 3 改为削边销 4,使它失去限制 $\overrightarrow{X}$ 的作用,从而保证所有工件都能套在两定位销上。

再如图 2.13(c)所示,将定位元件改为图中三种结构形式的任一种,使它只起限制 $\overrightarrow{X}$ 及 $\overset{\curvearrowright}{Z}$ 的作用,从而保证一批工件定位的一致性。

2. 撤消重复限制不定度的定位元件

图 2.14(a)所示为加工轴承座上盖平面的定位简图。夹具中的定位元件为 V 形块 1 及支承钉 2、3,V 形块限制 $\overrightarrow{X}$、$\overrightarrow{Z}$、$\overset{\curvearrowright}{X}$ 及 $\overset{\curvearrowright}{Z}$ 四个不定度,两个支承钉又限制了 $\overrightarrow{Z}$ 及 $\overset{\curvearrowright}{Y}$ 两个

不定度,显然 $\overrightarrow{Z}$ 被重复限制属于重复定位。由于工件上尺寸 d 和 H 的误差,定位时沿 Z 轴方向的不定度有的由两个支承钉限制,有的则由 V 形块限制,造成了一批工件在夹具中定位的不一致性。这时,可将支承钉 2、3 撤消一个或将其中的一个改为只起支承作用不限制任何不定度的辅助支承,如图 2.14(b)。

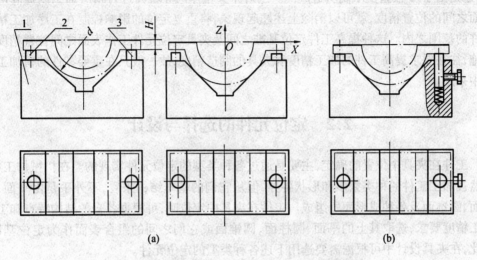

图 2.14　轴承座上盖加工时的重复定位及其改进

3. 提高工件定位基准之间以及定位元件工作表面之间的位置精度

图 2.15 为镗削加工车床床头箱体孔系时的定位简图。为保证箱体上主轴孔中心线对箱体装配基准的平行度及距离尺寸精度,需要限制 $\overrightarrow{Y}$、$\overrightarrow{Z}$、$\widehat{X}$、$\widehat{Y}$ 及 $\widehat{Z}$ 五个不定度。为承受镗削加工时的轴向切削分力和便于控制刀具轴向进给距离,沿 X 轴方向的不定度 $\overrightarrow{X}$ 也应限制。

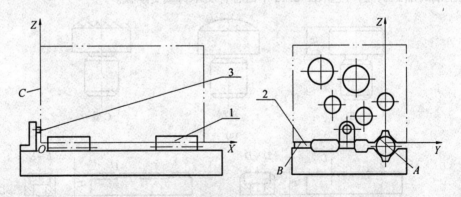

图 2.15　车床床头箱体加工孔系时的定位简图

床头箱体在夹具中以 V 形导轨面 A、平导轨面 B 及端面 C 作为定位基准,相应的定位元件为两个圆柱体 1、窄长支承板 2 及端面支承钉 3。两个圆柱体 1 限制了工件的 $\overrightarrow{Y}$、$\overrightarrow{Z}$、$\widehat{Y}$ 及 $\widehat{Z}$ 四个不定度,端面支承钉 3 限制了 $\overrightarrow{X}$,剩下的一个不定度 $\widehat{X}$ 只需安置一个支承点与平导轨面 B 接触即可。由于只用一个支承点限制 X 时工件定位不稳定,改为两点浮动支承或增设一辅助支承又使夹具结构过于复杂。为此,常采用窄长支承板 2 作为定位元件,限制 $\hat{X}$ 及 $\hat{Y}$ 两个不定度。在这样的定位情况下,若床头箱体 V 形导轨面与平导轨面之间位置精度较低,则会出现一个导轨面与定位元件接触,另一个导轨面就会翘起的现象,这是由于 $\hat{Y}$ 被重复限制所造成的。当对床头箱体两导轨面进行精磨加工以提高两导轨面之间的位置精度,就可以消除上述翘起现象,将重复定位的影响控制在工序加工精度允许的范围之内。这种提高工件定位基准之间及夹具定位元件工作表面之间位置精度的措施,往往要求提高工件的加工精度和夹具的制造精度,故一般只在重要零件的精加工工序中采用。

2.2　定位元件的选择与设计

　　工件在夹具中位置的确定,主要是通过各种类型的定位元件实现的。在机械加工中,虽然被加工工件的种类繁多和形状各异,但从它们的基本结构来看,不外乎是由平面、圆柱面、圆锥面及各种成形面所组成。工件在夹具中定位时,可根据各自的结构特点和工序加工精度要求,选取其上的平面、圆柱面、圆锥面或它们之间的组合表面作为定位基准。为此,在夹具设计中可根据需要选用下述各种类型的定位元件。

2.2.1　平面定位元件

　　在夹具设计中常用的平面定位元件有固定支承、可调支承、自位支承及辅助支承等。在工件定位时,上述支承中除辅助支承外均对工件起主要定位作用。

1. 固定支承

　　在夹具体上,支承点的位置固定不变的定位元件称为固定支承。根据工件上平面定位基准的加工状况,可选取图 2.16 中的各种支承钉或支承板。

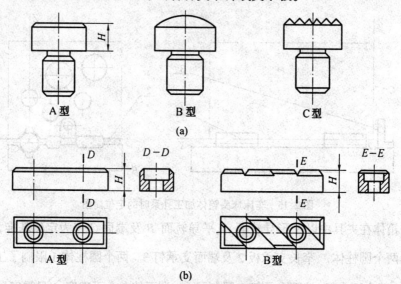

图 2.16　各种类型的固定支承

图2.16(a)所示为用于工件平面定位的各种固定支承钉,它们的结构和尺寸均已标准化。图中 A 型为平头支承钉,主要用于支承工件上已加工过的基准平面;图中 B 型为球头支承钉,主要用于工件上未经加工的粗糙平面的定位;图中 C 型为网纹顶面的支承钉,常用于要求摩擦力大的工件侧平面定位。图2.16(b)为用于平面定位的各种固定支承板,主要用于工件上已加工过的平面定位。图中 A 型支承板结构简单、制造方便,但由于埋头螺钉处积屑不易清除,一般多用于工件的侧平面定位;图中 B 型支承板,则易于清除切屑,广泛应用于工件上已加工过的平面定位。

工件以已加工过的平面定位时所用的平头支承钉或支承板,一般在安装到夹具体上后,应进行最终的精磨加工,以保证各支承钉或支承板的工作面处于同一平面内,且与夹具体底面保持必要的位置精度。因此,在夹具设计中若自行设计非标准的平面定位元件,或选用上述标准定位支承钉、支承板时,应注意在其高度尺寸 H 上预留必要的终磨余量。

2.可调支承

在夹具体上,支承点的位置可调节的定位元件称为可调支承。图2.17即为常用的几种可调支承结构。这几种可调支承都是采用螺钉螺母形式,并通过螺钉和螺母实现支承点位置的调节的。图中(a)是直接用手或扳杆拧动球头螺钉进行调节,一般适用于重量轻的小型工件;图中(b)则是通过扳手进行调节,故适用于较重的工件;图中(c)是供设置在工件侧面进行支承点位置调节用的。可调支承的支承点位置,一经调节适当后,便须通过锁紧螺母锁紧,以防止在夹具使用过程中定位支承螺钉的松动而使其支承点位置发生变化。

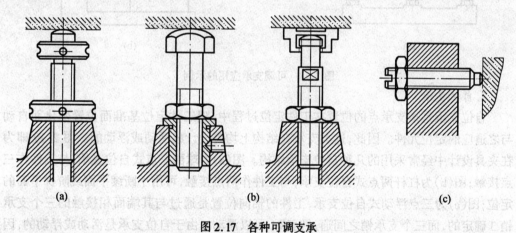

(a)　　　　　　　　(b)　　　　　　　　(c)

图2.17 各种可调支承

可调支承主要用于工件的毛坯制造精度不高,而又以未加工过的毛面作为定位基准的工序中。尤其在中小批生产时,不同批的毛坯尺寸往往相差较大,若选用固定支承在夹具中定位,在调整法加工的条件下,则由于各批毛坯尺寸的差异,将直接引起后续工序有关加工表面位置的变动,从而由于加工余量的变化而影响其加工精度。为了避免发生上述情况,保证后续工序的加工精度,则需改用可调支承对同一批工件进行调节定位。例如,图2.18(a)所示的主轴箱体零件,在中小批生产条件下,第一道工序是加工箱体的装配基准面——底面及一小侧面。这时,以未经加工的箱体顶面为粗基准定位。由于此箱体毛坯的铸造质量不高,对不同批的铸件而言,其顶面至主轴孔中心的尺寸 L 的差异

ΔL 很大,使加工出来各批箱体底面到毛坯主轴孔中心线的距离产生相应的变化,即 $H_2 - H_1 = \Delta L$。这样,在后续工序中以底面及一小侧面定位镗主轴孔时,就会出现加工余量偏在一边的极不均匀情况,进而严重影响主轴孔的加工质量。为此,在加工同批箱体毛坯的最初几件时,必须按毛坯铸造的主轴孔中心线位置划出底面加工线,然后再根据划线找正并调节与箱体顶面接触的可调支承的位置。经过这样的调节,便可使可调支承的位置大体满足同批毛坯加工时的定位要求。

此外,在系列化产品的生产中,对结构形状相近和尺寸差异不大的同类零件,也可采用同一个夹具通过可调支承进行定位和加工。图 2.18(b)即是在一种规格化的销轴端部铣台肩。台肩的尺寸相近,但销轴长度不同。这时,不同规格尺寸的销轴便可通过 V 形块和可调支承定位,在同一夹具上加工。

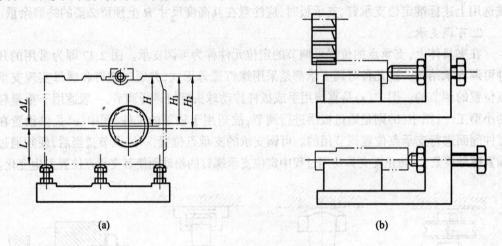

(a)　　　　　　　　　　　　　　　(b)

图 2.18　可调支承应用的示例

3. 自位支承

自位支承是指支承点的位置在工件定位过程中,随工件定位基准面位置变化而自动与之适应的定位元件。因此,这类支承在结构上均需设计成活动或浮动的。图 2.19 即为在夹具设计中经常采用的几种自位支承结构。图(a)为球面三点式自位支承,与工件作三点接触;图(b)为杠杆两点式自位支承,与工件作两点接触,可用于断续平面或阶梯平面的定位;图(c)为三点浮动式自位支承,工件的轴向位置是通过与其端面相接触的三个支承销 3 确定的,而三个支承销之间通过钢球 1 可以浮动。由于自位支承是活动或浮动的,因此虽然与工件定位表面可能是三点或两点接触,但实质上仍然只能起到一个支承点的作用。这样,当以工件的粗基准定位时,由于增加了自位支承与工件的接触点数,故可提高工件定位时的刚度、减少工件受外力后的变形和改善加工时的余量分配。

例如,图 2.20 所示的齿轮内孔拉削夹具,为了提高齿轮内孔拉削加工时端面定位的稳定性和补偿拉孔时定位基准用的内孔和端面间的垂直度偏差,就是采用球面自位支承保证的。

上述的固定支承、可调支承和自位支承,都是在工件以平面定位时起主要定位作用的支承,因此一般称为主要支承。

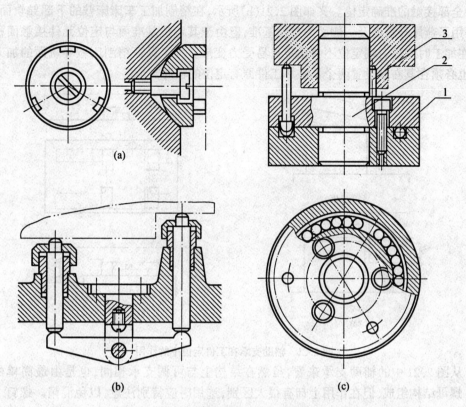

图 2.19　常用的几种自位支承
1—钢球；2—心轴；3—支承销

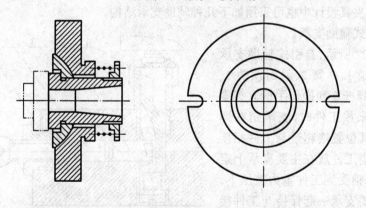

图 2.20　拉削夹具中的球面自位支承

4.辅助支承

在夹具中，只能起提高工件支承刚性或起辅助作用的定位元件，称为辅助支承。在夹具设计中，为了实现工件的预定位或提高工件定位的稳定性，常采用辅助支承。如图 2.21(a)所示，在一阶梯轴上铣一键槽，为保证键槽的位置精度可采用长 V 形块定位。在未夹紧工件前，由于工件的重心超越出主要支承所形成的稳定区域时，工件重心所在一端便会下垂而使工件上的定位基准面脱离定位元件。为了避免出现这种现象，可以在工件重心所在部位下方设置辅助支承，先实现预定位，然后在夹紧力作用下再实现与主要定位元件全部接触的准确定位。又如图 2.21(b) 所示,在精刨加工车床床鞍的下部导轨面时,虽采用了燕尾导轨面及一侧面为定位基准,但由于其定位基准面与定位元件接触面积较小,在加工时工件右端定位不够稳定且易受力变形。为了保证精刨床鞍导轨面的加工精度,也必须在其右端设置两个不破坏工件原有定位的辅助支承。

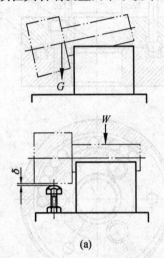 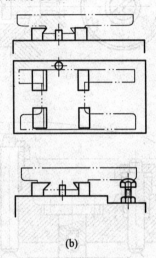

图 2.21　辅助支承在工件定位中的作用

　　从图 2.21 中的辅助支承来看,虽然在结构上与可调支承相同,也是由最简单的螺钉－螺母结构组成,但在作用上却有很大区别,选用时应特别注意,以免混淆。螺钉－螺母式辅助支承虽然结构简单,但使用操作较麻烦,效率不高,在使用扳手操作时很易用力过度使工件的原有定位遭到破坏。为了提高辅助支承的操作效率并控制其对已定位工件的作用力,在夹具设计中也可采用如下几种辅助支承结构。

　　(1) 自引式辅助支承

　　如图 2.22 所示,自引式辅助支承主要由支承销 1、弹簧 2、斜面顶销 3、滑柱 4、锁紧螺杆 5 和操作手柄 6 等零件组成。在未放工件时,支承销在弹簧的作用下其位置略超过与工件相接触的位置。当工件放在主要支承上定位之后,支承销受到工件重力被压下,并与其他主要支承一起保持与工件接触。然后通过操作手柄转动锁紧螺杆,经滑柱使斜面顶销将支承销锁紧,从而使它成为一个刚性支承并起到辅助支承作用。在设计这种自引式辅助

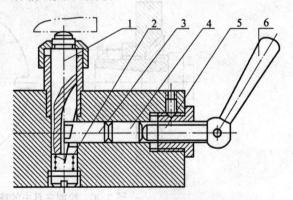

图 2.22　自引式辅助支承
1—支承销;2—弹簧;3—斜面顶销;4—滑柱;
5—锁紧螺杆;6—操作手柄

支承时,为了保证其作用应合理选取支承销上的斜面角 α 和弹簧力的大小。支承销上的斜面角不能大于自锁角,以防止拧紧锁紧螺杆时将支承顶起,进而破坏工件的原有定位。弹簧力的大小也应适当,以能克服支承销上下移动时的摩擦阻力,并始终保持与工件接触

为宜。

（2）升托式辅助支承

如图 2.23 所示,升托式辅助支承主要由支承销 1、斜楔 2、弹簧 3、拨销 4、手柄轴 5、挡销 6 和限位销钉 7 等零件组成。当工件安装在主要支承上后,斜楔 2 在弹簧 3 的弹力作用下向右移动。通过斜楔上的斜面角使支承销 1 向上升起,与工件接触并托住工件。在未放工件时,支承销应落下一个距离,为此顺时针转动手柄轴 5 即可实现。为防止拨销 4 脱离斜楔上的凹槽,在结构上可采用限位销钉 7 和挡销 6 加以保证。在设计这种升托式辅助支承时,同样也需选取适当的斜楔上的

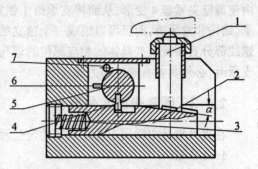

图 2.23　升托式辅助支承
1—支承销;2—斜楔;3—弹簧;4—拨销;
5—手柄轴;6—挡销;7—限位销钉

斜面角 α 和弹簧力。由于此种辅助支承结构中的斜楔斜面处于水平位置,故与自引式辅助支承相比在垂直方向可承受大得多的负荷,一般更适用于工件较重和垂直方向切削分力很大的情况下。

（3）直接锁紧和液压锁紧的辅助支承

为了简化结构、便于加工和装配,在夹具中还可选用直接锁紧或液压锁紧的辅助支承。图 2.24（a）为直接锁紧的辅助支承,支承销 1 和 2 在弹簧力的作用下与已定位的工件接触,旋紧螺钉 4,通过锁紧套 3 即可直接将两个支承销锁紧。图 2.24（b）为液压锁紧的

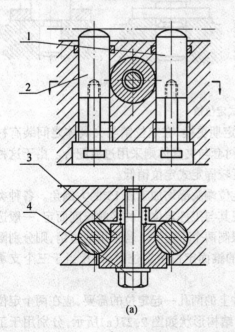

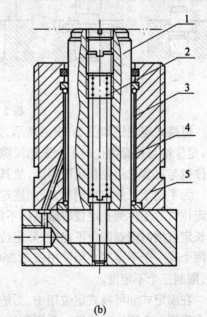

(a)　　　　　　　　　　　　(b)

图 2.24　直接锁紧和液压锁紧辅助支承
(a)1、2—支承销;3—锁紧套;4—旋紧螺钉
(b)1—支承销;2—弹簧;3—油腔;4—夹紧套;5—支座

辅助支承,支承销1在弹簧2的作用下与已定位的工件相接触,然后将压力油通入油腔3内使薄壁夹紧套4变形,从而将支承销1锁紧在此工作位置上。这种液压锁紧的辅助支承,结构非常紧凑,而且可以组成一个独立的装配单元。在选用时,只要把支座5的外径螺纹部分直接旋入夹具体的相应部位的螺孔中,接通油路便可使用。当然,使用此种辅助支承时,必须具备有液压动力源。

2.2.2　圆孔表面定位元件

在夹具设计中常用于圆孔表面的定位元件有定位销、刚性心轴和锥度心轴等。

1.定位销

在夹具中,工件以圆孔表面定位时使用的定位销一般有固定式和可换式两种。在大批量生产中,由于定位销磨损较快,为保证工序加工精度需定期维修更换,此时常采用便于更换的可换式定位销。

图2.25所示为常用的固定式定位销的几种典型结构。当被定位工件的圆孔尺寸较小时,可选用图(a)所示的定位销结构。这种带有小凸肩的定位销结构,与夹具体连接时稳定牢靠。当被定位工件的圆孔尺寸较大时,选用图(b)所示的结构即可。若被定位工件同时以其上的圆柱孔和端面组合定位时,还可选用图(c)所示的带有支承垫圈的定位销结构。支承垫圈与定位销可做成整体式的,也可做成组合式的。为保证定位销在夹具上的位置精度,一般与夹具体的连接采用过盈配合。

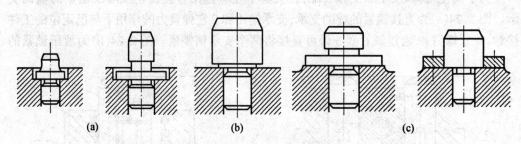

(a)　　　　　(b)　　　　　(c)

图2.25　固定式定位销

可换式定位销如图2.26(a)所示,为了便于定期更换,在定位销与夹具体之间装有衬套,定位销与衬套内径的配合采用间隙配合,而衬套与夹具体则采用过渡配合。由于这种定位销与衬套之间存在装配间隙,故其位置精度较固定式定位销低。

为了便于工件的顺利装入,上述定位销的定位端头部均加工成15°的大倒角。各种类型定位销对工件圆孔定位时限制的不定度,应视其与工件定位孔的接触长度而定,一般选用长定位销时限制四个不定度,短定位销时则限制两个不定度。若采用削边销,则分别限制两个或一个不定度。当采用图2.26(b)所示的锥面定位销定位时,则相当于三个支承点,限制三个不定度。

在固定式和可换式定位销中,为适应以工件上的两孔一起定位的需要,应在两个定位销中采用一个削边定位销。常用削边定位销的结构形状如图2.27(a)所示,分别用于工件孔径 $D < 3$ mm、$3 < D < 50$ mm 及 $D > 50$ mm 的定位。直径为 3 ~ 50 mm 的削边定位销都做成菱形,其标准结构如图2.27(b)所示。

标准菱形定位销的结构尺寸,在夹具设计时可按表2.1所列数值直接选取。

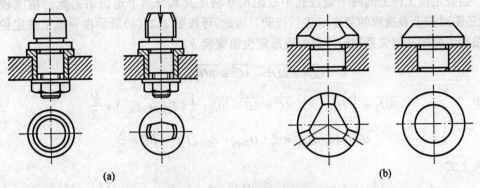

图 2.26 可换式定位销及锥面定位销

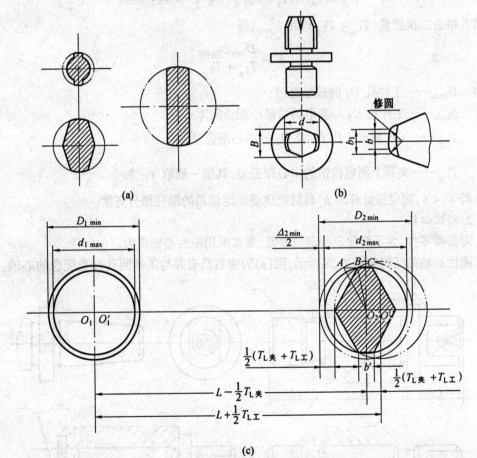

图 2.27 常用削边定位销及菱形定位销的标准结构

表 2.1 标准菱形定位销的结构尺寸

d/mm	>3～6	>6～8	>8～20	>20～25	>25～32	>32～40	>40～50
B	$d-0.5$	$d-1$	$d-2$	$d-3$	$d-4$	$d-5$	$d-6$
b	1	2	3	3	3	4	5
b_1	2	3	4	5	5	6	8

注：b_1—削边部分宽度；b—修圆后留下圆柱部分宽度

当被定位工件上的两个定位孔中心距尺寸精度及其与两个定位销的配合精度较高时,还需对按上表选取的宽度 b 进行校验。为此,可按图 2.27(c)所示在一批工件定位时的极端情况的几何关系找出所需的菱形定位销宽度 b'。

$$\overline{CO_2^2} = \overline{AO_2^2} - \overline{AC^2} = \overline{BO_2^2} - \overline{BC^2}$$

式中 $\overline{AO_2} = \dfrac{1}{2}D_{2min}$ $\overline{AC} = \overline{AB} + \overline{BC} = \dfrac{1}{2}(T_{L_{夹}} + T_{L_{工}}) + \dfrac{b'}{2}$

$$\overline{BO_2} = \frac{1}{2}d_{2max} = \frac{1}{2}(D_{2min} - \Delta_{2min}) \qquad \overline{BC} = \frac{b'}{2}$$

代入上式

$$\left(\frac{1}{2}D_{2min}\right)^2 - \left[\frac{1}{2}(T_{L_{夹}} + T_{L_{工}}) + \frac{b'}{2}\right]^2 = \left[\frac{1}{2}(D_{2min} - \Delta_{2min})\right]^2 - \left(\frac{b'}{2}\right)^2$$

化简并略去二次微量 $(T_{L_{夹}} + T_{L_{工}})^2$ 和 Δ_{2min}^2,得

$$b' \approx \frac{D_{2min}\Delta_{2min}}{T_{L_{夹}} + T_{L_{工}}}$$

式中 D_{2min}——工件孔 O_2 的最小直径;

       Δ_{2min}——工件孔 O_2 与菱形销的最小配合间隙;

       $T_{L_{工}}$——工件两定位孔 O_1 及 O_2 的中心距公差;

       $T_{L_{夹}}$——夹具上两定位销的中心距公差,其值一般取 $T_{L_{工}}$ 的 $\dfrac{1}{3} \sim \dfrac{1}{5}$。

若 $b' < b$,则应按计算的 b' 最后确定菱形定位销的圆柱部分宽度。

2.刚性心轴

对套类零件,为了简化定心定位装置,常常采用刚性心轴作为定位元件。

刚性心轴的结构如图 2.28 所示,图(a)为带有凸肩并与工件圆孔过盈配合的心轴,心

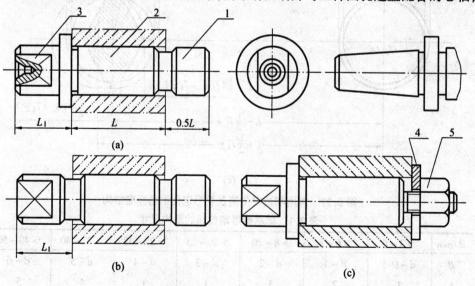

图 2.28 刚性心轴

1—导向部分;2—定位部分;3—传动部分;4—开口垫圈;5—螺母

轴由导向部分1,定位部分2及传动部分3组成。导向部分的作用是使工件能迅速正确地套在心轴的定位部分上,其直径尺寸按间隙配合选取。心轴两端设有顶尖孔,其左端传动部分铣扁,以便于能迅速放入车床主轴上带有长方槽的拨盘中。图(b)为无凸肩的过盈配合心轴,用此种心轴可同时加工工件的两端面,工件在心轴上的轴向位置 L_1 在工件用油压机压入心轴时予以保证。上述两种刚性心轴,定位精度高,但装卸工件麻烦,生产效率较低。图(c)为带凸肩并与工件圆孔间隙配合的心轴,使用时需用螺母5夹紧,其上的开口垫圈是为了迅速装卸工件设置的。

刚性心轴的结构也可以设计成带有莫氏锥柄的,使用时直接插入车床主轴的前锥孔内即可。

刚性心轴定位时限制的不定度分析与定位销相同,对过盈配合的心轴限制了四个不定度,对间隙配合的心轴则根据其与工件圆孔接触的长短确定限制四个或两个不定度。

3.锥度心轴

为了消除工件与心轴的配合间隙,提高定心定位精度,在夹具设计中还可选用图2.29所示的小锥度心轴。为防止工件在心轴上定位时的倾斜,此类心轴的锥度 K 通常取

$$K = \frac{1}{5\,000} \sim \frac{1}{1\,000}$$

心轴的长度则根据被定位工件圆孔的长度、孔径尺寸公差和心轴锥度等参数确定。

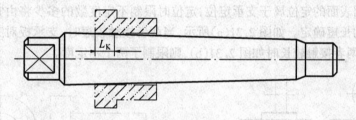

图 2.29 锥度心轴

定位时,工件楔紧在心轴锥面上,楔紧后由于孔的局部弹性变形,使它与心轴在长度 L_K 上为过盈配合,从而保证工件定位后不致倾斜。此外,加工时也靠此楔紧所产生的过盈部分带动工件,而不需另外再夹紧工件。

设计此种小锥度心轴时,选取锥度越小,则楔紧接触长度 L_K 越大,定心定位精度越高。但当工件定位孔径尺寸有变化时,锥度越小引起工件轴向位置的变动也越大,造成加工的不方便。故此种刚性心轴,一般只适用于工件定位孔精度高于 IT7 级,切削负荷较小的精加工。为了减少一批工件在锥度心轴上轴向位置的变动量,可采用按工件孔径尺寸公差分组设计相应的分组锥度心轴解决之。

2.2.3 外圆表面定位元件

在夹具设计中常用于外圆表面的定位元件有定位套、支承板和 V 型块等。各种定位套对工件外圆表面主要实现定心定位,支承板实现对外圆表面的支承定位,V 型块则实现对外圆表面的定心对中定位。

1.定位套

在夹具中,工件以外圆表面定心定位时,常采用图2.30所示的各种定位套。图(a)为

短定位套和长定位套,它们分别限制被定位工件的两个和四个不定度。图(b)为锥面定位套,和锥面销对工件圆孔定位一样限制三个不定度,在夹具设计中,为了装卸工件的方便也可采用图(c)所示的半圆套对工件外圆表面进行定心定位。根据半圆与工件定位表面接触的长短,将分别限制四个或两个不定度。

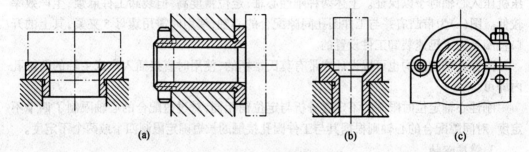

(a)   (b)   (c)

图 2.30   各种类型定位套

各种类型定位套和定位销一样,也可根据被加工工件批量和工序加工精度要求,设计成为固定式和可换式的。同样,固定式定位套在夹具中可获得较高的位置定位精度。

2.支承板

在夹具中,工件以外圆表面的侧母线定位时,常采用平面定位元件——支承板。支承板对工件外圆表面的定位属于支承定位,定位时限制不定度数的多少将由它与工件外圆侧母线接触的长短确定。如图 2.31(a)所示,当两者接触较短时,支承板对工件限制了一个不定度;当两者接触较长时如图 2.31(b),则限制了两个不定度。

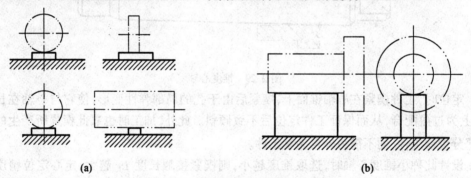

(a)   (b)

图 2.31   支承板对工件外圆表面的定位

3.V 形块

在夹具中,为了确定工件定位基准——外圆表面中心线的位置,也常采用以两个支承平面组成的 V 形块定位。此种 V 形块定位元件,还可对具有非完整外圆表面的工件进行定位。常见的 V 形块结构如图 2.32 所示,其中长 V 形块用于较长外圆表面定位,限制四个不定度,短 V 形块则只限制两个不定度。对由两个高低不等的短 V 形块组成的定位元件,还可实现对阶梯形的两段外圆表面中心连线的定位。V 形块在对工件定位时,还可起对中作用,即通过与工件外圆两侧母线的接触,使工件上的外圆中心线对中在 V 形块两支承斜面的对称面上。

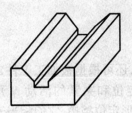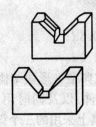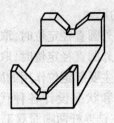

图2.32　常见V形块的结构形式

V形块上两斜面的夹角 a 一般选用60°、90°和120°三种,最常用的是夹角为90°的V形块。90°夹角的V形块的结构和尺寸可参阅国家有关标准。当在夹具设计过程中,需根据工件定位要求自行设计时,则可参照图2.33对有关尺寸进行计算。

由图2.33可知,V形块的主要尺寸:

d 为V形块的标准心轴直径尺寸(即工件定位用外圆的理想直径尺寸);

H 为V形块高度尺寸;

N 为V形块的开口尺寸;

$H_定$ 为对标准心轴而言,V形块的标准定位高度尺寸(亦是V形块加工时的检验尺寸)。

当自行设计一个V形块时,d 是已知的,而 H 和 N 须先行确定,然后方可求出 $H_定$。

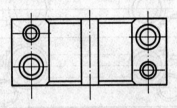

图2.33　V形块的典型结构及其主要尺寸

尺寸 $H_定$ 的计算

$$H_定 - H = OE - CE$$

在直角 $\triangle OEB$ 中

$$OE = \frac{d}{2\sin\frac{a}{2}}$$

在直角 $\triangle CEA$ 中

$$CE = \frac{N}{2\tan\frac{a}{2}}$$

将 OE 及 CE 代入上式,得

$$H_定 - H = \frac{d}{2\sin\frac{a}{2}} - \frac{N}{2\tan\frac{a}{2}}$$

N 的尺寸:$a = 60°$ 时,$N = 1.16d - 1.15h$;

$\quad\quad\quad a = 90°$ 时,$N = 1.41d - 2h$;

$\quad\quad\quad a = 120°$ 时,$N = 2d - 3.46h$;$h = (0.14 \sim 0.16)d$。

设计时 H 的尺寸：

用于大外圆直径定位时，取 $H \leqslant 0.5d$；

用于小外圆直径定位时，取 $H \leqslant 1.2d$。

除上述主要起定位作用的固定式典型 V 形块结构外，还可根据被加工工件定位基准的表面形状和状况设计各种代用元件，以及同时用于定位和夹紧的活动 V 形块。图2.34(a)为在铣连杆两端面双工位夹具上采用的三个锯齿形定位挡销，它们相当于两 V 形块起对两个连杆外圆表面的定位作用。这种代用元件，可以减少与工件粗基准外圆表面的接触面积，提高定位的可靠性，同时又可使夹具结构简化和紧凑。图2.34(b)为同时用于定位和夹紧的活动 V 形块结构，由于它在导向槽内移动，故从定位原理上分析只能限制一个不定度。

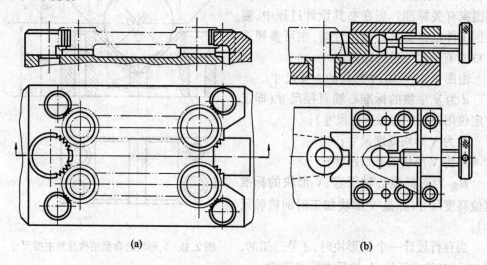

(a)　　　　　　　　　　　　　　(b)

图 2.34　V 形块定位的代用元件及活动 V 形块

2.2.4　锥面定位元件

在加工轴类零件或某些要求精确定心的零件时，常以工件上的锥孔作为定位基准，这时就需要选用相应的锥面定位元件。采用锥孔作为定位基准的零件结构，虽给加工带来困难，但由于它在锥面上定位方便且可获得很高的定心精度，故在精密零件上仍经常采用。

图 2.35 为锥孔套筒在锥形心轴上定位磨外圆及精密齿轮在锥形心轴上定位进行滚齿加工的情况。此时，锥形心轴对被定位工件将限制五个不定度。

图 2.36(a)为轴类零件以顶尖孔在顶尖上定位的情况，左端固定顶尖限制三个不定度，右端的可移动顶尖则只限制两个不定度。为了提高工件轴向的定位精度，可采用图(b)所示的固定顶尖套和活动顶尖结构，此时活动顶尖仅限制两个不定度，沿轴线方向的不定度则由固定顶尖聋限制。

前述的各种类型定位元件的结构和尺寸大多已标准化和规范化了。为此，可根据需要直接由国家标准《机床夹具零件及部件》或有关《机床夹具设计手册》中选用，或者参照其中的典型结构和尺寸自行设计。

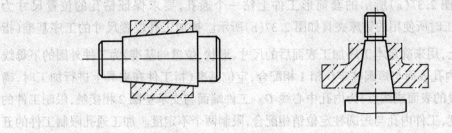

图 2.35 长圆锥孔在锥形心轴上的定位

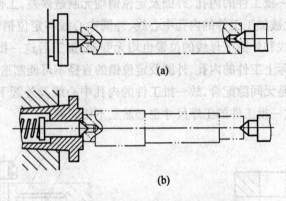

(a)

(b)

图 2.36 工件上顶尖孔在顶尖上的定位

2.3 定位误差的分析与计算

在第 1 章中已经提到,夹具的作用首先是要保证工序加工精度,在设计夹具选择和确定工件的定位方案时,除根据工件定位原理选用相应的定位元件外,还必须对选定的工件定位方案能否满足工序加工精度要求作出判断。为此需要对可能产生的定位误差进行分析和计算。

2.3.1 定位误差及其计算方法

1. 定位误差的概念及其产生原因

定位误差是指由于定位不准而造成某一工序在工序尺寸(通常指加工表面对工序基准的距离尺寸)或位置要求方面的加工误差。对某一定位方案,经分析计算其可能产生的定位误差,只要小于工件有关尺寸或位置公差的 $\frac{1}{3} \sim \frac{1}{5}$,一般即认为此定位方案能满足该工序的加工精度要求。

工件在夹具中的位置是由定位元件确定的,当工件上的定位表面一旦与夹具上的定位元件相接触或相配合,作为一个整体的工件的位置也就确定了。但对于一批工件来说,由于在各个工件的有关表面之间,彼此在尺寸及位置上均有着在公差范围内的差异,夹具定位元件本身和各定位元件之间也具有一定的尺寸和位置公差。这样一来,工件虽已定位,但每个被定位工件的某些具体表面都会有自己的位置变动量,从而造成在工序尺寸和位置要求方面的加工误差。

例如,图 2.37(a)所示的套筒形工件上钻一个通孔,要求保证钻孔的位置尺寸为 $H_{-T_H}^{\ 0}$。加工时所使用的钻床夹具如图 2.37(b)所示。被加工孔位置尺寸的工序基准(指在工序图上,用来确定本工序加工表面后的尺寸、形状、位置的基准)为工件外圆的下母线 A,工件以内孔表面与短圆柱定位销 1 相配合,定位基准(指工件在夹具上进行加工时,确定工件位置的表面或线点)为内孔中心线 O。工件端面与支承垫圈 2 相接触,限制工件的三个不定度,工件内孔与短圆柱定位销相配合,限制两个不定度。加工通孔限制工件的五个不定度已满足工序加工要求。

若被加工的这一批工件的内孔、外圆及定位销均无制造误差,工件内孔与定位销又无配合间隙,则这一批被加工工件的内孔中心线、外圆中心线与定位销中心线重合,此时每个工件的内孔中心线和外圆下母线的位置也均无变动,加工后这一批工件的工序尺寸是完全相同的。但实际上工件的内孔、外圆及定位销的直径不可能制造得绝对准确,且工件内孔与定位销也不是无间隙配合,故一批工件的内孔中心线及外圆下母线均在一定的范围内变动,加工后这一批工件的工序尺寸也必然是不相同的。

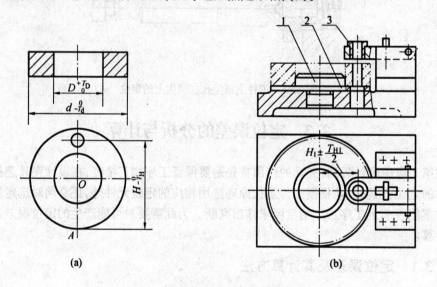

图 2.37　钻孔工序简图及钻孔夹具
1—短圆柱定位销;2—支承垫圈;3—钻套

图 2.38 表示当夹具上定位销尺寸按 $d_1{}_{-T_{d_1}}^{\ \ 0}$ 制造、工件内孔及外圆尺寸分别按 $D_{\ 0}^{+T_D}$ 及 $d_{-T_d}^{\ 0}$ 制造、定位销与工件内孔的最小配合间隙为 Δ_{min} 时,一批工件定位基准 O 和工序基准 A 相对定位基准理想位置 O' 的最大变动量。图(a)中的 O_1、O_2、O_3 及 O_4 为定位基准 O 最大位置变动的几个极端位置,图(b)中的 A_1 及 A_2 表示在定位基准 O 没有位置变动时工序基准 A 的最大变动量。

定位基准 O 的最大变动量称为定位基准的位置误差(简称基准位置误差),以 $\delta_{位置(o)}$ 表示。基准位置误差可以由图 2.38(a)中求得,即

$$\delta_{位置(o)} = O_1O_2 = O_3O_4 = T_D + T_{d_1} + \Delta_{min} = \Delta_{max}$$

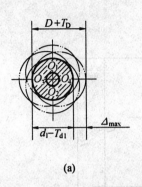
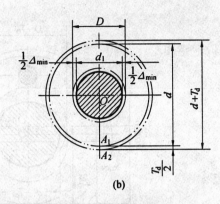

图 2.38　一批工件定位基准和工序基准相对定位基准理想位置的最大变动量

工序基准 A 相对定位基准理想位置 O' 的最大变动量称为工序基准与定位基准不重合误差（简称基准不重合误差），以 $\delta_{\text{不重}(A)}$ 表示。基准不重合误差可以由图 2.38（b）中求得，即

$$\delta_{\text{不重}(A)} = A_1 A_2 = \frac{1}{2} T_{\text{d}}$$

采用夹具加工通孔时，将按图 2.37 所示夹具上的钻套 3 确定刀具的位置，而钻套 3 的中心线对定位销 1 的中心线位置已由夹具上的尺寸 $H_1 \pm \dfrac{T_{\text{H}}}{2}$ 确定。在加工一批工件的过程中，钻头的切削成形面的位置（即被加工通孔中心线的位置）可认为是不变的。因此，在加工通孔时造成工序尺寸 $H_{-T_{\text{H}}}^{\ 0}$ 定位误差的主要原因是一批工件定位时，定位基准 O 和工序基准 A 相对定位基准理想位置 O' 的位置变动量。

2. 定位误差的组成及计算方法

由实例分析可以进一步明确，定位误差是指一批工件在用调整法加工时，仅仅由于定位不准而引起工序尺寸或位置要求的最大可能变动范围。即定位误差主要是由基准位置误差和基准不重合误差两项组成。

根据定位误差的上述定义，在设计夹具时，对任何一个定位方案，可通过一批工件定位时的两个极端位置，直接计算出工序基准的最大变动范围，即为该定位方案的定位误差。仍以已分析的钻孔工序为例，如图 2.39 所示。在工件内孔直径最大而定位销直径最小的条件下，当工件相对定位销沿 OO_1 向上处于最高位置 O_1 且工件外圆尺寸最小时，工序尺寸为最小值 $H_{\min}$；当工件相对定位销沿 OO_2 向下处于最低位置 O_2 且工件外圆尺寸最大时，工序尺寸为最大值 $H_{\max}$。此时，工序尺寸 H 的定位误差由图 2.39 可知

$$\delta_{\text{定位}(H)} = A_1 A_2 = H_{\max} - H_{\min} = O_1 O_2 + \frac{1}{2} d - \frac{1}{2}(d - T_{\text{d}}) = O_1 O_2 + \frac{1}{2} T_{\text{d}}$$

根据定位误差产生的原因也可按定位误差的组成进行计算，即

$$\delta_{\text{定位}(H)} = \delta_{\text{位置}(O)} + \delta_{\text{不重}(A)} = O_1 O_2 + \frac{1}{2} T_{\text{d}}$$

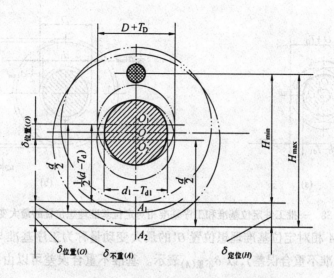

图 2.39   定位误差计算时工件的两个极端位置

3. 结论

通过上面实例和分析,可以归纳得到如下结论:

(1)定位误差只发生在采用调整法加工一批工件的条件下,如果一批工件逐个按试切法加工,则不存在定位误差。

(2)定位误差是工件定位时由于定位不准产生的加工误差。它的表现形式为工序基准相对加工表面可能产生的最大尺寸或位置变动量。它的产生原因是工件的制造误差、定位元件的制造误差、两者配合间隙及基准不重合等。

(3)定位误差是由基准位置误差和基准不重合误差两部分组成。但不是在任何情况下两部分都存在,当定位基准无位置变动时 $\delta_{位置} = 0$,当定位基准与工序基准重合时 $\delta_{不重} = 0$。

(4)定位误差计算可按定位误差定义,根据所画出的一批工件定位时可能产生定位误差的两种极端位置,再通过几何关系直接求得。也可根据定位误差的组成,按公式 $\delta_{定位} = \delta_{位置} \pm \delta_{不重}$ 计算得到。但计算时应特别注意,当一批工件定位时,由一种可能极端位置变为另一种可能极端位置情况时,定位基准位置与工序基准相对定位基准理想位置的变动方向是否一致以确定公式中的加减号。

2.3.2   几种典型表面定位时的定位误差

1. 平面定位时的定位误差

在夹具设计中,平面定位的主要方式是支承定位,常用的定位元件为各种支承钉、支承板、自位支承和可调支承。

当工件以未加工过的毛坯表面定位时,一般只能采用三点支承方式,定位元件为球头支承钉或锯齿头支承钉。这样可减少支承与工件的接触面积,以便能与粗糙不平的毛坯表面稳定接触。采用锯齿头支承钉还能增大接触面间的摩擦力,防止工件受力移动。在一批工件以毛坯表面定位时,虽然三个支承钉已确定了定位基准面的位置,但由于每个工

件作为定位基准——毛坯表面本身的表面状况各
不相同,将产生图 2.40(a)所示的基准位置在一定
范围 ΔH 内变动,从而产生了定位误差,即

$$\delta_{定位(H)} = \delta_{位置} = \Delta H$$

当工件以已加工过的精基准定位时,由于定位
基准面本身的形状精度较高,故可采用多块支承
板,甚至采用经精磨过的整块大面积支承板定位。
这样,对一批以已加工过的精基准定位的工件来
说,其定位基准的位置可以认为没有任何变动的可
能,此时如图 2.40(b)所示。其定位误差为

$$\delta_{定位(H)} = \delta_{位置} = 0$$

2. 圆孔表面定位时的定位误差

在夹具设计中,圆孔表面定位的主要方式是定
心定位,常用的定位元件为各种定位销及定位心轴。

一批工件在夹具中以圆孔表面作为定位基准
进行定位时,其可能产生的定位误差将随定位方式
和定位时圆孔与定位元件配合性质的不同而各不
相同,现分别进行分析和计算。

(1)工件上圆孔与刚性心轴或定位销过盈配
合,定位元件水平或垂直放置

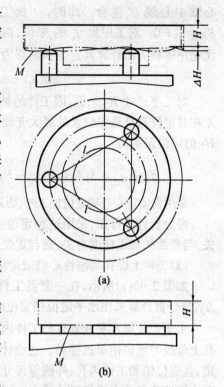

图 2.40　平面定位时的定位误差

如图 2.41(a)所示,在一套类工件铣一平面,要求保证与内孔中心线 O' 的距离尺寸为
H_1,或与外圆侧母线的距离尺寸为 H_2,现分析计算采用刚性心轴定位时的定位误差。

画出一批工件定位时可能出现的两种极端位置,如图 2.41(b)所示。由图(a)可知,
工序尺寸 H_1 的工序基准为 O,工序尺寸 H_2 的工序基准为 A,加工时的定位基准均为工
件内孔中心线 O。

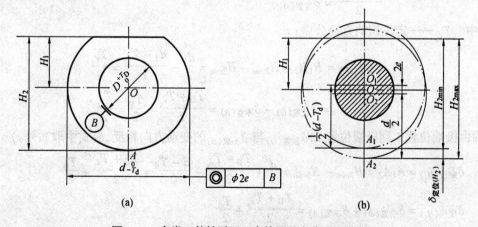

图 2.41　套类工件铣平面工序简图及定位误差分析

当一批工件在刚性心轴上定位时,虽然作为定位基准的内孔尺寸在其公差 T_D 的范
围内变动,但由于与刚性心轴系过盈配合,故每个工件定位时的内孔中心线 O 均与定位

心轴中心线 O' 重合。此时，一批工件的定位基准在定位时没有任何位置变动，即 $\delta_{位置(O)} = 0$。对工序尺寸 H_1 来说，由于工序基准又与定位基准重合（即 $\delta_{不重(O)} = 0$），故无论用哪种方法计算其定位误差都为

$$\delta_{定位(H_1)} = \delta_{位置(O)} + \delta_{不重(O)} = 0 + 0 = 0$$

对工序尺寸 H_2 来说，因工件的外圆本身尺寸及其对内孔位置均有公差，故工序基准 A 相对定位基准理想位置的最大变动量为工件外圆尺寸公差之半与同轴度公差之和，故 H_2 的定位误差为

$$\delta_{定位(H_2)} = A_1 A_2 = H_{2max} - H_{2min} = \frac{T_d}{2} + 2e = \delta_{位置(O)} + \delta_{不重(A)} = \delta_{不重(A)}$$

采用自动定心心轴定位加工时，因系无间隙配合定心定位，故定位误差的分析计算同上。

经分析计算可知，采用这种定位方案设计夹具时，可能产生的定位误差仅与工件有关，与表面的加工精度有关，而与定位元件的精度无关。

(2)工件上圆孔与刚性心轴或定位销间隙配合，定位元件水平放置

如图 2.42(a)所示，在一套类工件上铣一键槽，要求保证工序尺寸分别为 H_1、H_2 或 H_3，现分析计算采用水平定位销定位时的定位误差。

由于定位销水平放置且与工件内孔有配合间隙，若每个工件在重力作用下均使其内孔上母线与定位销单边接触。在设计夹具时，由于对刀、元件相对定位销中心线的位置已定，且定位销和工件内孔、外圆等尺寸均有制造误差。因此，一批工件定位时可能出现的两个极端位置是定位销尺寸最大，工件内孔尺寸最小、工件外圆尺寸最小，如图 2.42(b) 中的 1 和定位销尺寸最小，工件内孔尺寸最大、工件外圆尺寸最大，如图 2.42(b)中的 2。由图2.42(b)所示的几何关系或按定位误差的计算公式可分别得出各工序尺寸的定位误差。

$$\delta_{定位(H_1)} = O_1 O_2 = H_{1max} - H_{1min} = O'O_2 - O'O_1 = \frac{T_D + T_{d_1} + \Delta_{min}}{2} - \frac{\Delta_{min}}{2} =$$

$$\frac{T_D + T_{d_1}}{2} = \delta_{位置(O)}$$

式中 T_{d_1}——定位销的直径公差；

$$\delta_{定位(H_2)} = B_1 B_2 = H_{2max} - H_{2min} = \frac{d_1}{2} - \frac{d_1 - T_{d_1}}{2} = \frac{T_{d_1}}{2}$$

$$\delta_{定位(H_2)} = \delta_{位置(O)} - \delta_{不重(B)} = \frac{T_D + T_{d_1}}{2} - \frac{T_D}{2} = \frac{T_{d_1}}{2}$$

（因由极端位置 1 到极端位置 2，$\delta_{位置(O)}$ 与 $\delta_{不重(B)}$ 的变动方向相反，故式中取减号。）

$$\delta_{定位(H_3)} = A_1 A_2 = H_{3max} - H_{3min} = \frac{d}{2} + \frac{T_D - T_{d_1}}{2} - \frac{d - T_d}{2} = \frac{T_D + T_{d_1}}{2} + \frac{T_d}{2}$$

$$\delta_{定位(H_3)} = \delta_{位置(O)} + \delta_{不重(A)} = \frac{T_D + T_{d_1}}{2} + \frac{T_d}{2}$$

（因由极端位置 1 到极端位置 2，$\delta_{位置(O)}$ 与 $\delta_{不重(A)}$ 的变动方向相同，故式中取加号。）

在使用夹具时，定位销的实际尺寸已定。一批工件定位时每个工件的内孔均与此定位销的上母线接触，图 2.42(c)为定位形式已转化为支承定位。在支承定位的条件下，定

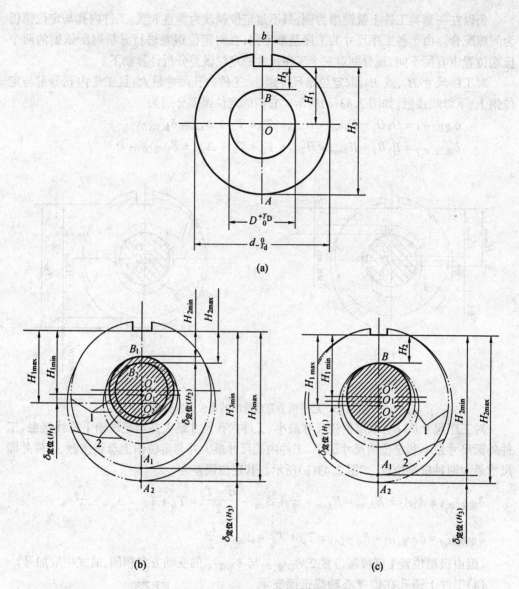

图 2.42　套类工件铣键槽工序简图及定位误差分析

位基准为工件内孔的上母线 B,工序基准仍分别是工件内孔中心线 O、内孔上母线 B 及工件外圆下母线 A。三个工序尺寸的定位误差亦可分别由图 2.42(c)或定位误差的计算公式求得

$$\delta_{定位(H_1)} = O_1 O_2 = H_{1max} - H_{1min} = \frac{D + T_D}{2} - \frac{D}{2} = \frac{T_D}{2} = \delta_{不重(O)}$$

$$\delta_{定位(H_2)} = \delta_{位置(B)} + \delta_{不重(B)} = 0 + 0 = 0$$

$$\delta_{定位(H_3)} = A_1 A_2 = H_{3max} - H_{3min} = \frac{T_D}{2} + \frac{T_d}{2}$$

$$\delta_{定位(H_3)} = \delta_{位置(B)} + \delta_{不重(B)} = 0 + \left(\frac{T_D}{2} + \frac{T_d}{2} \right)$$

(3)工件上圆孔与刚性心轴或定位销间隙配合,定位元件垂直放置

　　仍以在一套类工件上铣键槽为例,只不过定位销改为垂直放置,工件内孔与定位销仍为间隙配合。由于各工序尺寸的工序基准不同,在对定位误差进行分析时所依据的两个极端位置也有所不同,现分别对三个工序尺寸的定位误差分析计算如下。

　　对工序尺寸 H_1,或 H_2,取定位销尺寸最小、工件内孔尺寸最大,且工件内孔分别与定位销上、下母线接触,如图 2.43(a)所示。它们的定位误差分别为

$$\delta_{定位(H_1)} = O_1O_2 = H_{1max} - H_{1min} = T_D + T_{d_1} + \Delta_{min} = \delta_{位置(O)}$$

$$\delta_{定位(H_2)} = B_1B_2 = H_{2max} - H_{2min} = T_D + T_{d_1} + \Delta_{min} = \delta_{位置(O)} + 0$$

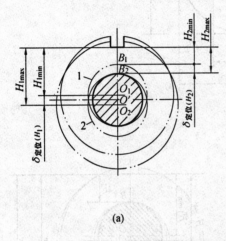 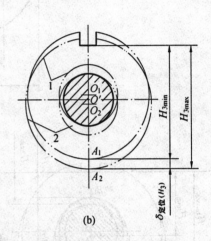

(a)　　　　　　　　　　　　　　　(b)

图 2.43　定位销垂直放置时的定位误差分析

　　对工序尺寸从 H_3,取定位销尺寸最小、工件内孔尺寸最大并与定位销下母线接触、工件外圆尺寸最小和定位销尺寸最小、工件内孔尺寸最大并与定位销上母线接触、工件外圆尺寸最大两种极端位置,如图 2.43(b)所示。其定位误差为

$$\delta_{定位(H_3)} = A_1A_2 = H_{3max} - H_{3min} = \frac{d}{2} + \Delta_{max} - \frac{d - T_d}{2} = T_D + T_{d_1} + \Delta_{min} + \frac{T_d}{2}$$

$$\delta_{定位(H_3)} = \delta_{位置(O)} + \delta_{不重(A)} = T_D + T_{d_1} + \Delta_{min} + \frac{T_d}{2}$$

(因由极端位置 1 到极端位置 2,$\delta_{位置(O)}$ 与 $\delta_{不重(A)}$ 的变动方向相同,故式中取加号)

　　(4)工件上圆孔在锥度心轴或锥面支承上定位

　　工件以其上的圆孔表面在锥度心轴或锥面支承上定位,虽可实现定心,保证一批工件定位时的内孔中心线的位置不变,但在内孔轴线方向却产生了定位误差。

　　图 2.44 为齿轮工件以内孔在小锥度心轴上定位,精车加工外圆及端面时的情况。由于一批工件的内孔尺寸有制造误差,将引起工序基准(左侧端面)位置的变动,从而造成工序尺寸 l 的定位误差。此项定位误差与

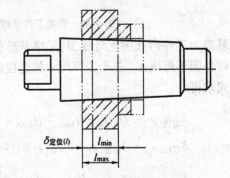

图 2.44　工件上圆孔在小锥度心轴定位时的
　　　　　误差分析

内孔尺寸公差 T_D 及心轴锥度 K 有关,即

$$\delta_{定位(l)} = l_{\max} - l_{\min} = \frac{T_D}{K}$$

因此,用调整法加工时,一般不采用小锥度心轴。

3. 外圆表面定位时的定位误差

在夹具设计中,外圆表面定位的方式是定心定位或支承定位,常用的定位元件为各种定位套、支承板和 V 形块。采用各种定位套或支承板定位时,定位误差的分析计算与前述圆孔表面定位和平面定位相同,现着重分析和讨论外圆表面在 V 形块上的定位。

图 2.45(a)为在一轴类工件上铣一键槽,要求键槽与外圆中心线对称并保证工序尺寸为 H_1、H_2 或 H_3,现分别分析计算采用 V 形块定位时的各工序尺寸的定位误差。

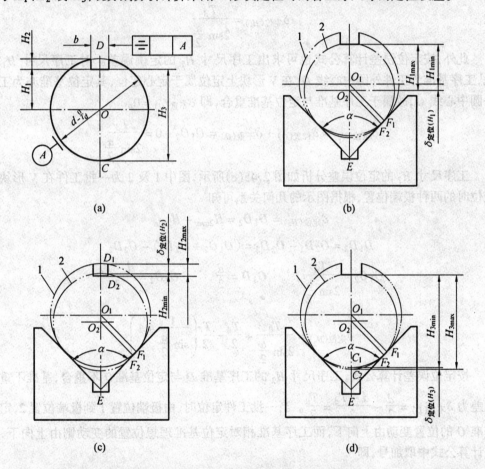

图 2.45　轴类工件铣键槽工序简图及定位误差分析

工件以其外圆在一支承板上定位,由于工件与支承板接触为外圆上的侧母线,故属于支承定位,此时定位基准即为工件外圆的侧母线。而工件以其外圆在 V 形块上定位时,虽工件与 V 形块(相当两个成 α 角的支承板)接触亦为工件外圆上的侧母线,但由于定位时系两个侧母线同时接触,故从定位作用来看可认为属于对中,即定心定位,此时定位基准为工件外圆的中心线。当 V 形块和工件外圆均制造得非常准确时,被定位工件外圆的中心线是确定的,并与 V 形块所确定的理想中心线位置重合。但是,实际上对一批工件

来说,其外圆直径尺寸有制造误差,此项误差将引起工件外圆中心线在 V 形块的对称中心面上相对理想中心线位置的偏移,从而造成有关工序尺寸的定位误差。

工序尺寸 H_1 的定位误差分析如图 2.45(b)所示,图中 1 及 2 为一批工件在 V 形块上定位时的两种极端位置,根据图示的几何关系可知

$$\delta_{定位(H_1)} = O_1 O_2 = H_{1max} - H_{1min}$$

因

$$O_1 O_2 = O_1 E - O_2 E = \frac{O_1 F_1}{\sin\frac{\alpha}{2}} - \frac{O_2 F_2}{\sin\frac{\alpha}{2}} = \frac{O_1 F_1 - O_2 F_2}{\sin\frac{\alpha}{2}}$$

$$O_1 F_1 - O_2 F_2 = \frac{d}{2} - \frac{d - T_d}{2} = \frac{T_d}{2}$$

故

$$\delta_{定位(H_1)} = \frac{T_d}{2\sin\frac{\alpha}{2}}$$

此外,按定位误差计算公式也可求出工序尺寸 H_1 的定位误差。对工序尺寸 H_1 来说,工序基准为工件外圆中心线 O,在 V 形块上定位属于定心定位,其定位基准亦为工件外圆中心线 O,故属于工序基准与定位基准重合,即 $\delta_{不重(O)} = 0$。

$$\delta_{定位(H_1)} = \delta_{位置(O)} + \delta_{不重(O)} = O_1 O_2 + 0 = \frac{T_d}{2\sin\frac{\alpha}{2}}$$

工序尺寸 H_2 的定位误差分析如图 2.45(c)所示,图中 1 及 2 为一批工件在 V 形块上定位时的两种极端位置,根据图示的几何关系可知

$$\delta_{定位(H_2)} = D_1 D_2 = H_{2max} - H_{2min}$$

因

$$D_1 D_2 = O_2 D_1 - O_2 D_2 = (O_1 O_2 + O_1 D_1) - O_2 D_2$$

$$O_1 O_2 = \frac{T_d}{2\sin\frac{\alpha}{2}}, \qquad O_1 D = \frac{d}{2}, \qquad O_2 D_2 = \frac{d - T_d}{2}$$

故

$$\delta_{定位(H_2)} = \frac{T_d}{2\sin\frac{\alpha}{2}} + \frac{T_d}{2} = \frac{T_d}{2}\left(\frac{1}{\sin\frac{\alpha}{2}} + 1\right)$$

按定位误差计算公式,工序尺寸 H_2 的工序基准 D 与定位基准 O 不重合,基准不重合误差为 $\delta_{不重(D)} = \frac{d}{2} - \frac{d - T_d}{2} = \frac{T_d}{2}$。当一批工件定位时,由极端位置 1 到极端位置 2,定位基准 O 的位置变动由上向下,而工序基准相对定位基准理想位置的变动则由上向下,故在计算公式中取加号,即

$$\delta_{定位(H_2)} = \delta_{位置(O)} + \delta_{不重(D)} = \frac{T_d}{2\sin\frac{\alpha}{2}} + \frac{T_d}{2} = \frac{T_d}{2}\left(\frac{1}{\sin\frac{\alpha}{2}} + 1\right)$$

工序尺寸 H_3 的定位误差分析如图 2.45(d)所示,图中 1 及 2 为一批工件在 V 形块上定位时的两种极端位置,根据图示的几何关系可知

$$\delta_{定位(H_3)} = C_1 C_2 = H_{3max} - H_{3min}$$

$$C_1 C_2 = O_1 C_2 - O_1 C_1 = (O_1 O_2 + O_2 C_2) - O_1 C_1$$

$$O_1O_2 = \frac{T_d}{2\sin\frac{\alpha}{2}}$$

$$O_2C_2 = \frac{d - T_d}{2}$$

$$O_1C_1 = \frac{d}{2}$$

故

$$\delta_{定位(H_3)} = \frac{T_d}{2\sin\frac{\alpha}{2}} - \frac{T_d}{2} = \frac{T_d}{2}\left(\frac{1}{\sin\frac{\alpha}{2}} - 1\right)$$

按定位误差计算公式,工序尺寸 H_2 的工序基准 C 与定位基准 O 不重合,基准不重合误差为 $\delta_{不重(C)} = \dfrac{d}{2} - \dfrac{d - T_d}{2} = \dfrac{T_d}{2}$。当一批工件定位时,由极端位置 1 到极端位置 2,定位基准 O 的位置变动由上向下,而工序基准相对定位基准理想位置的变动则由下向上,故在计算公式中取减号,即

$$\delta_{定位(H_3)} = \delta_{位置(O)} - \delta_{不重(C)} = \frac{T_d}{2\sin\frac{\alpha}{2}} - \frac{T_d}{2} = \frac{T_d}{2}\left(\frac{1}{\sin\frac{\alpha}{2}} - 1\right)$$

4. 圆锥表面定位时的定位误差

在夹具设计中,圆锥表面的定位方式是定心定位,常用的定位元件为各种圆锥心轴、圆锥套和顶尖。此种定位方式由于工件定位表面与定位元件之间没有配合间隙,故可获得很高的定心精度,即工件定位基准的位置误差为零。但由于定位基准——圆锥表面直径尺寸不可能制造得绝对准确和一致,故在一批工件定位时将产生沿工件轴线方向的定位误差。图 2.46 即为由于工件锥孔直径尺寸偏差和轴类工件顶尖孔尺寸偏差引起的工序尺寸 l 的定位误差及轴类工件基准 A 的位置误差,其大小均与锥孔(或顶尖孔)的尺寸公差 T_D 和圆锥心轴(或顶尖)的锥角 α 有关,即

$$\delta_{定位(l)} = \frac{T_D}{2}\operatorname{ctan}\frac{\alpha}{2}$$

$$\delta_{位置(A)} = \frac{T_D}{2}\operatorname{ctan}\frac{\alpha}{2}$$

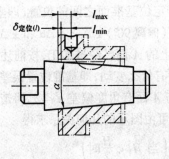 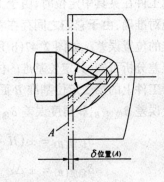

图 2.46　圆锥表面定位时的定位误差

2.3.3　表面组合定位时的定位误差

在机械加工中,有很多工件是以多个表面作为定位基准,在夹具中实现表面组合定位的,如箱体类工件以三个相互垂直的平面或一面两孔组合定位,套类、盘类或连杆类工件以平面和内孔表面组合定位,以及阶梯轴类工件以两个外圆表面组合定位等。

采用表面组合定位时,由于各个定位基准面之间存在着位置偏差,故在定位误差的分析和计算时也必须加以考虑。为了便于分析和计算,通常把限制不定度最多的主要定位表面称为第一定位基准,然后再依次划分为第二、第三定位基准。一般来说,采用多个表面组合定位的工件,其第一定位基准的位置误差最小,第二定位基准次之,而第三定位基准的位置误差最大。下面将对几种典型的表面组合定位时的定位误差进行分析和计算。

1.平面组合定位

图 2.47(a)为长方体工件以三个相互垂直的平面为定位基准,在夹具上实现平面组合定位的情况。为达到完全定位,工件以底面 A 与夹具上处于同一平面的六个支承板 1 接触,限制了三个不定度,属于第一定位基准;工件以侧面 B 与夹具上处于同一直线上的两个支承钉 2 接触,限制了两个不定度,属于第二定位基准;工件上的 C 面与夹具上的一个支承钉 3 接触,限制了一个不定度,属于第三定位基准。

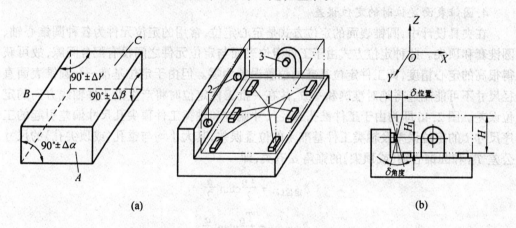

(a)   (b)

图 2.47　长方体工件的平面组合定位及其定位误差

当一批工件在夹具中定位时,由于工件上三个定位基准面之间的位置(即垂直度)不可能做得绝对准确,由于它们之间存在着角度偏差(偏离 90°) ± $\Delta\alpha$、± $\Delta\beta$ 和 ± $\Delta\gamma$,将引起各定位基准的位置误差。如图 2.47(b)所示,工件上的 A 面已经过加工,按前述平面定位时的定位误差分析可知,其定位基准的位置几乎没有什么变动,即基准位置误差可以忽略不计。对于工件上的第二定位基准 B 面,则由于与 A 面有角度偏差 ± $\triangle\alpha$,将造成此定位基准的位置误差 $\delta_{位置(B)}$ 和角度误差 $\delta_{角度(B)}$,其值可由图示的几何关系求得

$$\delta_{位置(B)} = \pm (H - H_1)\tan\Delta\alpha \left(\text{当 } H_1 < \frac{H}{2}\text{时}\right)$$

$$\delta_{角度(B)} = \pm \Delta\alpha$$

同理,工件上的第三定位基准 C 面,由于与 A 面和 B 面均有角度偏差 ± $\Delta\beta$ 及 ± $\Delta\gamma$,故在定位时将造成更大的基准位置误差和基准角度误差。

例 1　如图 4.48 所示，在卧式铣床上甩三面刃铣刀加工一批长方形工件，工件在夹具中实现完全定位。图 (a) 为该工件的工序简图，加工要求为保证工序尺寸 H、L_1 及加工面对 A 面的平行度。根据图 (b) 所示的几何关系可知

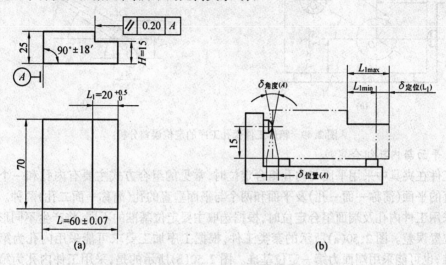

图 2.48　长方形工件加工工序简图及定位差误分析

$$\delta_{定位(H)} = 0$$

$$\delta_{定位(L_1)} = L_{1max} - L_{1min} = \delta_{位置(A)} + \delta_{不重(B)} =$$

$$2(15 \times \tan 18') + 2 \times 0.07 = 0.296 \text{ mm}$$

$$\delta_{定位(//)} = \pm(25 - 15)\tan\delta_{角度(A)} = \pm 10\tan 18' = \pm 0.052 \text{ mm}$$

经过分析和计算，工序尺寸 L_1 的定位误差已超过该工序尺寸公差的 $\dfrac{1}{3}$，故需改变定位方案。

例 2　如图 2.49(a) 所示，以箱体工件的底面 A 和侧面 B 定位加工孔 O_2，箱体上的孔 O_1 已加工完毕，现分析计算两孔中心距尺寸 L 的定位误差。

由图中所示工件的定位方案可知，此工件的定位基准为底面 A 和测面 B，而被加工孔 O_2 的工序基准为孔 O_1 的中心线，存在着基准不重合误差。在忽略第二定位基准 B 面位置变动的条件下，按图 2.49(b) 所示的几何关系可求得工序尺寸 L 的定位误差

$$\delta_{定位(L)} = L' - L'' = O'_1 O_2 - O''_1 O_2$$

式中 $O'_1 O_2$ 及 $O''_1 O_2$ 之值，可通过余弦定理分别由 $\Delta O'_1 O_1 O_2$ 及 $\Delta O_1 O''_1 O_2$ 中的边角关系求得。

由于尺寸 L_1 及 L_2 的公差值很小，工序尺寸 L 的定位误差也可按下面定位误差计算公式进行近似计算

$$\delta_{定位(L)} \approx \delta_{位置(A, B)} + \delta_{不重(O_1)}\cos(\beta - \alpha) \approx 0 + O'_1 O''_1 \cos(\beta - \alpha) =$$

$$\sqrt{T_{L_1}^2 + T_{L_2}^2}\cos(\beta - \alpha)$$

式中

$$\beta = \arctan\frac{T_{L_2}}{T_{L_1}}$$

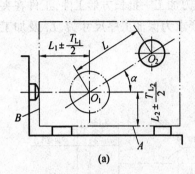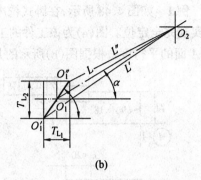

图2.49　箱体工件镗孔工序的定位误差分析

2.平面与内孔组合定位

工件在夹具中采用平面与内孔组合定位时,常见的组合方式主要有内孔和一个与内孔垂直的平面(简称一面一孔)及平面和两个与平面垂直的孔(简称一面二孔)两种。

采用工件内孔及端面组合定位时,根据选取主要定位基准的不同,将产生不同形式的基准位置误差。图2.50(a)所示的套类工件,根据工序加工要求可能采用内孔为第一定位基准,也可能采用端面为第一定位基准。图2.50(b)所示的是,采用工件内孔为第一定位基准在长心轴或长定位销上定位时,内孔中心线 A 的位置误差可按前述内孔表面定位误差的分析确定,而第二定位基准——端面 B 将因其对内孔中心线的垂直度误差而引起基准的位置误差 $\delta_{位置(B)}$ 及角度误差 $\delta_{角度(B)}$,其值为

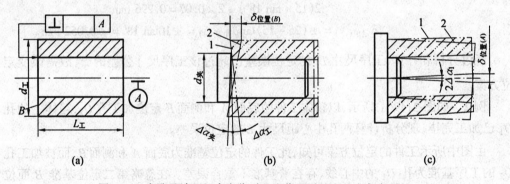

图2.50　内孔及端面组合定位时基准位置误差和基准角度误差

$$\delta_{位置(B)} = d_{工} \tan\Delta\alpha_{工} + d_{夹} \tan\Delta\alpha_{夹}$$

$$\delta_{角度(B)} = \pm \tan\Delta\alpha_{工}$$

如图2.50(c)所示,采用工件端面为第一定位基准在短心轴或短定位销上定位时,作为第一定位基准的端面没有基准位置误差(即 $\delta_{位置(B)} = 0$),而第二定位基准——内孔中心线 A 将因其对端面的垂直度误差而引起基准的位置误差 $\delta_{位置(B)}$ 及基准角度误差 $\delta_{角度(A)}$,其值为

$$\delta_{位置(A)} = 2L_{工} \tan\Delta\alpha_{工}$$

$$\delta_{角度(A)} = \pm \tan\Delta\alpha_{工}$$

采用工件上的一面二孔组合定位时,根据工序加工要求可能采用平面为第一定位基准,也可能采用其中某一个内孔为第一定位基准。图2.51为一长方体工件及其在一面两

销上的定位情况,因系采用短定位销,故工件底面 1
为第一定位基准,工件上的内孔 O_1 及 O_2 分别为第
二和第三定位基准。

一批工件在夹具中定位时,工件上作为第一定
位基准的底面 1 没有基准位置误差。由于定位孔
较浅,其内孔中心线由于内孔与底面垂直度误差而
引起的基准位置误差也可忽略不计。但作为第二、
第三定位基准的 O_1、O_2,由于与定位销的配合间隙
及两孔、两销中心距误差引起的基准位置误差必须
考虑。如图 2.52(a)所示,当工件内孔 O_1 的直径尺
寸最大、圆柱销直径尺寸最小,且考虑工件上两孔
中心距的制造误差的影响,根据图示的两种极端位
置可知

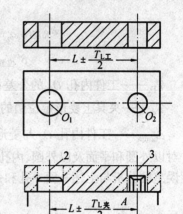

图 2.51 长方体工件在夹具中一面两销
上的定位

$$\delta_{位置(O_1)} = O'_1O''_1 = T_{D_1} + T_{d_1} + \Delta_{min}$$

$$\delta_{位置(O_2)} = O'_2O''_2 = O'_1O_1 + T_{L_{\text{I}}} = T_{D_1} + T_{d_1} + \Delta_{1min} + T_{L_{\text{I}}}$$

式中　　T_{D_1}——工件内孔 O_1 的公差;

T_{d_1}——夹具上短圆柱销的公差的;

Δ_{1min}——工件内孔 O_1 与圆定位销的最小配合间隙。

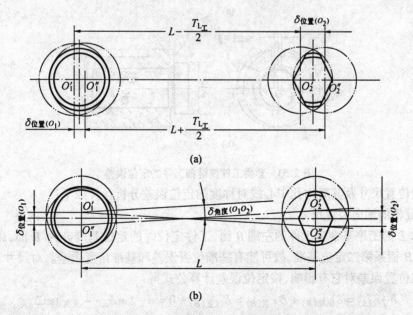

(a)

(b)

图 2.52 一面二孔定位时,第二、第三定位基准的位置和角度误差

如图 2.52(b)所示,当工件内孔 O_2 的直径尺寸也最大、菱形定位销直径尺寸也最小,
且工件上两孔及夹具上两定位销中心距均为 L 时,根据图示的两种极端位置可求得两孔
中心连线 O_1O_2 的角度误差,即

$$\delta_{\text{角度}(O_1O_2)} = \arctan \frac{\delta_{\text{位置}(O_1)} + \delta'_{\text{位置}(O_2)}}{2L}$$

$$\delta'_{\text{位置}(O_2)} = T_{D_2} + T_{d_2} + \Delta_{2\min}$$

式中　　T_{D_2}——工件内孔 O_2 的公差;

T_{d_2}——夹具上菱形定位销的公差;

$\Delta_{2\min}$——工件内孔 O_2 与菱形定位销的最小配合间隙。

对以外圆和平面及以外圆、内孔和平面组合定位的工件,其各定位基准的位置误差和角度误差的分析与上述一面一孔和一面二孔组合定位类似,可参考上述有关公式进行计算。

例3　如图 2.53(a)所示,在一个套类工件上铣一键槽,加工工序要求为键槽的位置尺寸 L、H 及其对内孔中心线的对称度,现分析计算采用带有小凸台的长心轴定位,如图 2.53(b)的定位误差。

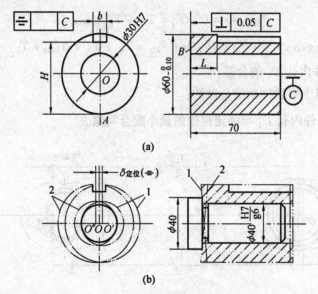

图 2.53　套类工件铣键槽工序的定位误差

键槽位置尺寸及其对内孔中心线对称度的定位误差分析计算如下:

(1)键槽的轴向位置尺寸 L

尺寸 L 的工序基准为工件的左端 B 面,工件定位时的定位基准亦为 B 面,属于基准重合,但 B 面系第二定位基准,故可能有基准位置误差和基准角度误差。对尺寸 L 来说,只是基准位置误差对它有影响,按定位误差计算公式得

$$\delta_{\text{定位}(L)} = \delta_{\text{位置}(B)} + \delta_{\text{不重}(B)} = \delta_{\text{位置}(B)} + 0 = d_{\text{工}} \tan\Delta_{\alpha\text{工}} + d_{\text{夹}} \tan\Delta_{\alpha\text{夹}}$$

由图中有关尺寸及位置要求可知:$d_{\text{工}} = 60$ mm,$d_{\text{夹}} = 40$ mm,$\tan\Delta_{\alpha\text{工}} = \dfrac{0.05}{60}$,$\tan\Delta_{\alpha\text{夹}} = \dfrac{0.015}{60}$(定位元件的精度按被定位工件相应精度的 $\dfrac{1}{3}$ 左右选取)。

$$\delta_{\text{定位}(L)} = 60 \times \frac{0.05}{60} + 40 \times \frac{0.015}{60} = 0.06 \text{ mm}$$

(2)键槽的深度位置尺寸 H

尺寸 H 的工序基准为外圆下母线 A，工件定位时的定位基准为内孔中心线 O，属于基准不重合。虽然工件内孔为第一定位基准，由于与定位心轴系间隙配合，故也有基准位置误差，按定位误差计算公式得

$$\delta_{定位(H)} = \delta_{位置(O)} + \delta_{不重(A)} = \frac{T_D + T_{d_1}}{2} + \frac{T_d}{2}$$

由图示有关尺寸配合可知

$$T_D = 0.021 \text{ mm}, \quad T_{d_1} = 0.013 \text{ mm}, \quad \Delta_{min} = 0.007 \text{ mm}, \quad T_d = 0.10 \text{ mm}$$

$$\delta_{定位(H)} = \frac{0.021 + 0.013}{2} + \frac{0.10}{2} = 0.067 \text{ mm}$$

(3)键槽的对称度

键槽的位置精度——对称度的工序基准和定位基准均为内孔中心线 O，故无基准不重合误差，但由于有配合间隙，故仍存在着基准位置误差，按图 2.53(b)所示的两个极端位置 1 及 2 可知

$$\delta_{定位(=)} = \delta_{定位(O)} + \delta_{不重(O)} = \delta_{定位(O)} + 0 = T_D + T_{d_1} + \Delta_{min} =$$

$$0.021 + 0.013 + 0.007 = 0.041 \text{ mm}$$

例 4　图 2.54(a)为在外圆磨床上精磨曲轴曲柄轴颈，加工要求为轴颈的位置尺寸 L_1 (40 ± 0.10)、L_2 (75 ± 0.025) 及其对销孔 O_2 的夹角 α $(60° \pm 15′)$ 和对左端面的垂直度等。曲轴在夹具上以左端面 A，止口外圆 O 及销孔 O_2 组合定位，如图 2.54(b)所示，现分析计算各工序要求的定位误差。

曲轴工件在夹具中以左端面 A 定位，限制三个不定度，属于第一定位基准；以止口外圆 O 在短定位环中定位，限制两个不定度，属于第二定位基准；再以销孔 O_2 在夹具上的菱形销上定位，限制一个不定度，属于第三定位基准。由图示可知，各项工序要求的定位误差如下。

(1)曲轴曲柄轴颈的轴向位置尺寸 L_1 及其对端面 A 的垂直度

由于曲柄轴颈 $\phi 95^{-0.05}_{-0.08}$ 对端面 A 的垂直度要求及确定其轴向位置尺寸 L_1 的 B 面，它们的工序基准与定位基准均作为第一定位基准的 A 面，故定位误差为零，即

$$\delta_{定位(L_1)} = \delta_{定位(\perp)} = \delta_{位置(A)} + \delta_{不重(A)} = 0 + 0 = 0$$

(2)曲轴曲柄轴颈的径向位置

曲柄轴颈与曲轴颈中心距尺寸为 L_2，曲轴曲柄轴颈 O_1 的工序基准与定位基准均为止口外圆中心 O，故无基准不重合误差。但由于止口外圆在定位环中有配合间隙，故仍存在基准位置误差，它将影响中心距尺寸 L_2，其定位误差为

$$\delta_{定位(L_2)} = \delta_{位置(O)} + \delta_{不重(O)} = \delta_{位置(O)} + 0 =$$

$$T_D + T_d + \Delta_{min} = 0.02 + 0.02 = 0.04 \text{ mm}$$

(3)曲轴曲柄轴颈对销孔的夹角 α

曲轴曲柄轴颈的角度位置的工序基准为工件止口外圆中心与销孔中心的连线 OO_2，现定位时亦是以 OO_2 为定位基准，故无基准不重合误差。但止口外圆与定位环和销孔与菱形定位销之间均有配合间隙，故仍存在有基准位置误差。此项定位误差可按前述一面

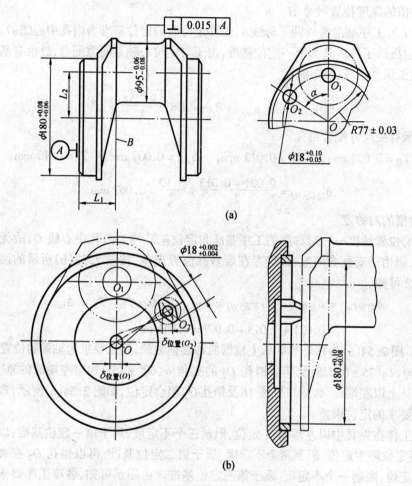

图 2.54　曲轴曲柄轴颈精磨工序的定位误差

两孔定位时的计算公式计算，即

$$\delta_{定位(\alpha)} = \delta_{位置(OO_2)} + \delta_{不重(OO_2)} = \delta_{位置(OO_2)} + 0 = \pm \arctan \frac{\delta_{位置(O)} + \delta'_{位置(O_2)}}{2R} =$$

$$\pm \arctan \frac{0.04 + 0.077}{2 \times 77} = \pm 2'37''$$

3. 外圆与外圆组合定位

图 2.55 为阶梯轴以两个外圆表面 d_1 和 d_2 为定位基准，放置在两个不等高的短 V 形块上实现组合定位的情况。现分析计算在轴颈上铣半圆键及在端面上钻孔时工序尺寸的定位误差。

(1)在阶梯轴轴颈 d_2 上铣半圆键的工序尺寸 H

工序尺寸 H 的工序基准为轴颈 d_2 的下母线 A，定位基准为阶梯轴两轴颈 d_1、d_2 中心连线 O_1O_2，属于基准不重合情况。由于两轴颈有尺寸公差 T_{d_1} 及 T_{d_2}，故定位基准 O_1O_2 在一批工件定位时也将产生位置变动，即产生基准位置误差 $\delta_{置位(O_1O_2)}$。当两个轴颈均为最大尺寸和均为最小尺寸时，此定位基准 O_1O_2 处于两个极端位置 $O'_1O'_2$ 及 $O''_1O''_2$。从图中所示的几何关系可求得工序尺寸 H 的定位误差为

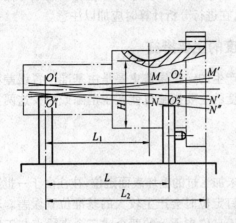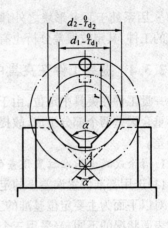

图 2.55 阶梯轴以两个外圆表面组合定位时的定位误差

$$\delta_{定位(H)} = \delta_{位置(O_1O_2)} - \delta_{不重(A)} = MN - \frac{T_{d_2}}{2}$$

因
$$MN = O'_1O''_1 + \frac{L_1}{L}(O'_2O''_2 - O'_1O''_1)$$

$$O'_1O''_1 = \frac{T_{d_1}}{2\sin\frac{\alpha}{2}}$$

$$O'_2O''_2 = \frac{T_{d_2}}{2\sin\frac{\alpha}{2}}$$

故
$$\delta_{定位(H)} = \frac{T_{d_1}}{2\sin\frac{\alpha}{2}} + \frac{L_1}{L}\left(\frac{T_{d_2}}{2\sin\frac{\alpha}{2}} - \frac{T_{d_1}}{2\sin\frac{\alpha}{2}}\right) - \frac{T_{d_2}}{2}$$

(2)在阶梯轴端面上钻孔的工序尺寸 r

工序尺寸 r 的工序基准为阶梯轴两轴颈中心连线 O_1O_2，定位基准亦为 O_1O_2，无基准不重合误差，即 $\delta_{不重(O_1O_2)} = 0$。同铣半圆键一样，定位基准仍有基准位置误差。当阶梯轴两轴颈一为最大尺寸一为最小尺寸时，其定位基准 O_1O_2 的两种极端位置为 $O'_1O''_2$ 及 $O''_1O'_2$。此时，对工序尺寸 r 的基准位置误差为 $\delta_{位置(O_1O_2)} = M'N'$。从图中所示的几何关系可求出工序尺寸 r 的定位误差为

$$\delta_{定位(r)} = \delta'_{位置(O_1O_2)} + \delta_{不重(O_1O_2)} = \delta'_{位置(O_1O_2)} + 0 = M'N'$$

因
$$M'N' = M'N'' - N'N'' = \frac{L_2}{L}(O'_1O''_1 + O'_2O''_2) - O'_1O''_1$$

故
$$\delta_{定位(r)} = \frac{L_2}{L}\left(\frac{T_{d_1}}{2\sin\frac{\alpha}{2}} + \frac{T_{d_2}}{2\sin\frac{\alpha}{2}}\right) - \frac{T_{d_1}}{2\sin\frac{\alpha}{2}}$$

由上面阶梯轴加工时的定位误差分析可知，为求得可能出现的定位误差的最大值，对一批工件定位时可能出现的两个极端位置的选取将随工序尺寸所在部位的不同而不同。对工序尺寸 H，因系处于两 V 形块之间，取 $O'_1O'_2$ 及 $O''_1O''_2$ 两个极端位置；而对于工序

尺寸 r，因系处于两 V 形块之外，则应取 $O'_1O''_2$ 及 $O''_1O''_2$ 两个极端位置。对以一面二孔定位的工件，其定位误差分析也有相似情况，在进行分析计算时应加以注意。

2.3.4　提高工件在夹具中定位精度的主要措施

一批工件在夹具中定位，由于定位不准产生的定位误差主要是由基准位置误差和基准不重合误差两个部分组成，故提高定位精度的主要措施也就在于消除或减少这两方面的误差。

1. 消除或减少基准位置误差的措施

(1) 选用基准位置误差小的定位元件

对以平面为主要定位基准的工件，若以未加工过的毛坯表面定位，往往由于一批工件定位表面状况的不同，当采用三个球头支承钉定位时会产生较大的基准位置误差。若将三个球头支承钉改为三个多点自位支承，由于自位支承上的两个或三个支承点与工件接触时仅反映这几个接触点处毛坯表面的平均状况，故可减少此毛坯表面的位置误差。

对以内孔和端面为定位基准的工件，作为第二定位基准的端面可能产生较大的位置误差，其大小由前面表面组合定位的分析中可知为 $\delta_{位置(B)} = d_工 \tan\Delta\alpha_工 + d_夹 \tan\Delta\alpha_夹$。若改变定位元件结构，将定位心轴上的台肩改为如图 2.56 所示的浮动球面支承，即可使基准位置误差减小，其值为

$$\delta_{位置(B)} = d_工 \tan\Delta\alpha_工$$

(2) 合理布置定位元件在夹具中的位置

对以平面组合定位的工件，若定位基准面系未经加工的毛坯表面，为提高一批工件的定位精度，应尽量将与第一定位基准接触的三个支承钉以及与第二定位基准接触的两个支承钉之间的距离拉开，如增大图 2.40(a) 中的尺寸 l。这样不仅可增大工件定位的稳定性，还可减少定位基准的位置误差。同理，对一面两孔组合定位，平面、外圆与内孔组合定位，以及外圆与外圆组合定位等，也可通过尽可能增大有关定位元件之间的距离来减小工件定位基准的位置误差，如增大图

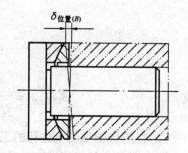

图 2.56　通过球面支承减少第二定位基准的位置误差

2.51 所示的两个定位销的中心距和增大图 2.55 所示两个短 V 形块之间距离尺寸 L。

对以圆锥表面定位的工件，虽然定心精度很高，但往往在轴向有较大的位置误差，为此可将固定的圆锥心轴（顶尖）或套筒改为活动的，并与一固定平面支承组合定位，如图 2.57，即可提高工件的轴向定位精度。

(3) 提高工件定位表面与定位元件的配合精度

对以内孔或外圆等为定位基准的工件，在定位时尽可能提高它们与定位心轴、定位销或各种定位套的配合精度，从而由于减小了配合间隙而减少了被定位工件定位表面的位置误差。

(4) 正确选取工件上的第一、第二和第三定位基准

通过各种类型的表面组合定位的分析可知，第一定位基准的位置误差最小，第二和第三定位基准的位置误差则较大。为此，在设计夹具选取定位基准时，应以直接与工件加工

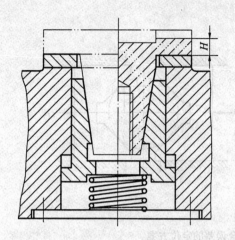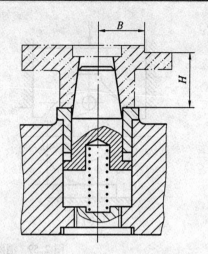

图 2.57　固定平面支承与活动锥面组合定位

精度有关的基准为第一定位基准。图 2.58 为在一法兰套上钻一小孔,若要求孔与法兰套端面平行,则应选此端面为第一定位基准;若要求孔与法兰套内孔垂直,则应选内孔为第一定位基准。

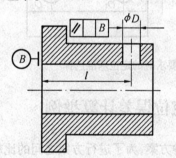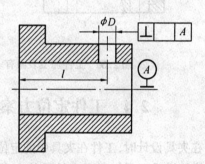

图 2.58　根据不同加工要求选择不同的第一定位基准

2. 消除或减少基准不重合误差的措施

在夹具设计时,为了消除或减少基准不重合误差,应尽可能选择该工序的工序基准为定位基准。当一个工件在一道工序的加工中,对加工表面有几项加工精度要求时,则应根据各项加工精度要求的高低相应选取工件定位时的第一、第二和第三定位基准。

如对图 2.37(a)所示的工件,为保证钻孔的位置尺寸 H,在定位时消除基准不重合误差可采用图 2.59(a)所示的定位方案。对图 2.45(a)所示工件,为保证铣键槽的深度位置尺寸 H_1,在定位时消除基准不重合误差可采用图 2.59(b)所示的定位方案。

又如图 2.60 所示的工件,加工其上两孔 O_1 及 O_2,要求保证位置尺寸 L、L_1、L_2 和两孔中心线对 A 面的平行度。在设计夹具时,两孔中心距 L 由夹具上的两个钻套的位置保证,其他位置尺寸 L_1,L_2 及平行度的要求,则由工件在夹具中的定位保证。经分析,其中以两孔中心线对 A 面的平行度精度要求最高,其次是尺寸 L_1 及 L_2。为此就应相应选择 A 面为第一定位基准,选择 B 面为第二定位基准,而面积较大的底面 C 却为第三定位基准。这样的定位方案可能引起工件在钻孔加工时的不稳定(因工件底面只有一个支承点),为此可在工件底面上增加几个辅助支承解决之。

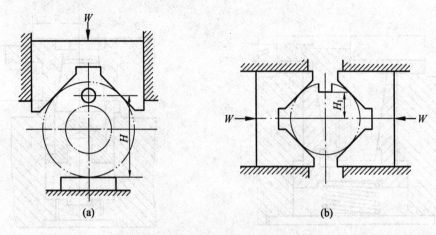

图 2.59 消除基准不重合误差的定位方案

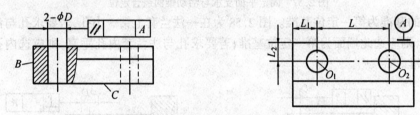

图 2.60 工件加工表面有多项加工精度要求时的定位基准选择

2.4 工件定位方案设计及定位误差计算举例

在夹具设计时,工件在夹具中的定位可能有数种方案,为了进行方案之间的比较和最后确定能满足工序加工要求的最佳方案,需要进行定位方案的设计及定位误差的计算。下面以两个工件的定位方案设计和定位误差计算为例,分别加以分析和讨论。

2.4.1 杠杆铣槽夹具的定位方案设计及定位误差计算

工件的外形及有关尺寸见图 2.61。工件上的 A、B 面及两孔 O_1、O_2 均已加工完毕,本工序要铣一通槽。通槽的技术要求为:槽宽为 $6^{+0.48}_{0}$ mm,槽的两侧面 C、D 对 B 面的垂直度公差为 0.05 mm,槽的对称中心面与两孔中心连线 O_1O_2 之间的夹角为 $\alpha = 105 \pm 30'$。

1. 定位方案设计

从定位原理可知,为满足工序加工要求需限制五个不定度,但考虑加工时工件定位的稳定性,也可以将六个不定度全部限制。

为保证垂直度要求,应选择 A 面或 B 面作为定位基准,限制三个不定度。从基准重合的角度应选 B 面作为第一定位基准,为保证工件加工时的稳定性还需在加工表面附近增加辅助支承。从工序加工要求来看,通槽两侧面对 B 面垂直度精度要求并不很高(因槽的厚度尺寸很小),且前面工序已保证了 A、B 面之间的平行度,为此也可选择 A 面为第一定位基准。最后,经全面分析在都能满足工序加工要求的前提下,为简化夹具结构选

定 A 面为第一定位基准。

为保证夹角 $\alpha = 105° \pm 30'$ 的要求,可选择图 2.62(a)所示的孔 O_1 及孔 O_2 附近外圆上一点 F(或孔 O_2 处的外圆中心)为第二和第三定位基准,通过短定位销和挡销(或活动 V 形块 3)实现定位;也可选择两个孔中心 O_1 及 O_2 为第二和第三定位基准,通过图 2.62 (b)所示的固定式圆柱定位销 1 及菱形定位销 4 实现定位,亦可通过图 2.62(c)所示的两个活动锥面定位销 5 及 6(其中 6 为削边锥面定位销)实现定位。经分析,以孔 O_2 附近外圆表面定位时,由于该表面系毛坯面不能保证工件的加工要求,故最后确定以孔 O_1 及

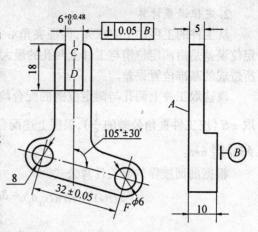

图 2.61　杠杆工件铣槽工序简图

O_2 为第二及第三定位基准。对两孔 O_1 及 O_2 定位时采用固定式定位销还是采用活动的锥面定位销,需通过定位误差计算确定,在满足工序加工精度要求时应选用结构简单的固定式定位销。

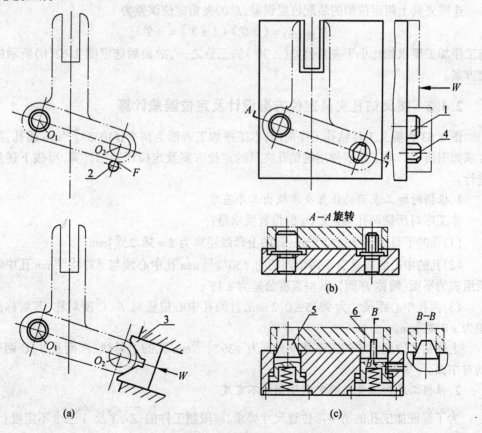

图 2.62　杠杆工件铣槽工序的定位方案

2. 定位误差计算

从工件的工序加工要求知,保证夹角 $\alpha = 150° \pm 30'$ 这一要求是关键性的问题。它的定位误差是由两定位销与工件上两孔的最大配合间隙及夹具上两定位销的装配位置误差所造成的基准位置误差。

现选取工件上两孔与两定位销的配合均为 H7/g6,夹具上两定位销的装配位置误差取 $\pm 6'$(按工件夹角公差的 $\dfrac{1}{5}$),根据上述配合圆柱销的直径为 $\phi 8_{-0.014}^{-0.006}$ mm,削边销直径为 $\phi 6_{-0.012}^{-0.004}$ mm。

根据前面推导的有关计算公式

$$\delta_{定位(\alpha)} = \delta_{位置(O_1 O_2)} + \delta_{不重(O_1 O_2)} = \delta_{角度(O_1 O_2)} + 0$$

$$\delta_{定位(\alpha)} = \pm \arctan \frac{\delta_{位置(O_1)} + \delta'_{位置(O_2)}}{2L}$$

因
$$\delta_{位置(O_1)} = (8 + 0.015) - (8 - 0.014) = 0.029 \text{ mm}$$

$$\delta'_{位置(O_2)} = (6 + 0.012) - (6 - 0.012) = 0.024 \text{ mm}$$

$$\delta_{定位(\alpha)} = \pm \arctan \left(\frac{0.029 + 0.024}{2 \times 32} \right) = \pm \arctan 0.000\,8 \approx \pm 3'$$

连同夹具上两定位销的装配位置误差,总的夹角定位误差为

$$\delta'_{定位(\alpha)} = (\pm 6') + (\pm 3') = \pm 9'$$

与工序加工要求相比小于夹角公差($\pm 30'$)的三分之一,故最后选定图 2.62(b)所示的定位方案。

2.4.2　拨叉钻孔夹具定位方案设计及定位误差计算

图 2.63 为拨叉工件钻孔工序简图,本工序加工表面为两个 $\phi 10.5_{0}^{+0.24}$ mm 通孔,加工要求如图所示。本工序所使用的钻孔夹具的定位方案及定位误差的计算,可按下述步骤进行。

1. 根据对加工表面的位置要求找出工序基准

本工序对所钻两孔 O_3 及 O_4 的位置要求是:

(1)孔的下母线到 $\phi 30_{0}^{+0.033}$ mm 孔的上母线距离为 $l = 38.2_{-0.1}^{+0.4}$ mm;

(2)孔的中心线应垂直于两个同轴的 $\phi 30_{0}^{+0.033}$ mm 孔中心线与 $\phi 37_{0}^{+0.039}$ mm 孔中心线所组成的平面(简称 P 面),其垂直度公差为 $\pm 15'$;

(3)两孔中心距尺寸为 98.5 $\pm$ 0.2 mm,且两孔中心位置对 B、C 面对称,其对称度公差为 ± 0.31 mm。

上述钻孔位置要求的工序基准分别为 $\phi 30_{0}^{+0.033}$ mm 孔的上母线、P 面及 B、C 两平面的对中面。

2. 根据工序加工要求确定需限制的不定度

为了保证加工孔的第一项位置尺寸要求,应限制工件的 $\overrightarrow{Z}$、$\overset{\frown}{X}$ 及 $\overset{\frown}{Y}$ 三个不定度;为了保证第二项位置要求,应限制工件的 $\overset{\frown}{Z}$ 及 $\overset{\frown}{X}$ 两个不定度,为了保证第三项位置要求,应限制工件的 $\overrightarrow{X}$、$\overrightarrow{Y}$ 及 $\overset{\frown}{Z}$ 三个不定度。总之,需限制工件的六个不定度实现完全定位。

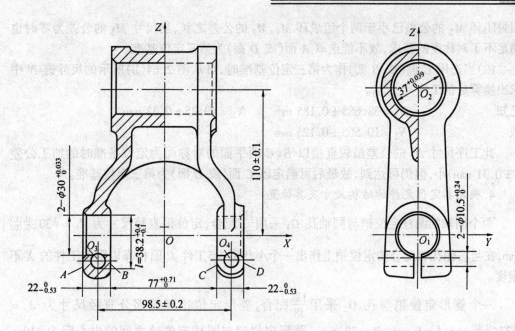

技术要求：1. O_3、O_4 孔中心线对孔 $\phi 37^{+0.039}_{0}$ mm 轴线和二孔 $\phi 30^{+0.033}_{0}$ mm 轴线所在平面的垂直度公差
为 $\pm 15'$；

2. 两孔中心位置对 B、C 面的对称度公差为 ± 0.31 mm。

图 2.63　拨叉工件钻孔工序简图

3. 根据工序的加工要求确定第一、第二和第三定位基准

从三项加工要求来看，其中第二项垂直度精度要求较高，且第一、第二两项加工要求
与两个同轴孔 O_1 有关。为此，可选两个同轴孔 O_1 为第一定位基准，通过两个同轴的圆
柱定位销定位，限制了四个不定度 $\vec{Y}$、$\vec{Z}$、$\hat{Y}$ 及 $\hat{Z}$；选孔 O_2 为第二定位基准，通过一个短
菱形销定位，限制了一个不定度 $\hat{X}$；第三定位基准的选取，从基准重合的原则应选 B、C
面的对称中心面，但由于采用的自动定中机构的结构复杂，故可改选为 A、B、C 及 D 中任
一平面，通过一个支承点限制最后一个不定度 $\vec{X}$。至于第三定位基准选取哪个平面合
适，需通过以下分析确定。

(1)当选用 A 面(或 D 面)作为第三定位基准时，可从图 2.64(a)所示的尺寸链 M 中
求出换算后的工序尺寸 M_3。

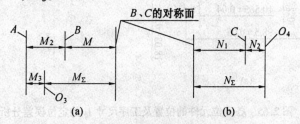

图 2.64　以 A 面或 C 面为定位基准的尺寸链

已知　　　　$M_1 = 38.685 \pm 0.186$ mm　　　$M_2 = 21.735 \pm 0.265$ mm

$M_\Sigma = 49.25 \pm 0.31$ mm(± 0.31 mm 系对称度公差)

因封闭环 M_Σ 的公差已小于两个组成环 M_1、M_2 的公差之和,当尺寸 M_3 的公差为零时也满足不了对称度的要求,故不能选取 A 面(或 D 面)为第三定位基准。

(2)当选用 C 面(或 B 面)作为第三定位基准时,可从图 2.64(b)所示的尺寸链 N 中求出换算后的工序尺寸 N_2。

已知　　　　　　　　$N_1 = 38.685 \pm 0.185$ mm　　　$N_\Sigma = 49.25 \pm 0.31$ mm
故　　　　　　　　　$N_2 = 10.565 \pm 0.125$ mm

此工序尺寸 N_2 的公差虽较直接以 B、C 两平面的对称面为定位基准时的加工公差(± 0.31 mm)小,但仍可达到,故最后可确定以 C 面(或 B 面)为第三定位基准。

4.确定各定位元件的结构尺寸及其位置

两个同轴的圆柱定位销与同轴孔 O_1 采用 $\dfrac{\text{H8}}{\text{g7}}$ 配合,定位销直径尺寸为 $d_1 = \phi30^{-0.007}_{-0.028}$ mm,在与右侧孔相配合的定位销上作出一个小凸肩,与工件 C 面相靠以限制工件的 $\overleftrightarrow{X}$ 不定度。

一个菱形定位销与孔 O_2 采用 $\dfrac{\text{H8}}{\text{f8}}$ 配合,菱形定位销圆弧部分直径尺寸为 $d_2 = \phi37^{-0.025}_{-0.064}$ mm,$b = 6$ mm,$B = 32$ mm。菱形定位销与圆柱定位销之间的中心距为 110 ± 0.02 mm。

各定位元件在夹具上的位置如图 2.65(a)所示。

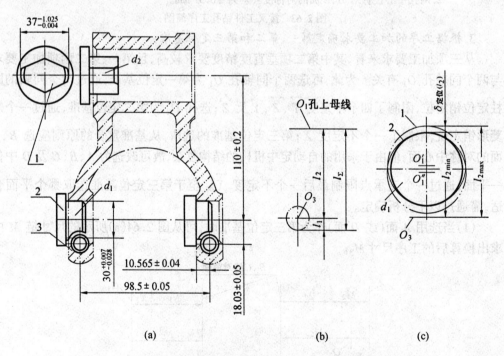

图 2.65　各定位元件的位置及工序尺寸 l_2 的定位误差分析
1—菱形定位销;2—圆柱定位销;3—钻套

5.计算定位误差并判断能否满足工序加工要求

工件在夹具中定位产生的定位误差,其值一般应控制在工件的相应尺寸或位置公差

的 $\frac{1}{3} \sim \frac{1}{5}$,为此需对每一项工序加工要求都要逐一进行判断。

(1)对钻孔 O_3 或 O_4 下母线到孔 O_1 上母线的距离 l

如图 2.65(b)所示,这一尺寸包括了钻孔中心位置 O_3 相对工序基准(孔 O_1 上母线)的工序尺寸及孔 O_3 加工后的半径尺寸两项。在夹具设计时只能确定工序尺寸 l_2,所以需要通过有关尺寸链找出此工序尺寸 l_2 并且计算该工序尺寸的定位误差 $\delta_{\text{定位}(l_2)}$。

由图 2.65(b)中的尺寸 l 可知

$$l_\Sigma = l = 38.2^{+0.4}_{-0.1} = 38.35 \pm 0.25 \text{ mm}$$

$$l_1 = 5.25^{+0.12}_{0} = 5.31 \pm 0.06 \text{ mm}$$

故工序尺寸 l_2 为

$$l_2 = 33.04 \pm 0.19 \text{ mm}$$

按图 2.65(c)所示的一批工件在圆定位销 d_1 上定位的两个极端位置 1 和 2,可计算出工序尺寸 l_2 的定位误差,即

$$\delta_{\text{定位}(l_2)} = T_{D_1} + T_{d_1} + \Delta_{1\min} = 0.033 + 0.021 + 0.007 = 0.061 \text{ mm}$$

因 $\delta_{\text{定位}(l_2)}$ 值小于工序尺寸公差值(0.38 mm)的 $\frac{1}{5}$,故能满足工序加工要求。

(2)两孔 O_2、O_4 中心线对 P 面的垂直度

造成该垂直度定位误差的是 O_1 孔与 O_2 孔中心连线的基准角度误差,根据前述一面二孔的定位误差计算公式得

$$\delta_{\text{定位}(\perp)} = \delta_{\text{角度}(O_1 O_2)} = \pm \arctan \frac{\delta_{\text{位置}(O_1)} + \delta'_{\text{位置}(O_2)}}{2L}$$

即

$$\delta_{\text{位置}(O_1)} = 0.033 + 0.021 + 0.007 = 0.061 \text{ mm}$$

$$\delta'_{\text{位置}(O_2)} = 0.039 + 0.039 + 0.025 = 0.103 \text{ mm}$$

$$L = 110 \text{ mm}$$

故

$$\delta_{\text{定位}(\perp)} = \pm \arctan \frac{0.061 + 0.103}{2 \times 110} = \pm \arctan 0.000\,74 \approx \pm 3'$$

因 $\delta_{\text{定位}(\perp)}$ 值为工序位置精度要求公差值($\pm 15'$)的 $\frac{1}{5}$,故能满足工序加工要求。

(3)两孔 O_3、O_4 的中心距尺寸精度及对 B、C 面的对称度

两孔中心距尺寸精度由夹具上的两钻套中心距保证,因与工件定位无关故不需进行判断。面两孔中心位置对 B、C 面的对称度要求已经尺寸链计算转化为以 C 面为定位基准的新的工序尺寸 $N_2 = 10.565 \pm 0.125 \text{ mm}$ 了,此时钻孔 O_4 的定位基准和工序基准均为 C 面,故工序尺寸 N_2 的定位误差为

$$\delta_{\text{定位}(N_2)} = \delta_{\text{位置}(C)} + \delta_{\text{不重}(C)} = 0 + 0 = 0$$

为了保证工序加工要求,对夹具上的两个钻套之间、定位元件之间及钻套与定位元件之间的位置尺寸,也都应具有一定精度要求,一般取工件上相应位置尺寸公并的 $\frac{1}{3} \sim \frac{1}{5}$,如图 2.65(a)中的 98.5 ± 0.05、110 ± 0.02、10.565 ± 0.04 及 18.03 ± 0.05 mm 等。

第 **3** 章

工件在夹具中的夹紧

工件在夹具中的装夹是由定位和夹紧这两个过程紧密联系在一起的。定位问题已在前面研究过,其目的在于解决工件的定位方法和保证必要的定位精度。仅仅定好位在大多数场合下还无法进行加工,只有在夹具上设置相应的夹紧装置对工件实行夹紧,才能完成工件在夹具中装夹的全部任务。

夹紧装置的基本任务就是保持工件在定位中所获得的既定位置,以便在切削力、重力、惯性力等外力作用下,不发生移动和振动,确保加工质量和生产安全。有时工件的定位是在夹紧过程中的实现的,正确的夹紧还能纠正工件定位的不正确位置。

本章将着重论述有关夹紧装置设计和计算方面的基本问题。

3.1 夹紧装置的组成及其设计要求

3.1.1 夹紧装置的组成

一般夹紧装置由下面两个基本部分组成。

1. 动力源

动力源即产生原始作用力的部分。如果用人的体力对工件进行夹紧,称为手动夹紧;如果用气动、液压、气液联合、电动以及机床的运动等动力装置来代替人力进行夹紧,则称为机动夹紧。

2. 夹紧机构

夹紧机构即接受和传递原始作用力,使之变为夹紧力,并执行夹紧任务的部分。它包括中间递力机构和夹紧元件。中间递力机构把来自人力或动力装置的力传递给夹紧元件,再由夹紧元件直接与工件接触,最终完成夹紧任务。

根据动力源的不同和工件夹紧的实际需要,一般中间递力机构在传递夹紧力的过程中,可起到以下作用。

(1)改变作用力的方向;

(2)改变作用力的大小;

(3)具有一定的自锁性能,以保证夹紧可靠,在手动夹紧时尤为重要。

夹紧装置的组成可以用一个方框图表示,如图 3.1。

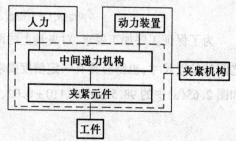

图 3.1 夹紧装置的组成

3.1.2 夹紧装置的设计要求

夹紧装置的设计和选用是否正确合理,对于保证加工质量、提高生产率、减轻工人劳动强度有很大影响。为此,对夹紧装置提出了如下基本要求:

(1)夹紧力应有助于定位,而不应破坏定位;

(2)夹紧力的大小应能保证加工过程中工件不发生移动和振动,并能在一定范围内调节;

(3)工件在夹紧后的变形和受压表面的损伤不应超出允许的范围;

(4)应有足够的夹紧行程,手动时要有一定的自锁作用;

(5)结构紧凑、动作灵活,制造、操作、维护方便,并且省力、安全,有足够的强度和刚度。

为满足上述要求,其核心问题是正确地确定夹紧力。

3.2 夹紧力的确定

根据力学的基本知识得知,要表述和研究任何一个力,必须掌握力的三个要素,即力的大小、方向和作用点。对于夹紧力来说也不例外。下面提到的有关设计和选用夹紧装置的基本准则,也是从正确确定夹紧力的大小、方向和作用点来考虑的。

3.2.1 夹紧力的方向

1.夹紧力应垂直于主要定位基准面

为使夹紧有助于定位,则工件应紧靠支承点,并保证各个定位基准与定位元件接触可靠。一般地讲,工件的主要定位基准面其面积较大、精度较高,限制的不定度多,夹紧力垂直作用于此面上,有利于保证工件的加工质量。

如图 3.2(a)所示,在角形支座上镗一与 A 面有垂直度要求的孔。

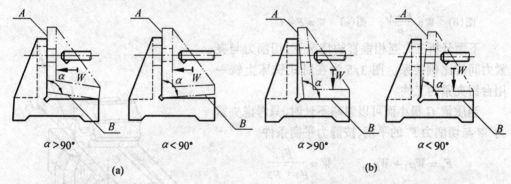

图 3.2 夹紧力方向对加工精度的影响

根据基准重合的原则,应选择 A 面为主要定位基准,因而夹紧力应垂直于 A 面而不是 B 面。只有这样,不论 A、B 面间角度 α 误差有多大,A 面始终紧靠支承面,因而易于保证垂直度。

若要求所镗之孔平行于 B 面,则夹紧力的方向应垂直于 B 面,如图 3.2(b)。

当需要对几个支承面同时施加夹紧力时,可分别加力或采用一定形状的压块,实现一力两用。

如图 3.3(a)所示,可对第一定位基准施加 W_1,对第二定位基准施加 W_2;也可如图(b)、(c)所示,施加 W_3 代替 W_1、W_2 使两定位基准同时受到夹紧力的作用。

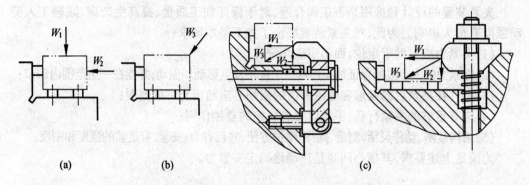

图 3.3　分别加力及一力两用

2. 夹紧力的方向应有利于减小夹紧力

图 3.4 为工件安装时的重力 G、切削力 F 和夹紧力 W 之间的相互关系,其中图(a)最好,图(d)最差。

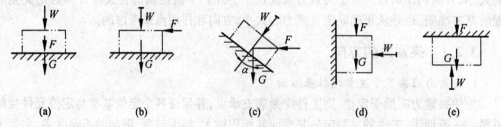

图 3.4　夹紧力与切削力、重力的关系

图(a)　$W = 0$;　图(b)　$W = \dfrac{F}{\mu} - G$;　图(c)　$W = \dfrac{F(\cos \alpha - \mu \sin \alpha) - G(\sin \alpha + \mu \cos \alpha)}{\mu}$

图(d)　$W = \dfrac{F + G}{\mu}$;　图(e)　$W = F + G$

下面分析三力互相垂直的情况下,切削力与夹紧力间的比例关系。图 3.5 为在卧式铣床上铣一用台钳夹紧的工件。

当质量 G 很小而可以忽略不计时,只考虑夹紧力 W 与切削力 F_r 的平衡,按静力平衡条件

$$F_r = W\mu_1 + W\mu_2, \qquad W = \frac{F_r}{\mu_1 + \mu_2}$$

式中　μ_1——工件的定位基准面与夹具定位元件工作表面间的摩擦系数,$\mu_1 = 0.15 \sim 0.25$;

μ_2——工件的夹压表面与夹紧元件间的摩擦系数,$\mu_2 = 0.15 \sim 0.25$。

因此

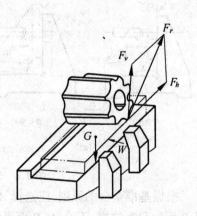

图 3.5　铣削时 F_r、W、G 之间的关系

$$W = \frac{F_r}{0.30 \sim 0.50} = (2.0 \sim 3.3)F_r$$

可见在依靠摩擦力克服切削力的情况下,所需要的夹紧力是很大的。

在夹紧工件时各种不同接触表面之间的摩擦系数 μ 可参见表 3.1。

表 3.1　各种不同接触表面之间的摩擦系数 μ

接触表面的形式	摩擦系数 μ
接触表面均为加工过的光滑表面	$0.15 \sim 0.25$
工件表面为毛坯,夹具的支承面为球面	$0.2 \sim 0.3$
夹具定位或夹紧元件的淬硬表面在沿主切削力方向有齿纹	0.3
夹具定位或夹紧元件的淬硬表面在垂直于主切削力的方向有齿纹	0.4
夹具定位或夹紧元件的淬硬表面有相互垂直齿纹	$0.4 \sim 0.5$
夹具定位或夹紧元件的淬硬表面有网状齿纹	$0.7 \sim 0.8$

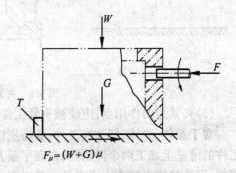

图 3.6　承受切削力支承

为了减小夹紧力,可以在正对切削力 F 的作用方向,设置一支承元件(图 3.6 中之 T)。这种支承不用作定位,而是用来防止工件在加工中移动。

如图 3.5 所示,当圆柱铣刀切入全深时,作用于工件上的切削分力 F_y、F_z 的合力 F_r 有使工件平移抬起的趋势。为此可用图 3.3 (c)所示之压块,使夹紧力一力两用。

在钻床上对工件钻孔时,为了减小夹紧力,应力要使主要定位基准面处于水平位置,使夹紧力、重力和切削力同向,都垂直作用在主要定位基准面上,如图 3.7(a)所示。

反之,当夹紧力与切削力及工件重力方向相反时,所需的夹紧力很大,$W = F + G$,例如在壳体凸缘上钻孔时,由于壳体较高,工件只能倒装。这种安装方式在图 3.7(b)中的 F 和 G 均有使夹紧机构脱开的趋势,因此需要施加较大的夹紧力 W。

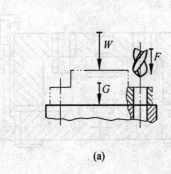

(a)

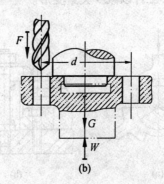

(b)

图 3.7　钻削时 W、F、G 间的关系

3.2.2 夹紧力的作用点

夹紧力的作用点是指夹紧元件与工件相接触的一小块面积。选择作用点的问题是在夹紧力方向已定的情况下才提出来的。选择夹紧力作用点位置和数目时,应考虑工件定位可靠,防止夹紧变形,确保工序的加工精度。

(1)夹紧力的作用点应能保持工件定位稳定,而不致引起工件发生位移和偏转。

图3.8(a)所示的例子,夹紧力虽然朝向主要定位基面,但作用点却在支承范围以外,夹紧力与支反力构成力矩,夹紧时工件将发生偏转,使定位基面与支承元件脱离,以至破坏原有定位。应使夹紧力作用在稳定区域内,如图3.8(b)。

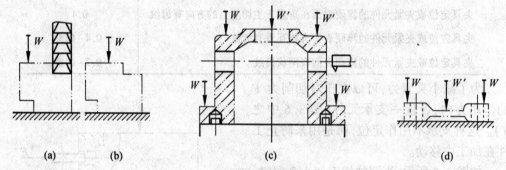

图3.8 夹紧力作用点的选择

(2)夹紧力的作用点,应使被夹紧工件的夹紧变形尽可能小。

对于箱体、壳体、杆叉类工件,要特别注意选择力的作用点问题。图3.8(c)为在壳体工件的薄壁上加工两个同轴孔,以底平面及两销孔定位,夹紧力 W 的作用点要比 W'、W'' 都好,因为这样可防止由于工件夹紧变形而使加工后的孔造成圆度及同轴度的误差。图3.8(d)为连杆大头孔加工的夹紧方案,W 的作用点要比 W' 为好,可防止工件的弯曲变形。

在使用夹具时,为尽量减少工件的夹紧变形,可采用增大工件受力面积的措施。图3.9(a)为采用具有较大弧面的夹爪来防止薄壁套筒变形;图3.9(b)为在压板下增加垫圈,使夹紧力均匀地作用在薄壁上,避免工件压陷变形;图3.9(c)为用球面支承代替固定支承,夹压环形工件以减少夹紧变形。

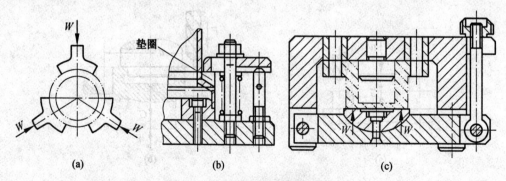

图3.9 增大受力面积减少夹紧变形

(3)夹紧力的作用点应尽可能靠近工件加工表面,以提高定位稳定性和夹紧可靠性。

图3.10(a)为滚齿时齿坯的安装简图。若压板1及垫板2的直径过小,则夹紧力离切

削部位较远,切削中易产生振动,降低齿形加工的表面质量。图 3.10(b)所示的工件,由于加工部位刚度很低,在靠近加工面处采用浮动夹紧机构或辅助支承,即可增大刚度,减少振动。

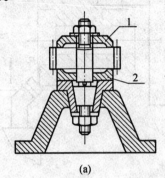
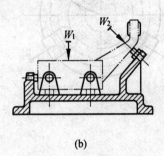

(a)　　　　　　　　　　　　　　　(b)

图 3.10　夹紧力靠近工件加工表面
1—压板;2—垫板

3.2.3　夹紧力的大小

夹紧力的大小必须适当,夹紧力过小,工件可能在加工过程中移动而破坏定位,不仅影响质量,还可能造成事故;夹紧力过大,不但会使工件和夹具产生变形,对加工质量不利,而且造成人力物力的浪费。

计算夹紧力,通常将夹具和工件看成一个刚性系统以简化计算。然后根据工件受切削力、夹紧力(大工件还应考虑重力,高速运动的工件还应考虑惯性力等)后处于静力平衡条件,计算出理论夹紧力 W,再乘以安全系数 K,作为实际所需的夹紧力 W_0,即

$$W_0 = K \cdot W$$

式中　W_0——实际所需要的夹紧力,N;

　　　W——按力平衡条件计算之夹紧力,N;

　　　K——安全系数,根据生产经验,一般取 $K = 1.5 \sim 3$。

用于粗加工时,取 $K = 2.5 \sim 3$;用于精加工时,取 $K = 1.5 \sim 2$。

夹紧工件所需夹紧力的大小,除与切削力的大小有关外,还与切削力对定位支承的作用方向有关。下面通过几个实例进行分析计算。

例 1　车削:用三爪卡盘夹持工件车削端面时夹紧力的计算,如图 3.11 所示。

解　为了简化计算,设每个卡爪的夹紧力大小相等,分别为 W。在每个夹紧点上使工件转动的力为 $\dfrac{M_F}{3r}$,使工件移动的力为 $\dfrac{F_y}{3}$。对工件的径向力 F_x 虽然在工件回转中对卡爪受力不等,但因其数值较小,故可忽略。

F_z、F_y 应由卡爪所产生的摩擦力 F_μ 加以平衡,即

$$F_\mu = \sqrt{\left(\frac{M_z}{3r}\right)^2 + \left(\frac{F_y}{3}\right)^2}$$

阻止工件转动和移动的力为夹紧力所产生的摩擦力 $F_\mu = W \cdot \mu$(μ 为摩擦系数)。根据静力矩平衡条件,可得每个卡爪的夹紧力,即

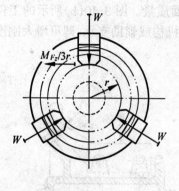

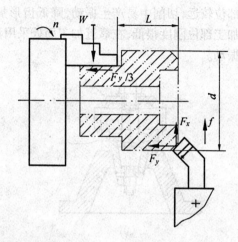

图 3.11　车削夹紧力计算

$$W = \frac{\sqrt{\left(\dfrac{F_z d}{6r}\right)^2 + \left(\dfrac{F_y}{3}\right)^2}}{\mu}$$

考虑安全系数 K 时,得

$$W_0 = K \cdot W = \frac{\sqrt{\left(\dfrac{F_z \cdot d}{6r}\right)^2 + \left(\dfrac{F_y}{3}\right)^2} \cdot K}{\mu}$$

例 2　钻削:用 V 形块夹持工件钻孔时夹紧力的计算,如图 3.12 所示。

解　由图可知摩擦力与夹紧力的关系为

$$4F_\mu = 4N \cdot \mu = \frac{2W \cdot \mu}{\sin \dfrac{\alpha}{2}}$$

由图可知,钻孔时的轴向力 F 与钻削力矩 M 由两个 V 形块夹持工件时产生的摩擦力 F_μ 所平衡即

$$4F_\mu = \frac{2W \cdot \mu}{\sin \dfrac{\alpha}{2}} \geqslant \sqrt{\left(\dfrac{2M}{d}\right)^2 + F^2}$$

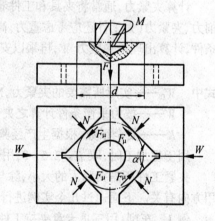

图 3.12　用 V 形块夹持工件钻孔时夹紧力计算

$$W = \frac{\sqrt{\left(\dfrac{2M}{d}\right)^2 + F^2} \sin \dfrac{\alpha}{2}}{2\mu}$$

考虑安全系数 K 时,得

$$W_0 = K \cdot W = K \cdot \frac{\sqrt{\left(\dfrac{2M}{d}\right)^2 + F^2} \sin \dfrac{\alpha}{2}}{2\mu}$$

式中　M——钻削的切削力矩;

　　　　F——钻削的轴向力。

例 3 铣削：卧铣夹持工件在六点支承夹具中定位用圆柱铣刀铣平面时的夹紧力的计算，如图3.13所示。

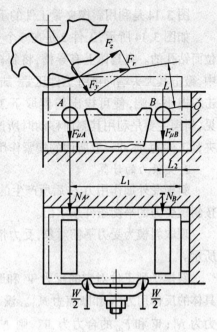

解 铣削时切削力的作用点、方向和大小都是变化的，应按最危险情况考虑。当开始铣削且切深最大时是最危险的情况，此时工件将绕 O 点翻转。引起工件翻转的是力矩 $F_r L$，而阻止工件翻转的是支承 A、B 上的摩擦力矩 $F_{\mu A} \cdot L_1 + F_{\mu B} \cdot L_2$（因采用浮动压板，故不计夹紧点的摩擦阻力），当 $N_A = N_B = \dfrac{W}{2}$ 时，根据力矩平衡得

$$F_r \cdot L = M_{F_{\mu A}} + M_{F_{\mu B}}$$

$$M_{F_{\mu A}} \approx M_{A\mu} L_1 = \frac{W}{2} \mu L_1$$

$$M_{F_{\mu B}} \approx M_{B\mu} L_2 = \frac{W}{2} \mu L_2$$

$$F_r \cdot L = \frac{W}{2}(L_1 + L_2)\mu$$

图 3.13 铣平面时的夹紧力计算

$$W = \frac{2 \cdot F \cdot L}{\mu(L_1 + L_2)}$$

考虑安全系数则所需压板夹紧力为

$$W_0 = K \cdot W = \frac{2KF_r \cdot L}{\mu(L_1 + L_2)}$$

式中　F_r——铣削合力。

用计算法确定夹紧力的大小，很难计算准确，这是因为在切削过程中，加工余量、工件硬度、刀具磨损等情况是时刻变化的。所以计算出来的夹紧力数值还要乘上一个范围较大的安全系数 K。因此设计手动夹紧装置时，常根据经验或类比的方法确定所需夹紧力的大小。当设计气动、液压或多件夹紧装置、夹持低刚性工件的夹紧装置时，多数情况下对切削力进行试验测定后，再估算所需夹紧力的数值。

3.3　夹紧机构设计

从前面提到的夹紧装置组成中可以看出，不论采用何种力源（手动或机动）形式，一切外加的作用力要转化为夹紧力均须通过夹紧机构。因此，夹紧机构是夹紧装置中很重要的组成部分。

3.3.1　斜楔夹紧机构

1.作用原理

斜楔夹紧机构是夹紧机构中最基本的形式之一，螺旋夹紧机构、偏心夹紧机构及定心对中夹紧机构等都是斜楔夹紧机构的变型。

图 3.14 是利用斜楔夹紧工件的示例。

如图 3.14 所示,工件 2 是在 6 个支承钉 1 上定位而钻孔的。夹具体上有导槽,将斜楔 3 插入导槽中,敲击其大头端即可将工件压紧.加工完毕后,敲击斜楔小头端,便可拔出斜楔取下工件。由此可见,斜楔主要是利用其斜面移动时所产生的压力来夹紧工件的,亦即一般所谓的楔紧作用。

2.夹紧力的计算

斜楔受外加作用力 Q 后所产生的夹紧力 W,可按斜楔受力的平衡条件来求出。

现取斜楔为受力平衡对象,受力情况如图 3.15 所示。

斜楔受到工件对它的反力 W 和摩擦力 $F_{\mu 2}$,夹具体的反作用力 N 和摩擦力 $F_{\mu 1}$。设 N 和 F_{μ_1} 的合力为 N';W 和 $F_{\mu 2}$ 的合力为 W',则 N 和 N' 的夹角即为夹具体与斜楔之间的摩擦角 φ_1;W 与 W' 的夹角为工件与斜楔之间的摩擦角 φ_2。

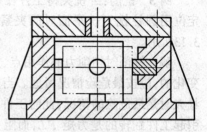

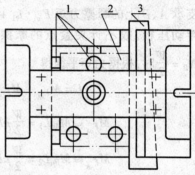

图 3.14　斜楔夹紧机构图
1—支承钉;2—工件;3—斜楔

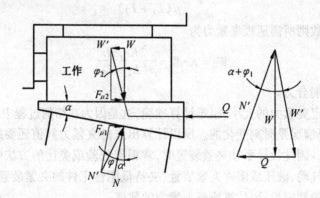

图 3.15　斜楔受力分析

夹紧时 Q、W'、N',三力处于平衡,如楔角为 α 可得

$$Q = W\tan(\alpha + \varphi_1) + W\tan \varphi_2$$

$$W = \frac{Q}{\tan(\alpha + \varphi_1)\tan \varphi_2} \ (N)$$

当 α、φ_1、φ_2 均很小,且 $\varphi_1 = \varphi_2 = \varphi$ 时,上式可简化为

$$W \approx \frac{Q}{\tan \alpha + 2\tan \varphi} \ (N)$$

对 $\alpha \leqslant 11°$ 的自锁斜楔夹紧机构按近似公式计算夹紧力时,其误差不超过 7%。但对于升角 α 较大的非自锁斜楔夹紧机构,则不宜采用简化公式。通常取 $\varphi_1 = \varphi_2 = 4° \sim 6°$;$\alpha = 6° \sim 10°$。

3.结构特点

图 3.16(a)是斜楔的一种结构。斜楔的斜度一般为 1:10,其斜度的大小主要是根据满足斜楔的自锁条件来确定。

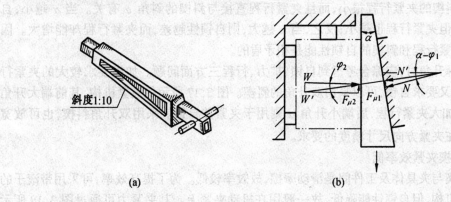

斜度1:10

(a)   (b)

图 3.16　斜楔的结构及自锁条件分析

(1)斜楔的自锁性

一般对夹具的夹紧机构都要求具有自锁性能,所谓自锁就是当外加的作用力 Q 一旦消失或撤除后,夹紧机构在纯摩擦力的作用下,仍应保持其处于夹紧状态而不松开。对于斜楔夹紧机构而言,这时摩擦力的方向应与斜楔企图松开和退出的方向相反,如图 3.16(b)。

由图可知,斜楔要满足自销要求,则必须使

$$F_{\mu_2} > N' \sin(\alpha - \varphi_1)$$

但

$$F_{\mu_2} = W \cdot \tan \varphi_2$$

$$W = N' \cdot \cos(\alpha - \varphi_1)$$

将后两式代入前式,得

$$W \cdot \tan \varphi_2 > W \cdot \tan(\alpha - \varphi_1)$$

即

$$\varphi_1 + \varphi_2 > \alpha$$

由此可见,满足斜楔自锁条件,其斜角 α 应小于斜楔与夹具体以及斜楔与工件之间的摩擦角 φ_1 与 φ_2 之和。通常取 φ_1 与 φ_2 约等于 $6°$,因此,$\alpha < 12°$。但是考虑到斜楔的实际工件条件,例如斜楔与工件的受压面的接触不一定良好,为了使自锁更加可靠,则实际可取 $\alpha = 6°$。这时 $\tan 6° \approx 0.1 = \dfrac{1}{10}$,这就是上面规定斜楔斜度 1:10 的由来。

(2)斜楔能改变夹紧作用力的方向

由图 3.15 中可以看出,当外加一个夹紧作用力 Q,则斜楔产生一个与 Q 力方向垂直的夹紧力 W。

(3)斜楔具有扩力作用

从夹紧力的计算公式中可知,斜楔具有扩力作用。亦即外加一个较小的夹紧作用力 Q,却可获得一个比 Q 大几倍的夹紧力 W;一般以扩力比 i_p 表示,$i_p = \dfrac{W}{Q}$,而且当 Q 一定时,α 越小,则扩力作用越大。因此,在以气动或液压作为力源的高效率机械化夹紧装置中,常用斜楔作为扩力机构。

(4)斜楔的夹紧行程很小

一般斜楔的夹紧行程很小,而且夹紧行程直接与斜楔的斜角 α 有关。当 α 越小,自锁性越好,但夹紧行程也越小;反之,当 α 越大,则自锁性越差,而夹紧行程却能增大。因此,增加夹紧行程和斜楔的自锁性能是相矛盾的。

在选择升角时,应综合考虑到自锁、扩力、行程三方面问题。如果要求较大的夹紧行程,且机构又要求自锁,可以采用双升角的斜楔。图 3.17 所示的夹紧机构,其前端大升角 α_0 仅用于加大夹紧行程,后端小升角 α 则用于夹紧并自锁。采用双升角斜楔,也可放宽被夹工件在夹紧方向尺寸精度的要求。

(5)斜楔夹紧效率低

因斜楔与夹具体及工件间是滑动摩擦,故效率较低。为了提高效率,可采用带滚子的斜楔夹紧机构,但自锁性能降低,故一般用在机动夹紧上。其夹紧力可通过图 3.18 所示的静力平衡关系得到

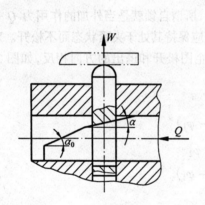

图 3.17　具有两个升角的斜楔

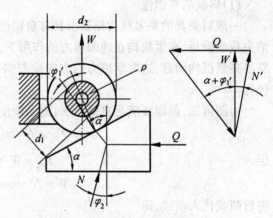

图 3.18　滚子斜楔机构夹紧力计算

$$Q = W\tan(\alpha + \varphi'_1) + W\tan\varphi_2$$

$$W = \frac{Q}{\tan(\alpha + \varphi'_1) + \tan\varphi_2}(\text{N})$$

式中　φ'_1——滚子滚动的当量摩擦角;

$$\tan\varphi'_1 = \frac{2\rho}{d_2} = \mu\left(\frac{d_1}{d_2}\right) = \tan\varphi\left(\frac{d_1}{d_2}\right)$$

d_1——滚子销轴直径,mm;

d_2——滚子直径,mm;

φ——滚子与销轴的摩擦角;

φ_2——斜楔对夹具体的摩擦角。

4.适用范围

(1)毛坯质量较高时;

(2)主要用于机动夹紧装置中;

(3)手动的夹紧机构,因费时费力,效率极低,故实际上较少采用。

3.3.2　螺旋夹紧机构

利用螺杆直接夹紧工件,或者与其他元件或机构组成复合夹紧机构来夹紧工件,是应用最广的一种夹紧机构。

1.作用原理

螺旋夹紧机构中所用的螺旋,实际上相当于把斜楔绕在圆柱体上,因此它的夹紧作用原理与斜楔是一样的。不过这里是通过转动螺旋,使绕在圆柱体上的斜楔高度发生变化来夹紧工件的。

2.结构特点

图 3.19(a)是最简单的螺旋夹紧机构,直接用螺杆来压紧工件表面。图 3.19(b)是典型的螺旋夹紧机构(单螺杆夹紧)。手柄 1 固在螺杆 2 上;旋转手柄,则螺杆在螺母套筒 3 的内螺纹中转动而起夹紧或松开作用。螺母套筒以螺纹拧在夹具体上,使螺杆不直接与夹具体接触,以防止夹具体磨损。止动螺钉 4 防止螺母套筒松动。若用螺杆头部直接压紧工件,则不仅容易压坏工件表面,而且在拧动螺杆时,还会带动工件偏转而破坏原有定位。因此在螺杆头部装有摆动的压块 5。

压块的典型结构如图 3.20 所示。

图 3.20(a)中表示的是用于压紧已加工的光面的压块;图 3.20(b)中表示的则是用于压紧未加工的毛面的压块。

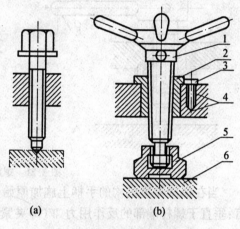

图 3.19　简单的螺旋夹紧机构
1—手柄;2—螺杆;3—螺母套筒;
4—止动螺钉;5—压块;6—工件

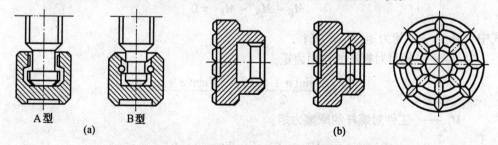

A 型　　B 型
(a)　　　　　　　　　　　(b)

图 3.20　光面、槽面压块及其与螺杆的连接方式

压块与夹紧螺杆头部的连接见图 3.20(a)。图中 A 型为用螺纹结合方式。螺杆头部有一段短螺纹,当短螺纹拧出压块螺孔后,螺杆头部便直接落入压块螺孔下方的凹槽中,压块便挂在螺杆头上而能自已摆动。B 型则采用标准的钢丝挡圈使压块不会从螺杆头部脱出,而又能自由摆动。

归纳起来,典型的螺旋夹紧机构具有以下特点:

(1)结构简单;

(2)扩力比大;

(3)自锁性能好;

(4)行程不受限制;

(5)夹紧动作慢。

3.夹紧力的计算

因螺旋夹紧机构的夹紧力计算与斜楔相似,故螺旋可以看作是绕在圆柱体上的斜楔,螺旋升角即为楔角。如沿螺旋中径展开,则螺旋相当于一个斜楔作用在工件与螺母之间,其受力情况如图3.21所示。

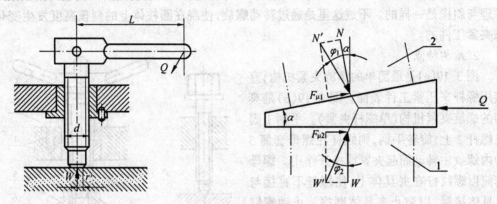

图 3.21　螺旋夹紧受力分析

当在螺旋夹紧机构的手柄上施加原始力矩 $M_Q = Q \cdot L$ 后,则工件对螺杆的反作用力有:垂直于螺杆端部的反作用力 W(即夹紧力)及摩擦力 F_{μ_2}(与接触形式有关)。此两力分布于整个接触面上,计算时可视为集中于半径 r' 的圆环上,r' 为当量摩擦半径。夹具体(即螺母)对螺杆的作用力有:垂直于螺纹面的正压力 N 及螺纹面上摩擦力 F_{μ_1},其合力为 N',此力分布于整个螺纹面,计算时,可视为集中在螺纹中径处。根据平衡条件,对螺杆中心线的力矩去零,即

$$M_Q - M_{N'} - M_{F_{\mu_2}} = 0$$

式中　　M_Q——原始力矩,$M_Q = QL$;

$\quad\quad M_{N'}$——螺母对螺杆的作用力矩;

$$M_{N'} = \frac{N'\sin(\alpha + \varphi_1) d_2}{2} = \frac{W\tan(\alpha + \varphi_1) d_2}{2}$$

$\quad\quad M_{F_{\mu_2}}$——工件对螺杆的摩擦力矩;

$$M_{F_{\mu_2}} = F_\mu \cdot r' = W\tan\varphi_2 \cdot r'$$

即

$$Q \cdot L - \frac{W\tan(\alpha + \varphi_1) d_2}{2} - W \cdot \tan\varphi_2 \cdot r' = 0$$

可得

$$W = \frac{QL}{\dfrac{\tan(\alpha + \varphi_1) d_2}{2} + r'\tan\varphi_2} \quad (N)$$

式中　　W——夹紧力,N;

$\quad\quad Q$——原始作用力,N;

L——作用力臂，mm；

α——螺纹升角；

d_2——螺纹中径，mm；

φ_1——螺纹处摩擦角；

φ_2——螺杆端部与工件(或压脚)的摩擦角；

r'——螺杆端部与工件(或压脚)的当量摩擦半径，mm；螺杆端部为球面时 $r' = 0$。

以上分析是方牙螺纹，对其他螺纹，可按下式计算

$$W = \frac{Q \cdot L}{\dfrac{\tan(\alpha + \varphi_1'')d_0}{2} + r'\tan\varphi_2}$$

式中　φ_1''——螺母与螺杆的当量摩擦角；

对于三角螺纹　$\varphi_1'' = \arctan(1.15\tan\varphi_1)$

对子梯形螺纹　$\varphi_1'' = \arctan(1.03\tan\varphi_1)$

对于方牙螺纹　$\varphi_1'' = \varphi_1$

$$\varphi_1 = \arctan\mu$$

4. 适用范围

由于螺旋夹紧机构具有结构简单、制造容易、夹紧可靠、扩力比大、夹紧行程不受限制等特点，所以在手动夹紧装置中被广泛使用。

为了克服螺旋夹紧动作慢效率低的缺点，出现了各种快速的螺旋夹紧机构，如图 3.22 所示。

图 3.22(a)的螺杆 1 上开有直槽，转动手柄便可松开工作，再将直槽转至螺钉 2 处，即可迅速拉出螺杆，以便装卸工作。图示为撤出状态。图 3.22(b)则是利用手柄 1 带动的摆动垫块使压块 3 能快速夹紧工作或快速撤回。工件装上后，推动手柄螺母 2，使螺杆连同压块快速接近工件。然后摆动手柄 1，使垫块进入图示的工作位置，只要略为旋动手柄螺母 2，便可将工件夹紧。放松时动作顺序相反。垫块旁有挡销 4 限位，用以确定手柄 1 的工作位置。图 3.22(c)为在夹紧螺母 1 下方增加开口垫圈 2，螺母的外径小于工件的孔径，只要稍许旋松螺母，即可抽出开口垫圈，工件便可穿过螺母取出。图 3.22(d)表示快卸螺母，它适用于孔径较小的工件。在螺母上又斜钻了光孔，其孔径略大于螺纹外径 d。螺母斜向沿着光孔套入螺杆，然后将螺母摆正，使螺母的螺纹与螺杆啮合，再略为拧动螺母，便可夹紧工件。但螺母螺纹被斜孔切去了一部分，因此啮合的部分便减少了，夹紧负荷就不能很大。图 3.22(e)为螺杆 1 位于旋转压板 2 中间，螺杆下为工件，是利用带有缺口的旋转压板进行快速安装的。

图 3.23 为常见的螺旋压板夹紧机构，图 3.23(a)为螺杆位于压板中间，螺母下用球面垫圈，支柱顶端也为球面，以便在夹紧过程中，压板能根据工件表面位置作少量偏转。图 3.23(b)为压板的支点在中间。图 3.23(c)为工件夹紧点在压板的中间。这三种方式的夹紧力可根据前述简单螺旋夹紧的夹紧作用力乘以相应的杠杆比和效率来求得，即

$$W = \frac{L_1 Q}{L_2} \cdot \eta$$

式中　η——效率，一般取 $\eta = 0.95$。

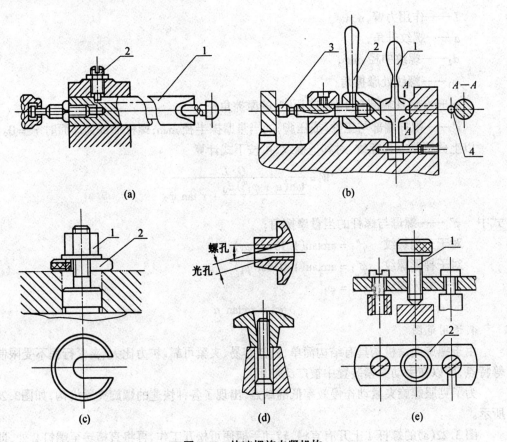

图 3.22　快速螺旋夹紧机构

(a) 1—手柄;2—螺钉　(b) 1—手柄;2—手柄螺母;3—压块;4—挡销

(c) 1—夹紧螺母;2—开口垫圈　(e) 1—螺杆;2—旋转压板

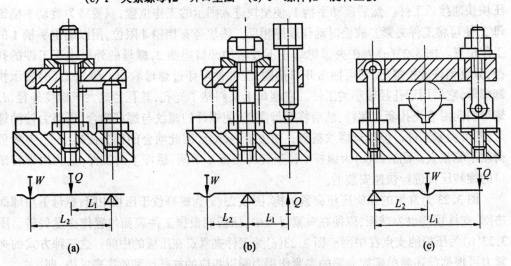

图 3.23　螺旋压板夹紧机构

图 3.23(a)所示夹紧方式主要用作增大夹紧行程;图 3.23(b)所示夹紧方式主要用于改变夹紧力的作用方向;图 3.23(c)所示夹紧方式主要起增力作用。

图 3.24 是一种钩形压板螺旋夹紧机构的形式。

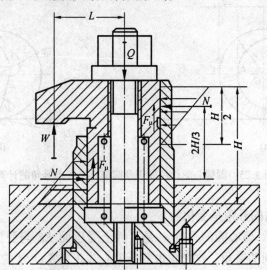

图 3.24　钩形压板螺旋夹紧机构及其受力分析

这种夹紧机构紧凑,在生产中获得广泛使用,并已规格化。计算钩形压板夹紧力时,压板与导向孔之间的正压力 N 及相应的摩擦力 F_μ 可近似按图示的三角形分布考虑。根据力的平衡条件可得

$$Q = W + 2F_\mu = W + 2\mu N = W + \frac{3W\mu L}{H} = W\left(1 + \frac{3\mu L}{H}\right)$$

$$W = \frac{Q}{1 + \dfrac{3\mu L}{H}}(N)$$

式中　μ——摩擦系数。

其他符号如图 3.24 所示。

3.3.3　圆偏心夹紧机构

偏心夹紧机构是一种快速动作的夹紧机构,它的工作效率较高,在夹具设计中应用得也较广泛。常用的偏心轮有两种类型,即圆偏心和曲线偏心。曲线偏心采用阿基米德螺旋线或对数螺旋线作为轮廓曲线。曲线偏心虽有升角变化均匀等优点,但因制造复杂,故而用得较少;而圆偏心则因结构简单制造容易,所以在生产中得到广泛应用。以下主要介绍圆偏心夹紧机构。

1.作用原理

在图 3.25(a)中,O_1 是偏心圆的几何中心,r 是偏心圆半径;O 是偏心圆的回转中心,r_0 是最小回转半径;两中心间的距离 e 称为偏心距。

由图(a)可知:$e = r - r_0$。当偏心圆绕点 O 回转时,圆上各点到点 O 的距离不断变化。我们可以把图中阴影部分近似地看成一个绕在半径为 r_0 圆上的曲线楔;偏心圆回转时,其回转半径 r' 不断增大,相应于曲线楔向前楔紧在 r_0 圆与工件之间,因而把工件压紧。

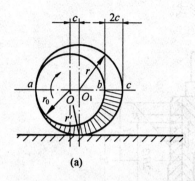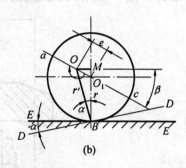

(a)　　　　　　　　　　　　　　(b)

图 3.25　圆偏心的作用原理及圆偏心上各点升角的计算

2. 结构特点

(1)偏心圆上各点的升角是变化的

如图 3.25(b)所示,偏心圆的升角 α,是工件上受压面 EE 与受压点 B 处偏心圆回转半径 r' 的垂线 DD 之间的夹角。这个角也等于偏心圆在夹紧点 B 的回转半径 r' 与偏心圆半径 r 之间的夹角。偏心圆的回转角 β 是 O 与 O_1 联线和水平线的夹角。图中的 β 角定为正,因它是使回转半径逐渐增加;反之,则 β 角为负。当 OO_1 线与水平线重合,则 $\beta = 0°$。因此,β 角便在 $+90°$ 到 $-90°$ 范围内变化。

把图 3.25(a)的阴影部分展开,便成图 3.26 所示的曲线楔。图中 ac 是一条两段对点 P 对称的曲线,显然其曲线上各点斜率是变化的,也说明偏心圆上各点的升角是变化的。这可由图 3.25(b)中所示的几何关系加以证明。

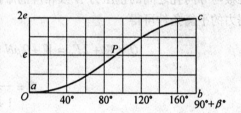

图 3.26　偏心圆上曲线楔的展开

由图中 $\triangle BOM$ 可得

$$\tan \alpha = \frac{OM}{MO_1 + O_1 B}$$

其中

$$OM = e \cdot \cos \beta$$

$$MO_1 = e \cdot \sin \beta$$

$$O_1 B = r$$

所以

$$\tan \alpha = \frac{e \cdot \cos \beta}{r + e \cdot \sin \beta}$$

从上式可知:偏心圆上各点的升角是随相应的回转角 β 而变化的。当 $\beta = \pm 90°$ 时,$\tan \alpha = 0$,即 $\alpha = \alpha_{min} = 0°$,此时升角最小。

当 $\beta = 0°$ 时,$\tan \alpha = \dfrac{e}{r}$,这时 α 接近于最大值。因为 α 值一般很小,故可取 $\tan \alpha \approx \alpha$,因此,$\alpha_{max} \approx \dfrac{e}{r}$(见图 3.27)。

(2)偏心圆的自锁条件

如果我们知道偏心圆工作时其夹紧点的确定位置,那就可以使偏心圆在该点的升角小于摩擦角 φ 来保证其自锁。但一般偏心圆的工作点并不确定,尤其是标准圆偏心机

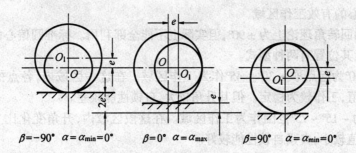

$$\beta=-90° \quad \alpha=\alpha_{\min}=0° \qquad \beta=0° \quad \alpha=\alpha_{\max} \qquad \beta=90° \quad \alpha=\alpha_{\min}=0°$$

图 3.27　偏心圆的升角和行程的变化范围

构,其工作点可以在某一定范围内变化;因此要保证能自锁,必须使其 $\alpha_{\max} \leqslant \varphi$,则其他各点的升角便都小于摩擦角,即

$$\tan \alpha_{\max} \leqslant \tan \varphi$$

而

$$\tan \varphi = \mu$$

$$\tan \alpha_{\max} \approx \frac{e}{r}$$

故

$$\frac{e}{r} \leqslant \mu$$

式中　μ——偏心圆与工件间的摩擦系数。

由此得出偏心圆的自锁条件为

$$\frac{e}{r} \leqslant \mu$$

或

$$\frac{2e}{d} \leqslant \mu$$

式中　d——偏心圆的直径。

一般 $\mu = 0.10 \sim 0.15$,则

$$\frac{d}{e} \geqslant 14 \sim 20$$

$\dfrac{d}{e}$ 的比值称为偏心圆的特性参数。

根据偏心圆的特性参数,便可决定偏心圆的基本尺寸。一般都是选定 μ 和 e 去求 d。例如取 $\mu = 0.10$, $e = 2.5$ mm,则偏心圆的直径 d 为

$$d \geqslant (14 \sim 20) \times 2.5$$

$$d \geqslant 35 \sim 50 \text{ mm}$$

(3)圆偏心的夹紧行程

当偏心距 e 一定时,圆偏心的夹紧行程 S 是随其回转角 β 变化而变化的。由图 3.25(b)可知,此时的夹紧行程等于回转中心 O 到工件被夹紧表面的垂直距离与最小回转半径 r_0 之差,即

$$S = BM - r_0 = r + O_1M - r_0 = (r - r_0) + e \cdot \sin \beta =$$
$$e + e\sin \beta = e(1 + \sin \beta)$$

β 在 $\pm 90°$ 范围内变化,则其 S 也相应由 0 到 $2e$ 范围内变化。在图 3.27 中表示了圆偏心夹紧行程的变化范围。

(4)圆偏心的有效工作区域

圆偏心的回转角理论上为 $\pm 90°$,但实际上不能全部利用。标准圆偏心的有效工作区域一般为 $90°$,其位置有两种型式。

①以 $\beta = 0°$ 为起点取 $\pm 30° \sim 45°$ 作为工作区域。在这一区域内,各点的升角变化较小,近似于常值,工作较为稳定。但其升角较大,自锁性能较差。

②取 β 为 $-15° \sim 75°$ 范围作为工作区域。在这段区域内,升角变化比上述第一种为大,但升角数值较小,夹紧自锁性能较好。

3. 夹紧力的计算

由于偏心圆上各点升角不同,因此夹紧力也不相同,它随着 β 角变化而变化。

圆偏心轮的受力情况如图 3.28 所示。

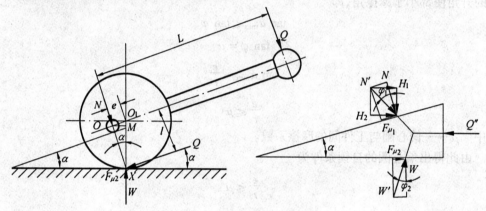

图 3.28   偏心轮受力分析

设偏心轮的手柄上所加原始力为 Q,其作用点至回转中心 O 的距离为 L,则所产生的力矩为

$$M = Q \cdot L$$

在此力距 M 作用下,在夹紧接触点处必然有一相当的楔紧力 Q',它对于点 O 的力矩为

$$M' = Q' \cdot l$$

因为

$$M = M'$$

故有

$$Q \cdot L = Q' \cdot l$$

即

$$Q' = Q \cdot \frac{L}{l}$$

偏心圆的夹紧作用可看作在偏心轴与夹紧接触点之间有一个升角等于 α 的斜楔在楔紧。因此斜楔上除受有 Q'' 力外,还受到夹紧触点处的夹紧力 W 和摩擦力 F_{μ_2} 以及偏心轴给予斜楔面的反力 N 和摩擦力 F_{μ_1}。N 与 F_{μ_1} 的合力为 N',而 N' 又可分解为水平分力 H_2 和垂直分力 H_1。根据静力平衡条件

$$Q'' = H_2 F_{\mu_2}$$

$$W = H_1$$

而

$$Q'' = Q' \cdot \cos \alpha$$

$$F_{\mu_2} = W \cdot \tan \varphi_2$$

$$H_2 = H_1 \cdot \tan(\alpha + \varphi_1) = W \cdot \tan(\alpha + \varphi_1)$$

将后三式代入上式中得

$$Q' \cdot \cos \alpha = W \cdot \tan(\alpha + \varphi_1) + W \cdot \tan \varphi_2$$

所以

$$W = \frac{Q' \cdot \cos \alpha}{\tan(\alpha + \varphi_1) + \tan \varphi_2}$$

因为

$$Q' = Q \cdot \frac{L}{l}$$

$$W = \frac{Q \cdot L \cdot \cos \alpha}{l[\tan(\alpha + \varphi_1) + \tan \varphi_2]}$$

式中 l 之值可由图 3.28 中求出，在该图的 $\triangle XOM$ 中

$$\frac{MX}{OX} = \cos \alpha$$

其中

$$OX = l, \quad MX = O_1X - MO_1$$

而

$$MO_1 = e \cdot \sin \beta$$

$$O_1X = r = \frac{d}{2}$$

$$MX = \frac{d}{2} - e \cdot \sin \beta$$

将 OX 与 MX 值代入上式中，得

$$\frac{\frac{d}{2} - e \cdot \sin \beta}{l} = \cos \alpha$$

所以

$$l = \frac{d - 2e \cdot \sin \beta}{2 \cdot \cos \alpha}$$

将 l 值代入上式中，得

$$W = \frac{2Q \cdot L \cdot \cos^2 \alpha}{(d - 2e \cdot \sin \beta)[\tan(\alpha + \varphi_2) + \tan \varphi_1]}$$

因 α 很小，$\cos \alpha \approx 1$，因此

$$W = \frac{2Q \cdot L}{(d - 2e \cdot \sin \beta)[\tan(\alpha + \varphi_2) + \tan \varphi_1]}$$

式中　Q——作用于圆偏心轮手柄上的原始作用力，N；

　　　L——手柄至偏心轮回转轴的距离，mm；

　　　e——圆偏心轮的偏心距，mm；

　　　α——圆偏心轮转过 β 角时对应的升角，一般 $\alpha = \alpha_{max}$；

　　　d——圆偏心轮直径，mm；

　　　β——圆偏心轮的回转角；

　　　φ_2——圆偏心与工件间的摩擦角；

　　　φ_2——圆偏心与回转轴间的摩擦角。

4. 圆偏心的结构形式

图 3.29 是圆偏心结构。这些偏心轮的结构都已标准化了，设计时可参阅有关国标。

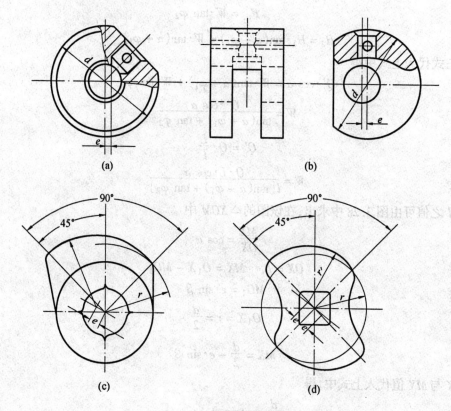

图 3.29   标准圆偏心结构

5.适用范围

(1)由于圆偏心的夹紧力小,自锁性能又不是很好,所以只适用于切削负荷不大,又无很大振动的场合。

(2)为满足自锁条件,其夹紧行程也相应受到限制,一般用于夹紧行程较小的情况。

(3)一般很少直接用于夹紧工作,大多是与其他夹紧机构联合使用。

3.3.4　铰链夹紧机构

1.作用原理

图 3.30 为常用铰链夹紧机构的几个典型示例,现以图(a)所示的单臂铰链夹紧机构为例,说明其作用原理及夹紧力的计算。

图 3.30(a)是单臂铰链夹紧机构。臂 3 两头是铰链连接,一头带滚子 2。滚子 2 由气缸活塞杆推动,可在垫板 1 上来回运动。当滚子向左运动到垫板左端斜面时,压板 4 离开工件,当滚子向右运动时,通过臂 3 使压板 4 压紧工件。

2.夹紧力的计算

图 3.30(d)是单臂铰链夹紧机构的铰链臂的受力分析图。现分析销轴 2 所受到的外力:拉杆 1 作用于销轴 2 的力为 Q(此力近似等于夹紧动力源的作用力);滚子对销轴 2 的作用力为 F,此力通过滚子的接触点 A 并与销轴处的摩擦圆相切;铰链臂 3 对销轴 2 的作用力为 N,此力与铰链臂上下二销轴处的摩擦圆相切。这三个力应为静力平衡,由此得

$$Q - N\sin(\alpha_2 + \varphi') - F\sin \varphi'_1 = 0$$

$$N\cos(\alpha_2 + \varphi') - F\cos \varphi'_1 = 0$$

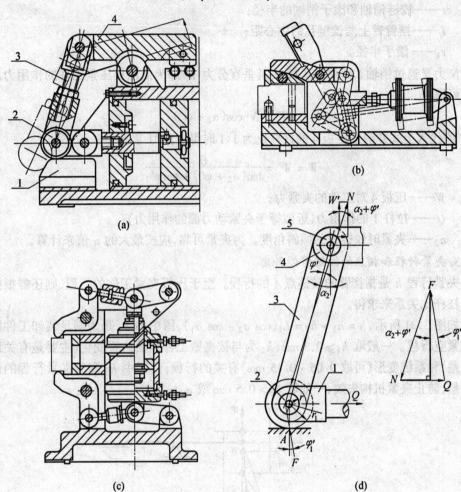

图 3.30　铰链夹紧机构

(a)单臂铰链夹紧机构　1—垫板;2—滚子;3—摆臂;4—压板
(b)双臂单作用铰链夹紧机构　(c)双臂双作用铰链夹紧机构
(d)单臂铰链夹紧机构的铰链臂的受力分析
1—拉杆;2—销轴;3—铰链臂;4—压板;5—销轴

解上述两方程式可得

$$N = \frac{Q}{\cos(\alpha_2 + \varphi')\tan \varphi_1' + \sin(\alpha_2 + \varphi')}$$

式中　φ'——摆臂两端铰链的当量摩擦角;

$$\tan \varphi' \approx \frac{2\rho}{L} = \frac{2r}{L} \cdot \tan \varphi$$

φ_1'——滚子滚动的当量摩擦角;

$$\tan \varphi' \approx \frac{r}{r_1} \cdot \tan \varphi$$

φ——铰链与销轴或滚子与销轴的摩擦角；

ρ——铰链销轴处的摩擦圆半径；

r——铰链销轴和滚子销轴的半径；

L——摆臂臂上两铰链孔的中心距；

r_1——滚子半径。

N力又通过销轴 5 作用于压板 4,其垂直分力 W' 即为使压板压紧工件的作用力。由图中可得

$$W' = N \cdot \cos(\alpha_2 + \varphi')$$

将 N 值代入上式并假定压板 4 的杠杆比为 1:1 时得夹紧力 W 为

$$W = W' = \frac{Q}{\tan(\alpha_2 + \varphi') + \tan\varphi'_1}$$

式中 W——压板 4 对工件的夹紧力；

Q——拉杆 1 的作用力(近似等于夹紧动力源的作用力)；

α_2——夹紧时铰链臂的倾斜角度。为夹紧可靠,应按最大的 α 值来计算。

3. 夹紧行程和相应的铰链臂倾斜角

夹紧行程 h 是指摆臂的铰链点 A 的行程。至于压板夹紧工件的行程,则还需根据压板的杠杆比关系来求得。

如图 3.31 所示, $h = h_1 + h_2 = L_1(\cos\alpha_2 - \cos\alpha_1)$,图中的 h_1 是为满足装卸工件所需的夹紧空行程。一般取 $h_1 \geq 0.3$ mm; h_2 为与被夹紧工件表面位置变化(主要是有关尺寸的公差)和系统变形(可取 $0.05 \sim 0.15$ mm)有关的行程;而图中 h_3 则为夹紧行程的最小储备量,防止夹紧机构失效,一般取 $h_3 \geq 0.5$ mm 或 $\alpha_2 \geq 5°$。

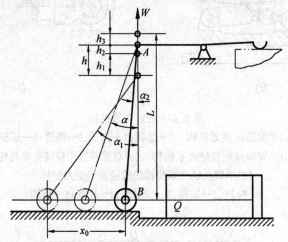

图 3.31   单臂铰链机构的原理图

根据 h、h_1、h_2 可求出相应的铰链倾斜角为

$$\cos\alpha_2 = \frac{L - h_3}{L}$$

$$\cos\alpha = \frac{L \cdot \cos\alpha_2 - h_2}{L}$$

$$\cos \alpha_1 = \frac{L\cos \alpha_2 - h_1 - h_2}{L}$$

4. 气缸的工作行程

气缸的工作行程 x_0，可按下式求得

$$x_0 = L(\sin \alpha_1 - \sin \alpha_2)$$

5. 自锁条件

要使铰链夹紧机构自锁，应使夹紧时铰链臂的倾斜角 α 小于 $4°$（对图 3.30(a)的单臂铰链机构来说）。但这个条件和前面要保证夹紧行程的最小储备量是矛盾的。因此一般在夹具中，都不应用这个自锁条件。若要保证自锁则需和其他具有自锁性能的机构联合使用。

6. 结构特点

(1)结构简单；

(2)扩力比大；

(3)摩擦损失小。

7. 适用范围

铰链夹紧机构适用于多点、多件夹紧并在气动夹紧中广泛应用。

3.3.5　定心、对中夹紧机构

定心、对中夹紧机构是一种特殊的夹紧机构，其定位和夹紧这两种作用是在工件被夹紧的过程中同时实现的，夹具上与工件定位基准相接触的元件，既是定位元件，也是夹紧元件。

在机械加工中，很多加工表面是以其中心线或对称平面作为工序基准的，因而也都用它们为定位基准。这时若采用定心对中夹紧机构装夹加工，可以使定位误差为零。

例如在图 3.32(a)所示的圆柱形工件上加工一孔，若工件放在 V 形块夹具中装夹如图(b)，则由于工件外圆尺寸公差的影响，一批工件内孔加工后，就不能保证内孔与外圆的同轴度精度。若工件放在定心精度较高的三爪卡盘中装夹加工如图(c)，就可以达到较高的同轴度精度。

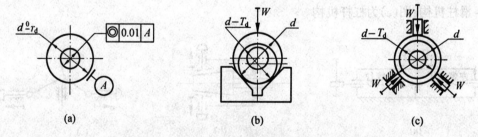

图 3.32　工件在 V 形块或三爪卡盘中加工的对比

再如图 3.33 中的工件，要求在中央铣键槽，其位置应保持对中。

如按图(a)的方法定位加工，因存在基准不重合误差(定位基准为工件侧表面，工序基准为工件对称面)，必然影槽的对中性。如果工件装夹在对中夹紧机构中加工如图(b)，则长度尺寸 L 公差 T_L 平均分配在工件两侧，虽然同一批工件的实际尺寸 L 的误差值并不相同，但对于保持工件上通槽的对中性是没有影响的，它们只会引起对中夹紧元件各次行

程的变化。这是因为对中夹紧机构能均分工件的尺寸误差,始终保证对中。

应用这一原理,为保证圆柱体内、外圆柱表面的同轴度,则采用三爪卡盘或可涨心轴自动定心;箱体零件加工时,为使主轴孔有均匀的余量,则采用定心夹紧心轴,以主轴孔为定位基准进行第一道工序精基准面的加工。

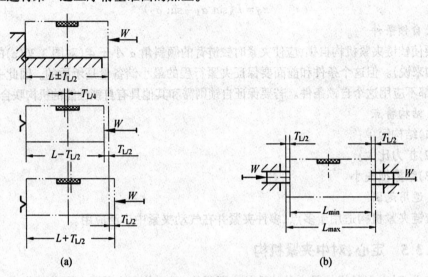

图 3.33   对中夹紧机构的作用

综上所述,定心、对中夹紧机构主要用于要求准确定心和对中的场合。

定心、对中夹紧机构之所以能实现准确定心、对中的原理,就在于它利用了定位－夹紧元件的等速移动或均匀弹性变形的方式,来消除工件定位基准面的制造误差。使这些误差或偏差相对于所定心或对中的位置,能均匀对称地分配在工件的定位基准面上。

因此,定心、对中夹紧机构的种类虽多,但就其各自实现定心和对中的工作原理而言,也不外乎下述两种基本类型。

1.按定位－夹紧元件等速移动原理来实现定心对中夹紧

图 3.34 为这一类定心对中夹紧机构的示意图。图(a)为左右螺旋机构;图(b)为楔块－滑柱机构;图(c)为杠杆机构。

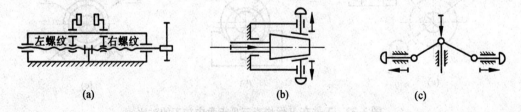

图 3.34   按定位－夹紧元件等速移动原理工作的定心对中夹紧机构示意图

属于这一类定心夹紧机构的结构如图 3.35 所示。

图 3.35(a)为螺旋式定心夹紧机构。螺杆 1 两端分别有旋向相反的左、右螺纹,当旋转螺杆 1 时,通过左、右螺纹带动两个 V 形块 2 和 3 同时移向中心而起定心夹紧作用。螺杆 1 的中间有沟槽,卡在叉形零件 6 上,叉形零件的位置可以通过螺钉 5 进行调整,以保证所需要的工件中心位置,调整完毕后用螺钉 4 固定。

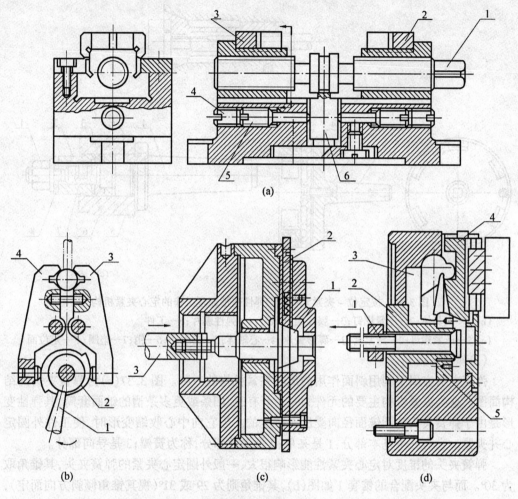

图 3.35　按定位－夹紧元件等速移动原理工作的定心对中夹紧机构的结构

（a）1—螺杆；2、3—V 形块；4—螺钉；5—螺钉；6—叉形零件　（b）1—手柄；2—双面凸轮；3、4—卡爪
（c）1—锥体；2—卡爪；3—推杆　（d）1—拉杆；2—滑块；3—钩形杠杆；4—卡爪；5—螺母

图 3.35(b)为偏心式对中夹紧机构。转动手柄 1 时，双面凸轮 2 推动卡爪 3、4，从两面同时夹紧工件，从而起到对中夹紧作用。凸轮 2 的转轴位置固定，左右凸轮曲线对称。

图 3.35(c)为斜面定心夹紧机构。工作时油缸或气缸通过推杆 3 推动锥体 1 向右移动，使三个卡爪 2 同时伸出，对环形工件进行定心夹紧。

图 3.35(d)为杠杆定心夹紧机构。原始力作用于拉杆 1，拉杆 1 带动滑块 2 左移，通过三个勾形杠杆 3 同时收拢三个卡爪 4，对工件进行定心夹紧。当拉杆 1 带动滑块 2 右移时，靠滑块 2 上的螺母 5 的三个斜面使卡爪 4 张开。

2．按定位一夹紧元件均匀弹性变形原理来实现定心夹紧

图 3.36 为这一类定心夹紧机构的结构简图。图(a)为弹簧夹头；图(b)为膜片卡盘；图(c)为碟形簧片夹具。

这里只准备介绍弹簧夹头及液性塑料夹具。至于以上提到的其他定心夹紧机构，则可参考有关夹具方面的书籍和资料。

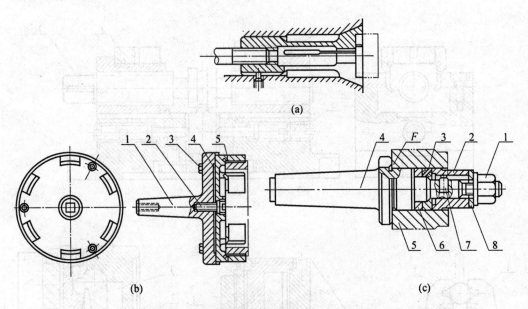

图 3.36 按定位－夹紧元件均匀弹性变形原理工作的定心夹紧机构
(b) 1—夹具体;2—压紧螺钉;3—膜片固定螺钉;4—弹性膜片;5—工件
(c) 1—压紧螺母;2—压紧套;3—碟形簧片;4—心轴体;5—支承环;6—销;7—垫圈;F—定位面

(1)弹簧夹头

弹簧夹头亦属于利用斜面作用的定心夹紧机构的一种。图 3.37(a)为弹簧夹头的结构简图。这类夹紧机构主要的元件为一个开有三、四条或更多条槽的锥面套筒,其弹性变形是由于弹簧夹头的圆锥面径向受压而产生的。当它向中心收缩变形时,使工件外圆定心并夹紧。它有三个基本部分:1 是夹爪;2 是弹性部分,称为簧瓣;3 是导向部分。

弹簧夹头的锥度对定心夹紧性能影响很大,一般外圆定心夹紧的弹簧夹头,其锥角取为 30°。而与夹头配合的锥套 1 如图(b),其锥角则为 29°或 31°(视其锥角倾斜方向而定),以增大锥面的接触面积,便于更准确地定心。对于弹簧涨胎,为了增加夹紧刚性和夹紧力,其锥角可取为 15°,此数值已接近斜面的自锁角,因此设计时必须设置松开工件的机构。

①结构尺寸

弹簧夹头的主要尺寸(如图 3.37)可参考如下数值确定:

$\delta = 1 \sim 3$ mm;

d_1——由结构需要确定;

$d = d_1 - (2 \sim 3)$ mm;

$l_1 = (0.5 \sim 1.2) d_工$ mm($d_工$ 为工件直径);

$l_2 = (1.5 \sim 2.5) d_工$ mm;

$S = 2 \sim 4$ mm;

$2\alpha = 30°$,一般不得小于自锁角。

②受力分析

弹簧夹头夹紧力的计算与斜楔夹紧相似,但要考虑夹紧时套筒的变形阻力 $N_阻$。每瓣弹簧夹爪的阻力 N 可近似地按弧形断面的悬臂梁的变形阻力来计算,如图 3.37(c)所示。

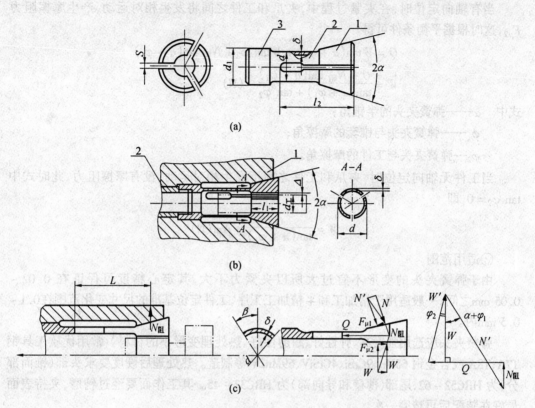

图 3.37　弹簧夹头及其受力分析

(a)1—夹爪;2—簧瓣;3—导向部分　(b)1—锥套;2—拉杆

$$N = \frac{3EL\Delta/2}{L^3} = \frac{3E\Delta\delta d^3}{16L^3}\left(\beta + \sin\beta\cdot\cos\beta - \frac{2\sin^2\beta}{\beta}\right) \quad (N)$$

$$N = nN = \frac{3E\Delta\delta d^3\cdot n}{16L^3}\left(\beta + \sin\beta\cdot\cos\beta - \frac{2\sin^2\beta}{\beta}\right) \quad (N)$$

式中　E——弹簧夹爪材料的弹性模数,MPa;

Δ——弹簧夹爪与工件的直径间隙,mm;

δ——簧瓣薄壁厚度,mm;

d——簧瓣的外径,mm;

L——夹爪计算长度(由夹爪中心到簧瓣根部的距离),mm;

n——夹爪瓣数;

β——每瓣夹爪的扇形角之半,弧度;

J——每瓣扇形环截面的惯性矩。

若取 $E = 2.2\times10^5\text{MPa}, \beta = \dfrac{\pi}{n}$,则上式可简化为

三瓣夹头　　　　　　　　　$N_{阻} = 6\,000\dfrac{\Delta\delta d^3}{L^3}(N)$

四瓣夹头　　　　　　　　　$N_{阻} = 2\,000\dfrac{\Delta\delta d^3}{L^3}(N)$

弹簧夹头在夹紧时受力情况如图 3.37(c)所示。

当有轴向定位时,在夹紧过程中,夹爪和工件之间将发生相对运动,产生摩擦阻力 $F_{\mu 2}$,这时根据平衡条件可得

$$Q = W\tan(\alpha + \varphi_1) + W\tan\varphi_2 + N_{阻}\tan(\alpha + \varphi_1)$$

$$W = \frac{Q - N_{阻}\tan(\alpha + \varphi_1)}{\tan(\alpha + \varphi_1) + \tan\varphi_2} \quad (N)$$

式中　α——弹簧夹头的半锥角;

　　　φ_1——弹簧夹头与锥套的摩擦角;

　　　φ_2—弹簧夹头与工件的摩擦角。

当工件无轴向定位时,夹爪和工件之间不发生相对运动,没有摩擦阻力,此时式中 $\tan\varphi_2 = 0$,即

$$W = \frac{Q}{\tan(\alpha + \varphi_1)} - N_{阻}(N)$$

③适用范围

由于弹簧夹头的变形不宜过大所以夹紧力不大,其定心精度可保证在 0.02 ~ 0.05 mm 之间,一般适用于精加工和半精加工工序,工件定位基准的尺寸变化范围在 0.1 ~ 0.5 mm 内。

弹簧夹头应选用强度高、弹性好、耐磨性好、热处理变形小的材料。常用优质工具钢 T7A、T8A 或合金钢 65Mn、9CrSi、4CrSiV、69Mn2V 等制造。热处理后硬度要求头部(锥面部分)为 HRC52 – 62,尾部(薄壁和导向部)为 HRC32 – 45。其工作面要经过精磨,夹持表面最好在装配后再精磨一次。

(2)液性塑料夹具

这种夹具主要用于工件以内孔或外圆定位并要求达到较高的定心精度的情况。

图 3.38 为一精车用的液性塑料夹具。

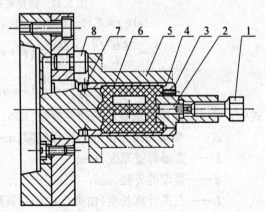

图 3.38　液性塑料夹具
1—夹紧螺钉;2—柱塞;3—放气螺钉;4—薄壁套筒;5—工件;6—液性塑料;7—紧定螺钉;8—定位支钉

其作用原理是将常温下呈冻胶状的液性塑料 6,加热后浇注在薄壁套筒 4 中。由于液性塑料具有不可压缩性,所以在拧紧螺钉 1、使柱塞 2 压向液性塑料时,液性塑料将此压力等值并同时传递给套筒 4 的各个部分,使其产生均匀的变形,于是工件 5 便被准确定心和夹紧。当拧出螺钉时,压力消除,在材料弹性恢复力的作用下,套筒的薄壁部分便恢复到原始状态而使工件松开。

工件以孔和端面定位,以其中心线为第一定位基准,端面为第二定位基准。工件套在薄壁筒 4 上,端面靠在三个支钉 8 上。放气螺钉 3 为浇注液性塑料时排除塑料腔内空气用。紧定螺钉 7 为防止套筒与夹具体因过盈配合不可靠而发生相对滑动。

塑料在浇入夹具前,应在甘油中加热至 140～150 ℃,夹具体本身也要预热。浇注时可逐渐用压力压入通道。通道中的空气从通气孔中自由逸出。

液性塑料夹具的缺点是塑料会老化,要定期更换。目前可改变塑料配方延长其使用寿命。薄壁套筒的变形量较小,夹紧范围受限制,故只适用于精加工工序。

3.3.6 联动夹紧机构

1. 多点、多向夹紧机构

多点、多向夹紧是用一个原始作用力,通过一定的机构分散到数个点上对工件进行夹紧。

最简单的多点、多向夹紧是采用浮动压头的夹紧。图 3.39 所示就是几种常见的浮动压头。

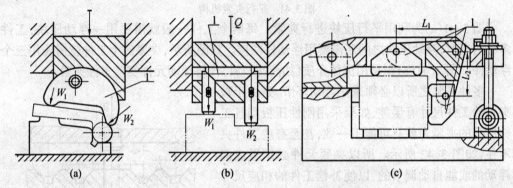

图 3.39 浮动压头及四点双向浮动夹紧机构

所谓浮动压头就是压头中有一个浮动零件 1,当夹紧工件过程中只要有一个夹紧点接触时,该零件能够摆动如图(a)或移动如图(b)使两个(或更多个)夹紧点都接触,直到最后均衡夹紧。

图(c)为四点双向浮动夹紧机构。夹紧力分别作用在两个相互垂直的方向上,每个方向上各有两个夹紧点。两个方向上的夹紧力比便通过杠杆 L_1、L_2 的长度比来调整。

图 3.40 所示的夹紧机构,初看似乎与图 3.35(a)的夹紧机构相似,实际上却有本质不同。图 3.35(a)为定心夹紧机构,而本图所示机构为多点浮动夹紧机构。其主要不同点在于前者的螺杆轴向由叉形零件定位,所以能对工件进行定心夹紧。后者的螺杆为一浮动元件,轴向不定位可以串动,只能对工件进行多点夹紧,不能定位,故工件还需要靠 V 形块定位。

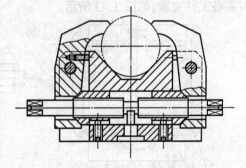

图 3.40 多点浮动夹紧机构的特点

2. 多件夹紧机构

用一个原始力,通过一定的机构对数个相同或不同的工件进行夹紧称为多件夹紧。多件夹紧机构多用于夹紧小型工件,在铣床夹具中用得最广。根据夹紧力的方向和作用情况,一般有下列几种形式。

(1)平行夹紧

如图3.41所示,各个夹紧力互相平行,从理论上说,分配到各工件上的夹紧力相等。

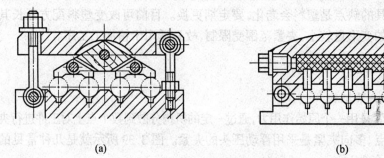

(a)   (b)

图 3.41   平行夹紧机构

图3.41(a)为利用平行压块进行夹紧。每两个工件一般就需要用一浮动压块,工件多于两个时,浮动压块之间还需要用浮动件联接。如图所示,夹紧四个工件就需要用三个浮动件。图3.41(b)则是用流体介质(如液性塑料)代替浮动元件实现多件夹紧。

多件夹紧之所以必须采用浮动环节,是由于被夹紧的工件尺寸有误差,如果采用刚性压板则各工件所受的夹紧力就有可能不一致,甚至有些工件夹不住,如图3.42所示。所以夹紧元件必须做成能浮动的或能自动调节的,以便补偿工件的相应尺寸偏差。

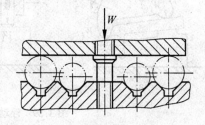

图3.42   采用刚性压板进行多件夹紧
情况

(2)对向夹紧和复合夹紧

对向夹紧是通过浮动夹紧机构产生两个方向相反、大小相等但比原始作用力大的夹紧力,并同时将各工件夹紧,如图3.43所示。

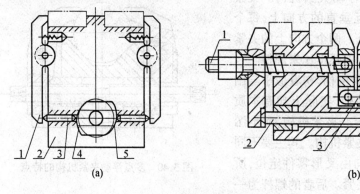

(a)   (b)

图 3.43   对向夹紧示例

(a)1—压板;2—夹具体;3—滑柱;4—偏心轮;5—导轮   (b)1—螺杆;2—顶杆;3—连杆

图3.43(a)中转动偏心轮4,通过滑柱3和两侧的压板1即产生大小相等方向相反的夹紧力,对工件夹紧,偏心轮的转轴可在导轨5上浮动。图3.43(b)利用螺杆1、顶杆2和连杆3作为浮动元件,对四个工件进行夹紧,浮动件总数为三个。

复合夹紧多为平行和对向夹紧的综合,图3.44为复合夹紧的示例。

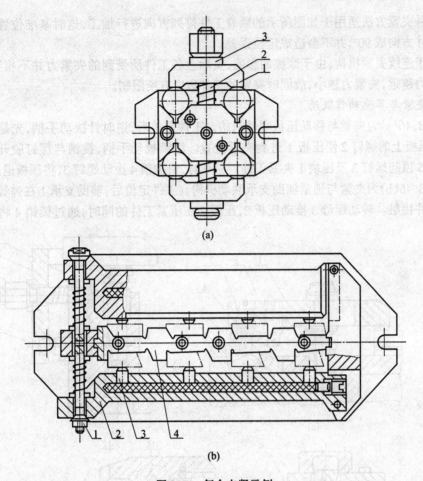

(a)

(b)

图 3.44　复合夹紧示例

(a) 1—浮动压板;2—浮动螺杆;3—球面垫圈　(b) 1—螺母;2—压板;3—柱塞;4—定位元件

图中 3.44(a)为利用两块浮动压板 1 和浮动螺杆 2 夹紧四个工件,浮动件总数为三个。图 3.44(b)采用液性塑料作为传递压力的介质,旋紧螺母 1,经压板 2、柱塞 3 及液性塑料,将工件均匀夹紧。由于夹紧元件对向作用的结果,就使作用在工件定位元件上的力互相抵消,不会引起定位元件的位移。

(3)依次连续夹紧

以工件本身为浮动件,不需另设置元件就可实现连续多件夹紧。如图 3.45 所示。

夹紧力依次由一个工件传至下一个工件,一次可以夹紧很多(如 n 个)工件。这种夹紧方法的缺点是工件定位基准的位置误差逐个积累,最后一个工件 A_n 定位基准的位置误差为

$$\delta_{位置} = (n-1)T_B$$

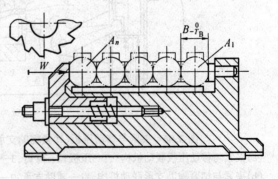

图 3.45　依次连续夹紧示例

因此这种夹紧方法适用于如图所示的顺着工件排列方向进行加工,这时基准位置误差与加工尺寸方向成 90°,并不会造成定位误差。

对于连续夹紧机构,由于摩擦的影响,实际上各工件所受到的夹紧力并不相等,距原始作用力越远,夹紧力越小,故同时夹紧的工件数应有所限制。

3. 夹紧与其他动作联动

图 3.46(a)为夹紧与移动压板联动机构。工件定位后,逆时针扳动手柄,先是由拨销 4 拨动压板上的螺钉 2 使压板 1 进到夹紧位置。继续扳动手柄,拨销与螺钉脱开。而由偏心轮 5 顶起螺钉 3 及压块 1 夹紧工件。松开时,由拨销 4 拨动螺钉 3,将压板退出。

图 3.46(b)为夹紧与锁紧辅助支承联动机构。工件定位后,辅助支承 1 在弹簧的作用下与工件接触。转动螺母 3 推动压板 2,压板 2 在压紧工件的同时,通过锁销 4 将辅助支

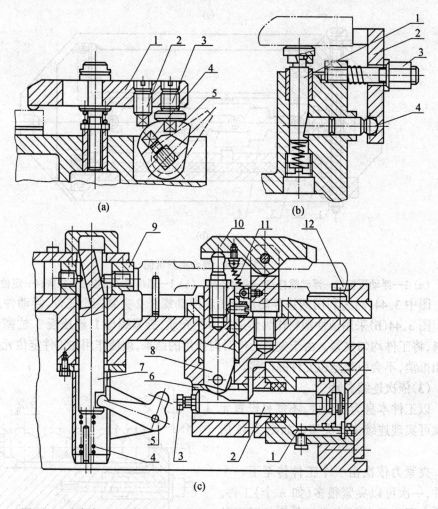

图 3.46　夹紧与移动压板、锁紧辅助支承联动以及先定位后夹紧联动机构

(a)夹紧与移动压板联动机构　1—压板;2—螺钉;3—螺钉;4—拨销;5—偏心轮
(b)夹紧与锁紧辅助支承联动机构　1—辅助支承;2—压板;3—螺母;4—锁销
(c)先定位后夹紧联动机构　1—油缸;2—活塞杆;3—螺钉;4—弹簧;5—拨杆;6—滚子;7—推杆;
8—推杆;9—活块;10—压板;11—弹簧;12—定位块

承 1 锁紧。

图 3.46(c)为先定位后夹紧联动机构。当压力油进入油缸 1 的左腔时,在活塞杆 2 向右移动过程中,先是后端的螺钉 3 离开拨杆 5 的短头,推杆 7 在弹簧 4 的作用下向上抬起,并以其斜面推动活块 9 使工件靠在 V 形定位块 12 上。然后,活塞杆 2 继续向右移动,利用其上斜面通过滚子 6 推杆 8,顶起压板 10 压紧工件。当活塞杆向左移动时,压板 10 在弹簧 11 的作用下松开工作,然后螺钉 3 推转拨杆 5,压下推杆 7,在斜面作用下带动活块 9 松开工件,此时即可取下工件。

设计联动机构时,应注意进行运动分析和力的分析,以确保设计意图的实现。此外,还应注意避免机构过分复杂,造成效率低,动作不可靠。

3.4 夹紧动力装置设计

现代高效率的夹具,大多采用机动夹紧方式,如气动、液动、电动等。其中以气动和液动装置应用最为普遍,所以这里主要介绍气动夹紧动力和液动夹紧动力装置。

3.4.1 气动夹紧

气动夹紧的动力源是压缩空气,一般压缩空气由压缩空气站供应。经过管路损失之后,通到夹紧装置中的压缩空气为 4～6 个大气压。在设计计算时,通常以 4 个大气压来计算较为安全。

1. 气动传动系统的典型结构

典型的气动传动系统,如图 3.47 所示。由气源、气缸或气室、油雾器(雾化器)、减压阀、单向阀、分配阀、调速阀、压力表等元件组成。

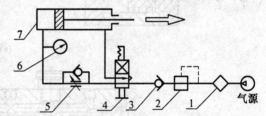

图 3.47 典型气压传动系统

1—雾化器;2—减压阀;3—单向阀(止回阀);
4—分配阀(换向阀);5—调速阀;6—压力表;
7—气缸

(1)雾化器:由气源送来的压缩空气,先经雾化器,使雾化器中的润滑油被吸上升雾化而随之进入传动系统,以便利用油雾对传动系统中的运动部件进行充分润滑。

(2)减压阀:将气源送来的压缩空气压力,减至气动夹紧装置所要求的工作压力(一般为 4～6bar*)。

(3)单向阀:主要起安全保护作用,防止气源供气中断或压力突降而使夹紧机构松开。

(4)分配阀:控制压缩空气对气缸的进气和排气。

(5)调速阀:调节压缩空气进入气缸的流量,以控制活塞的移动速度。

(6)压力表:指示气缸中压缩空气的工作压力。

(7)气缸:将压缩空气的工作压力转换为活塞的移动,由此推动夹紧机构,实现夹紧动作。

---

* 注:1 bar = 10^5 Pa。

　　气动系统对工作介质即空气,要进行过滤、冷凝和干燥,去掉粉尘和水分,防止锈蚀元件或堵塞。因各组成元件都已标准化、系列化和规格化,设计时可参阅有关资料。

　　2.气缸结构和夹紧作用力的计算

　　常用的气缸结构有两种基本形式,即:活塞式和薄膜式。

　　(1)活塞式气缸

　　活塞式气缸按气缸在工作过程中的运动情况,可分为固定式、摆动式、差动式、回转式等;按气缸进气情况,又可分为单向作用和双向作用。图3.49(b)为固定式,通常固定在夹具体上,摆动式气缸安装如图3.30(b)、(c)所示。回转式气缸通常用于车床夹具,因为车床夹具安装在主轴上,随主轴旋转。因此使用回转式气缸较为方便,这时需要用特殊的导气接头,如图3.48所示。

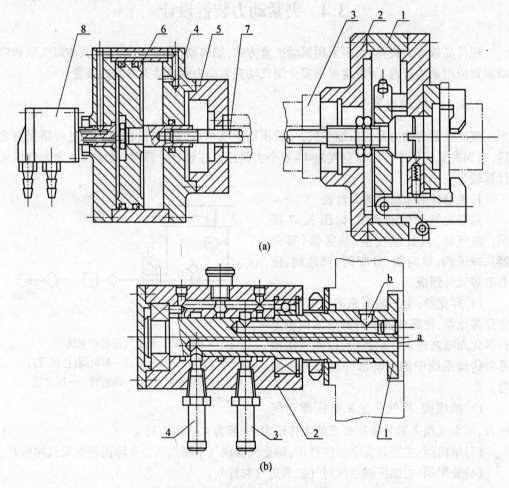

(a)

(b)

图3.48　回转式气缸及导气接头

　　(a)回转式气缸　1—夹具;2—过渡盘;3—主轴;4—气缸;5—过渡盘;6—活塞;7—拉杆;8—导气接头

　　(b)导气接头　1—轴;2—阀体;3—接头;4—接头

　　回转气缸在主轴上的安装及与夹具的连接如图3.48(a)所示。夹具1通过过渡盘2固定在主轴3前端,气缸4通过过渡盘5固定在主轴尾部。活塞6通过拉杆7与夹具中的夹紧元件连接,推动夹紧元件运动。

图 3.48(b)为导气接头的一种结构形式,其作用原理如下:轴 1 用螺母紧固在气缸盖上,随气缸一起在轴承内转动。阀体 2 固定不动,压缩空气可由接头 3 经通道 a 进入气缸左腔,或由接头 4 经通道 b 进入气缸右腔。阀体与轴间间隙应为 0.007～0.015 mm。

由于这种导气接头的作用,使往复直线运动的气缸同时又可实现回转运动。回转式气缸与双作用活塞式气缸在结构上没有多大区别。

图 3.49 为单向、双向作用活塞式气缸及薄膜式气缸结构图。

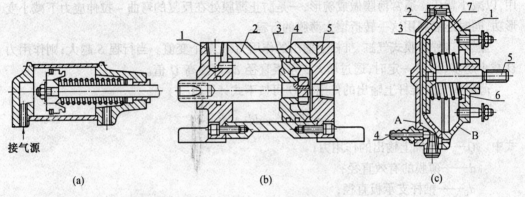

图 3.49　单向、双向作用活塞式气缸及薄膜式气缸结构图

(a)单向作用活塞气缸
(b)双向作用活塞式气缸　1—前盖;2—气缸体;3—活塞;4—密封圈;5—后盖
(c)薄膜式气缸　1—气室壳体;2—气室壳体;3—薄膜;4—管接头;5—推杆;6—弹簧;7—排气口

由图 3.49(a)可知,单作用只是由单面进气完成夹紧动作,当气缸左腔与大气接通时,活塞便在弹簧力作用下退回原位以实现松开动作。

活塞式气缸所产生的作用力 Q 可按下式计算,单作用时

$$Q = A \cdot p \cdot \eta - P$$

因

$$A = \frac{\pi}{4} d^2$$

故

$$Q = \frac{\pi}{4} d^2 \cdot p \cdot \eta - P$$

式中　Q——活塞上作用力;

A——活塞作用面积;

d——活塞直径(即气缸内径);

p——工作压力;

η——传动效率,它是由运动部件的摩擦损失和漏气损失等决定,通常取 $\eta = 0.85$;

P——活塞压缩弹簧时所产生的阻力。

图 3.49(b)为双作用活塞式气缸,气缸的前盖 1 和后盖 5 用螺钉与气缸体 2 连接。活塞 3 在压缩空气的推动下,来回往复运动,实现夹紧和松开。密封圈 4 用于防止漏气。

双向作用气缸所产生的夹紧力与单向作用相同,只是没有压缩弹簧时所产生的阻力 P,即 $P = 0$。则计算作用力公式可写成

$$Q = A \cdot p \cdot \eta = \frac{\pi}{4} d^2 \cdot p \cdot \eta$$

式中符号与单作用气缸时相同。

活塞式气缸的特点,在于其行程不受限制,可根据需要自行设计。且作用力不随行程长短而变化,但气缸结构较庞大,制造成本高,且滑动副间易漏气。

(2)薄膜式气缸

图 3.49(c)为薄膜式气缸结构,薄膜 3 被夹在壳体 1 和 2 之间,用螺钉夹紧。当压缩空气由管接头 4 进入气室 A 后,薄膜 3 凸起向右压缩弹簧 6,推动推杆 5 实现夹紧动作。当 A 室通大气时,推杆 5 又在弹簧力作用下,连同薄膜一起复位。排气孔 7 供 B 腔排气用,以减小背压。通常薄膜做成碗形,一是防止薄膜处在反复的弯曲 – 拉伸应力下减小变形功,同时还能利用这一转折增大薄膜的行程。

显然,这种薄膜式气缸,推杆上输出的作用力 Q 是个变值。当行程 S 越大;则作用力 Q 减小越多;当 d 一定时,通过增大支承板直径 d_0 可提高 Q 值。

薄膜式气缸推杆上输出的作用力 Q 可按下式计算

$$Q = \frac{\pi p}{12}(d^2 + dd_0 + d_0^2) - P$$

式中　　Q——推杆上输出的作用力;

$\quad\quad\quad d$——薄膜的有效直径;

$\quad\quad\quad d_0$——推杆支承板直径;

$\quad\quad\quad p$——气缸中的压缩空气工作压力;

$\quad\quad\quad P$——弹簧阻力。

薄膜式气缸的优点为,结构简单,维修方便,没有密封间题。其缺点则为,行程小,作用力随行程增大而减小。

以上两种气缸结构尺寸都已标准化,可以查阅有关资料设计或选用。

3. 气动夹紧的特点

气动夹紧一般具有以下主要优点:

(1)夹紧力基本稳定,这是因为气源压力可以控制。

(2)夹紧动作迅速,气流的速度很快,气动速度也就快。这就有利于缩短辅助时间,从而显著地提高生产率。

(3)操作省力,采用气动夹紧后,操作只需转动分配阀手柄,而不必像手动夹紧那样费时费力,因而大大减轻劳动强度。

不足之处:

(1)空气是可以压缩的,因此夹紧刚度差,一般不适用于切削力很大的场合。

(2)压缩空气的工作压力较小,所以对于同样的作用力来说,气动夹紧的气缸直径将比液动夹紧的油缸直径要大,因而结构较庞大。

(3)车间噪声大。

3.4.2　液动夹紧

液动夹紧所采用的油缸结构和工作原理基本上与气动相同,只是工作介质不同。前者是用液压油,后者是空气。由于油压比气压高(一般可达 6 MPa 以上),加上液体的不可压缩性,因此当产生同样大小的作用力时,油缸尺寸比气缸小得多,而且液动夹紧刚度比气动夹紧刚度大得多,工作平稳,没有气动夹紧时那种噪音,劳动条件好。但液动不如气动应用广泛,主要原因是需要单独为液压装置配置专门泵站,成本高,因此大多应用在本身已具有液压传动系统装置的机床设备上。

3.4.3　气 – 液增压夹紧

气 – 液增压夹紧的动力源仍为压缩空气。但它综合了气动夹紧与液动夹紧的优点,又部分克服了它们的缺点,所以得到了发展和使用。

图 3.50 是气 – 液增压夹紧的工作原理图。

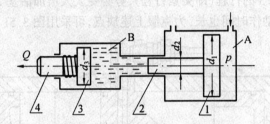

图 3.50　气 – 液增压夹紧的工作原理图
1—活塞;2—柱塞;3—活塞;4—活塞杆

当空气进入 A 室,推动活塞 1 向左移动,活塞杆 2 将增大的压力 p_2 传给油液,油液又以 p_2 压力推动活塞 3 向左,将增大的作用力 Q 传给夹紧装置以夹紧工件。Q 力的计算如下。

活塞 1 上所受的总压力为

$$p_1 = p \cdot \frac{\pi d_1^2}{4}$$

式中　p——压缩空气的压强,MPa;

　　　d_1——活塞 1 的直径,cm。

柱塞 2 上所受的压强 p_2(略去弹簧力)为

$$p_2 = \frac{p_1}{\frac{\pi d_2^2}{4}} = \frac{p \cdot \frac{\pi d_1^2}{4}}{\frac{\pi d_2^2}{4}} = p \cdot \left(\frac{d_1}{d_2}\right)^2$$

式中　p_2——活塞 2 上所受的压强,MPa;

　　　d_2——活塞 2 的直径。

由于 $d \gg d_2$,故 $p_2 \gg p$,起到了增压作用。

活塞杆 4 上输出的作用力 Q 为

$$Q = p_2 \cdot \frac{\pi d_3^2}{4} \cdot \eta = p \cdot \left(\frac{d_1}{d_2}\right)^2 \cdot \frac{\pi d_3^2}{4} \cdot \eta$$

式中　η——整个装置的传动效率(一般取 0.8 ~ 0.85)。

由上式可知,采用气 – 液增压夹紧装置,所产生的作用力 Q 比单纯气动夹紧的作用力约增大了 $\left(\dfrac{d_1}{d_2}\right)^2$ 倍。

这种装置的主要缺点是活塞杆的行程不能大。设活塞 2 的行程为 S_2,活塞 3 的行程

为 S_3,则有

$$\frac{\pi d_2^2}{4} \cdot S_2 = \frac{\pi d_3^2}{4} \cdot S_3$$

即

$$S_3 = S_2 \cdot \left(\frac{d_2}{d_3}\right)^2$$

活塞 3(即活塞杆 4)的行程比柱塞 2 行程缩小了 $\left(\dfrac{d_3}{d_2}\right)^2$ 倍。

为了要增加活塞 3 的行程(即夹紧行程),势必要大大增加活塞 2 的行程,这就使整个装置长度大为增加,动作时间也长.为克服上述缺点,可采用图 3.51 的气－液增压装置。

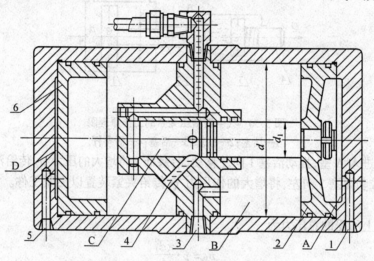

图 3.51　气－液增压装置的结构图
1—进出气孔;2—活塞;3—进出气孔;4—通油口;5—进出气孔;6—活塞

图中夹紧动作分二步完成。首先压缩空气由 5 进入气缸 D 腔,推动活塞 6 右移,活塞 6 把低压油输出至夹紧油缸,实现预夹紧。预夹紧的情况和气动夹紧相似,行程较大,使夹紧元件很快接近工件。然后,再由 1 向 A 腔通入压缩空气,推动活塞 2 左移,把开口 4 封住,于是 C 腔成为密闭的油腔。此时实现增压,输出高压油,实现夹紧。松开时,由 3 通压缩空气进入 B 腔,同时 A 腔、D 腔接大气,于是恢复原位,实现松开。

图 3.52 是气－液增压装置的操纵原理图。

气－液增压的工作油缸体积很小,安装在夹具中灵活方便,一般多在压板夹紧机构上应用,图 3.53 即为应用的几个实例。

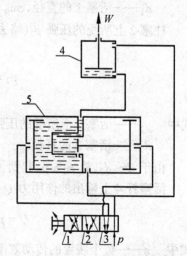

图 3.52　气－液增压装置的操纵原理图
1—高压夹紧;2—低压预夹紧;3—松开;4—夹紧油缸;5—气－液增压装置

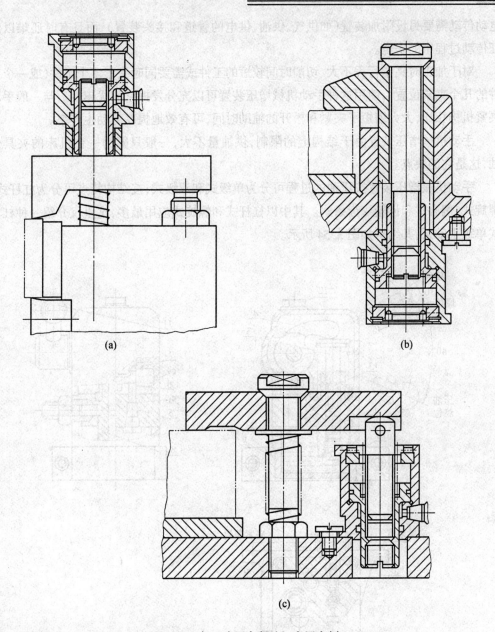

(a)　(b)

(c)

图 3.53　气 – 液压夹紧油缸应用实例

3.4.4　手动机械增压装置

手动机械增压装置是以人力操纵机械液压机构而获得高压油的一种增压装置,所以又称手动泵或手动增压器。它和气 – 液增压装置相比,具有控制方式简单、制造容易以及成本低的特点,同时在机床或夹具上安装和使用也很方便。因此,这种增压装置不仅适用于成批量生产,而且在小批量生产中也有推广价值。

在工作台回转或往复行程量较大的机床(如立车、镗床、龙门刨床、龙门铣床、平面磨床等)上,特别适合使用这种手动机械增压装置,因为在这些机床上如果使用气动、液动和电动传动需要另设附加装置(如供气、供油、供电的管道和接头装置),而且有时还难以保证传动过程中的安全。

对于加工时夹紧行程不大、切削时间较短的工件或需要同时夹紧多个工件(或一个工件的几个夹紧位置),使用这种手动机械增压装置可以充分发挥它的优越性。与一般手动夹紧机构相比,大大缩短了夹紧和松开的辅助时间,可有效地提高劳动生产率。

手动机械增压装置由于结构上的限制,供油量不大,一般只能为一台机床的夹具供油,这是它的缺点。

手动机械增压装置按压油的过程可分为单级式和双级式;按结构特点可分为杠杆式、螺旋式、偏心式和齿轮–齿条式。其中以杠杆式和螺旋式应用最多,这里仅介绍一种杠杆式单级手动泵,其结构如图 3.54 所示。

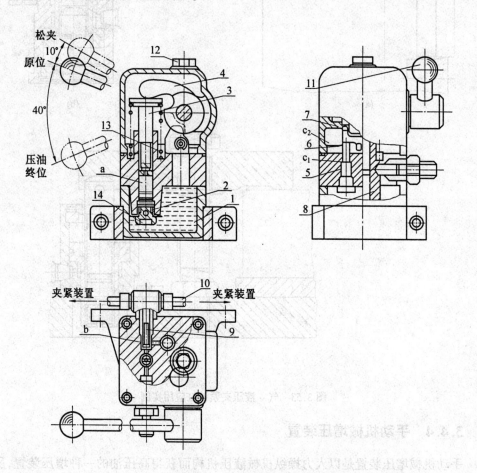

图 3.54　杠杆式单级手动泵

1—油池;2—单向阀;3—柱塞;4—转臂;5—钢球;6—导管;7—摆块;8—溢流阀;
9—单向阀;10—油管;11—手柄;12—油塞;13—弹簧;14—盖板

工作原理:当手柄 11 放松,柱塞 3 在弹簧 13 的作用下向上移动,油从油池 1 经单向阀 2 吸入 a 腔,压油时手柄 11 向下,a 腔中的油就经单向阀 9 和 b 腔进入夹具的各工作油缸(未画出)。工件加工完后将手柄 11 提到松开位置,手柄轴缺口推动摆块 7 和导管 6 将钢球 5 顶开,夹具中的单向作用工作油缸的油在弹簧作用下就经 c_1 和 c_2 孔流回油箱。件 8 为溢流阀,用来调节油的压力。

这种手动泵油的工作压力可达 17.6 MPa,柱塞往复一次的压油量为 3.64 mL。据在一台 24 孔立式组合机床(同时复合钻、扩孔)的夹具上为四个夹紧油缸供油的多年使用经验表明,这种夹紧手动泵可以适用于各种机床夹具。如果与自动回转或移动压板配合,则具有操作方便、夹紧迅速和可靠等优点。

手动泵的手柄作用力一般为 150 N,可以获得 9.9 ~ 19.6 MPa 的压力油,可见其增压效果是很显著的。

国内外生产的杠杆手动泵的技术性能参见有关书籍,这里就不详细介绍了。

3.5 夹紧装置设计实例

夹紧装置是夹具的重要组成部分之一,选择工件的夹紧方案必须与选择定位方法结合起来同时考虑。专用夹具的设计,是根据工艺人员在编制零件工艺规程时所提出的夹具设计任务书进行的,在设计任务书中要对定位基准、夹紧方案及有关要求作出说明。全部设计方法与步骤详见第 7 章,这里仅举一个夹紧装置设计实例,进行分析和计算。

3.5.1 工序加工要求

图 3.55 为离合器外壳零件铣顶面的工序简图,要求保证左右两端的厚度尺寸为 14 mm,表面粗糙度为 Ra6.3。因系大批量生产,故采用在双轴转盘铣床上,用粗、精两把端面铣刀对装夹在圆工作台上的多个工件进行连续加工。

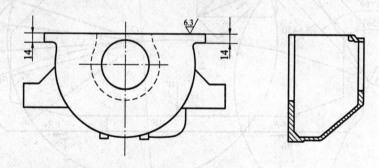

图 3.55 工序简图

3.5.2 定位夹紧方案

为保证工序加工要求,采用图 3.56 所示的定位夹紧方案,左右两个固定支承板限制 $\overset{\curvearrowright}{Y}$、$\overrightarrow{Z}$ 两个不定度,工件侧面用三个固定支承钉限制 $\overrightarrow{Y}$、$\overset{\curvearrowright}{Z}$ 及 $\overset{\curvearrowright}{X}$ 三个不定度。为防止工件夹紧变形,采用与三个侧面定位支承钉相对应的带有三个爪的可卸浮动压板,通过拉杆在工件内壁夹紧工件。

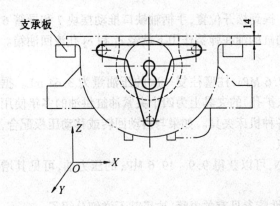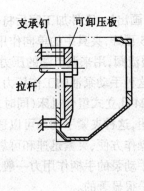

图 3.56 定位夹紧方案

3.5.3 夹紧力计算及夹紧元件的确定

工件在顶面的铣削加工过程中,在不同加工部位的切削力是变化的,故在计算夹紧力时需通过作图法找出对工件夹紧最不利的加工部位,据此计算所需的夹紧力 W。

在作切削力图解分析时,可将工件的圆周进给运动转化为铣刀中心相对工件做圆周进给运动,其步骤如图 3.57 所示。

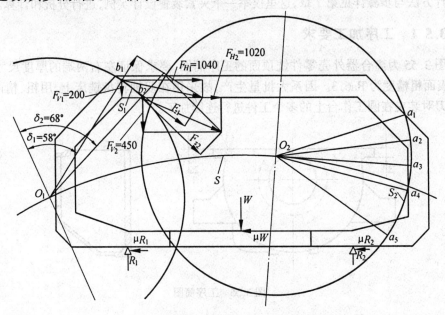

图 3.57 切削力图解分析

(1)以一定的比例划出工件在机床回转工作台上的布置图。

(2)划出铣刀中心相对工件作圆周进给运动的轨迹 S。

(3)划出对工件夹紧最不利的铣刀切削时的中心位置。

由图中可找出两个铣刀切削时的中心位置 O_2 和 O_1。虽然在 O_2 的位置上是圆周切削力最大时的铣刀中心位置,但由于加工时五个刀齿(a_1、a_2、a_3、a_4 和 a_5)切削时产生的 F_H 较小,且相互部分抵消,故需夹紧力不大。而 O_1 则是夹紧力最大的铣刀中心位置。

因在此位置上两个刀齿(b_1 和 b_2)切削时所产生的 F_H 最大,需要通过夹紧力产生的摩擦力来平衡。

铣刀中心处于 O_1 位置时的铣削切削分力 F_H 及 F_V 可按有关公式及切削力图解中得出为

$$F_{H_1} = 1\ 040\ (\text{N}) \quad F_{V_1} = 200\ (\text{N})$$

$$F_{H_2} = 1\ 020\ (\text{N}) \quad F_{V_2} = 450\ (\text{N})$$

为使夹紧力计算简化,设切削力、夹紧力和支反力处于同一平面上,且支反力减为 R_1 及 R_2 两个,取摩擦系数 $\mu = 0.3$,则按力的平衡方程式即可求出夹紧力 W。

$$\Sigma F_H = 0 \qquad F_{H_1} + F_{H_2} - \mu W - \mu R_1 - \mu R_2 = 0$$

$$R_1 + R_2 + W = \frac{F_{H_1} + F_{H_2}}{\mu}$$

$$W + R_1 + R = \frac{2\ 060}{0.3} = 6\ 867 \qquad (1)$$

$$\Sigma F_V = 0 \qquad W + F_{V_1} + F_{V_2} - R_1 - R_2 = 0$$

$$W - R_1 - R_2 = -F_{V_1} + F_{V_2}$$

$$R_1 + R_2 - W = 650 \qquad (2)$$

解方程式(1)及(2)得

$$W = 3\ 108.5\ (\text{N})$$

取安全系数为 $K = 2.5$,则实际夹紧力

$$W_0 = KW = 2.5 \times 3\ 108.5 = 7\ 770(\text{N})$$

经计算,作用在拉杆上的气缸可选用 $\phi 50$ mm 直径,此时在 $p = 0.5$ MPa 时可产生拉力为 8 584(N)。

第4章

夹具在机床上的定位、对刀和分度

4.1 夹具在机床上的定位

4.1.1 夹具在机床上定位的目的

为了保证工件的尺寸精度和位置精度,工艺系统各环节之间必须具有正确的几何关系。一批工件通过其定位基准面和夹具定位表面的接触或配合,占有一致的、确定的位置,这是满足上述要求的一个方面。夹具的定位表面相对于机床工作台和导轨或主轴轴线具有正确的位置关系,是满足上述要求另一个极为重要的方面。只有同时满足这两方面的要求,才能使夹具定位表面以及工件加工表面相对刀具及切削成形运动处于理想位置。

图4.1为铣键槽夹具在机床上的定位简图。为保证键槽在垂直平面及水平面内与工件轴线平行,要求夹具在工作台上定位时,保证V形块中心线与刀具切削成形运动(工作台纵走刀运动)平行。在垂直平面内这种平行度要求是由V形块中心线对夹具体底平面的平行度、以及夹具体底平面(夹具安装面)与工作台上表面(机床装卡面)的良好接触来保证的。在水平面内的平行度要求,则是靠夹具上两个定向键1嵌在机床工作台T形槽

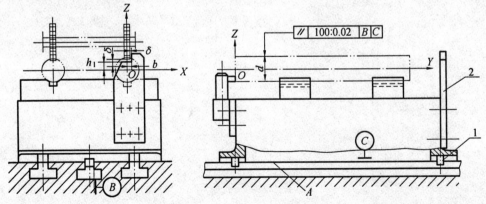

图4.1 夹具的定位
1—定向键;2—对刀块

内保证的。因此,对夹具来说,应保证 V 形块中心线对定向键 1 的中心线(或一侧)平行。

对机床来说,应保证 T 形槽中心(或侧面)对纵走刀方向平行。另外,定向键应与 T 形槽有很好的配合。

由上例可知,夹具在机床上的定位,其本质是夹具定位元件对刀具切削成形运动的定位。为此,就要解决好夹具与机床的连接与配合问题以及正确规定定位元件定位面对夹具安装面的位置要求。

4.1.2 夹具在机床上的定位方式

夹具通过连接元件实现其在机床上的定位,根据机床的结构与加工特点,夹具在机床上的连接定位通常有两种方式:夹具连接定位在机床的工作台面上(如铣、刨、镗、钻床及平面磨床等)及夹具连接定位在机床的主轴上(如车床,内、外圆磨床等)。

1. 夹具在工作台面上的连接定位

夹具在工作台面上是用夹具安装面 A 及定向键 1 定位的(图 4.1)。为了保证夹具安装面与工作台面有良好的接触,夹具安装面的结构形式及加工精度都应有一定的要求(见第 7 章)。除夹具安装面 A 之外,一般还通过两个定向键或定位销与工作台上的 T 型槽相配合,以限制夹具在定位时所应限制的不定度,并承受部分切削力矩,增强夹具在工作过程中的稳定性。

图 4.2(a)是定向键的标准结构,图(b)为与定向键相配合零件的尺寸。

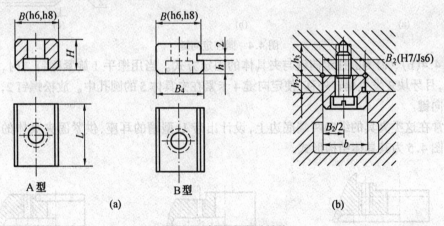

图 4.2 标准定向键结构

在小型夹具中,为了制造简便可用圆柱定位销代替定向键。图 4.3(a)为圆柱销直接装配在夹具体的圆孔中(过盈配合)。图 4.3(b)、(c)为阶梯形圆柱销及其连接形式。其螺纹孔是供取出定位销用的。

为了提高定向精度,定向键与 T 型槽应有良好的配合(一般采用 $\frac{H7}{h6}$,$\frac{H8}{h8}$),必要时定向键宽度可按机床工作台 T 型槽配作。图 4.2(a)中,尺寸 B_1 留磨量 0.5 mm,按机床 T 型槽宽度配作。两定向键之间的距离,在夹具底座的允许范围内尽可能远些。另外在夹具安装时应对 T 型槽精度进行检测,选择精度高的使用(一般工作台中间处 T 型槽精度较高),或使定向键靠向 T 型槽的一侧,以减少间隙造成的误差。定向键的材料常用 45 钢,淬火HRC40 ~ 45。

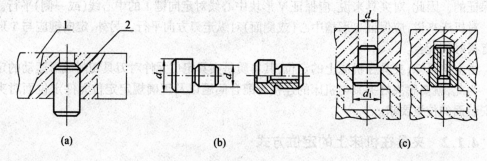

图 4.3　圆柱定位销

图 4.4(a)为圆柱定向键的结构。上部圆柱体与夹具体的圆孔相配合,下部圆柱体切出与 T 型槽宽度 b 相等的两平面。这可改善图 4.3 结构中圆柱部分与 T 型槽配合时易磨损的缺点。

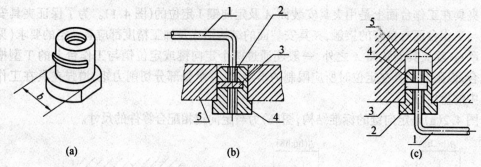

图 4.4　圆柱定向键

图 4.4(b)、(c)为圆柱定向键与夹具体的固定方式。当用搬手 1 旋紧螺钉 2 时,借助摩擦力,月牙块 3 发生偏转外移,使定向键 4 卡紧在夹具体 5 的圆孔中。放松螺钉 2,便可取出定向键。

通常在这类夹具的纵向两端底边上,设计出带 U 型槽的耳座,供紧固夹具体的螺栓穿过。图 4.5 为其具体结构形式。

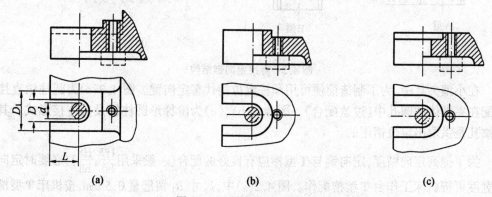

图 4.5　U 型槽耳座结构形式

2. 夹具在主轴上的连接定位

夹具在机床主轴上的连接定位方式,取决于机床主轴端部结构。图 4.6 为常见的几种连接定位方式。

在图 4.6(a)中夹具以长锥柄装夹在主轴锥孔中,锥柄一般为莫氏锥度。根据需要可用拉杆从主轴尾部将夹具拉紧。这种连接定位迅速方便,由于没有配合间隙,定位精度较高,即可以保证夹具的回转轴线与机床主轴心线有很高的同轴度。其缺点是刚度较低,故适用于轻切削的小型夹具。夹具轮廓直径 D 一般小于 140 mm,或 $D < (2 \sim 3) d_2$, d_2 为锥柄大端直径。为了保护主轴锥孔,夹具锥柄硬度应小于 HRC45。当夹具悬伸量较大时,应加尾座顶尖。

图 4.6(b)中夹具 1 以端面 B 和圆柱孔 D 在主轴上定位。圆柱孔与主轴轴颈的配合一般采用 H7/h6 或 H7/js6。这种结构制造容易,但定位精度较低。夹具的紧固依靠螺纹 M 两只压板 2 起防松作用。

图 4.6(c)中夹具用短锥面 K 和端面 B 定位。这种连接定位方式因没有间隙而具有较高的定心精度,并且连接刚度也较高。夹具制造时,除要保证锥孔锥度外,还需要严格控制其尺寸以及锥孔与端面 B 的垂直度误差,以保证夹具安装后,其锥孔与端面能同时和主轴端的锥面与台肩面紧密接触,否则会降低定位精度。因此制造比较困难。

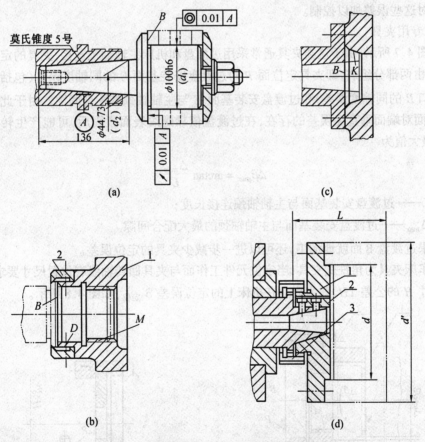

图 4.6 夹具在机床主轴上的连接定位方式

对于径向尺寸较大的夹具,一般通过过渡盘与机床主轴轴颈连接。过渡盘的一面与机床主轴连接,结构形式应满足所使用机床的主轴端部结构要求。过渡盘的另一面与夹具连接,通常设计成端面与短圆柱面定位的形式。图 4.6(d)所示的过渡盘也是较常用的结构形式。夹具以其定位孔按 H7/js6 或 H7/h6 装配在过渡盘 1 的凸缘 d 上,然后用螺钉紧固。此凸缘最好是将过渡盘装夹在所使用机床上以后加工,以保证与机床主轴有较高的同轴度。过渡盘以锥孔定心,用活套在主轴上的螺母3锁紧,扭转力矩由键2承受。

4.1.3 夹具在机床上的定位误差

夹具安装在机床上时,由于夹具定位元件对夹具体安装基面存在位置误差,夹具安装面本身有制造误差,夹具安装面与机床装卡面有连接误差,这就使夹具定位元件相对机床装卡面存在位置误差。为提高工件在夹具中加工时的加工精度,必需研究各类夹具定位误差的计算方法及减少这些误差的措施。

1. 车床夹具的定位误差

车床夹具定位误差可分心轴和专用夹具两方面,作如下计算。

(1)心轴

夹具的定位误差 $\delta'_{定位}$ 是由心轴工作表面轴心线对顶尖孔或对心轴锥柄轴心线的同轴度误差造成的。有时心轴安装基面(如顶尖孔或锥面)本身的形状误差也会有所影响。因此应对这些误差加以控制。

(2)专用夹具

如图4.7所示,由于这类夹具通常采用过渡盘和机床主轴轴颈连接,夹具的定位误差 $\delta''_{定位}$ 应由两部分组成,即夹具定位面 P 对过渡盘安装基面 E 的同轴度误差(包括定位面 P 对止口 B 的同轴度误差)和过渡盘安装基面 E 与主轴轴颈的配合间隙。由于此配合间隙及 E 面对端面垂直度误差的存在,在过渡盘依靠螺纹表面紧固后,可能产生转角误差 $\Delta\beta$,其最大值为

$$\Delta\beta_{\max} = \arctan\frac{\Delta_{\max}}{L}$$

式中 L——过渡盘安装基面与主轴轴颈连接长度;

$\Delta_{\max}$——过渡盘安装基面与主轴轴颈的最大配合间隙。

如果过渡盘 B 面就地加工,还可以进一步减少夹具的定位误差。

若车床夹具为角铁式夹具,当定位元件工作面与夹具回转轴线有位置尺寸要求时,夹具上尺寸 H 的公差 TH,即为夹具在机床上的定位误差 $\delta'_{定位}$,如图4.8所示。

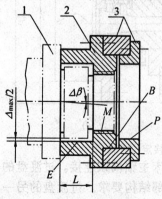

图4.7 车床专用夹具安装方式
1—主轴;2—过渡盘;3—夹具

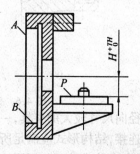

图4.8 角铁式夹具的定位误差

2.铣床夹具的定位误差

铣床夹具依靠夹具体底面和定向键侧面与机床工作台上平面及T型槽相连接,以保证定位元件对工作台和导轨具有正确的相对位置。实际相对位置与正确相对位置的偏离程度即为夹具的定位误差,它要造成加工尺寸误差,如图4.9所示。X方向的加工尺寸误差数值,可根据夹具安装时的偏斜角 $\Delta\beta$,定位元件对夹具定向键侧面的位置误差和加工面长度等有关参数加以计算。

其中铣床夹具安装时的偏斜角为

$$\Delta\beta = \arctan\frac{\Delta_{\max}}{L}$$

由此可知,为减小此项误差,安装定向键时应使它们靠向T形槽的同一侧。

3.钻床夹具的定位误差

用夹具钻孔时,工件孔的位置尺寸决定于钻套距定位元件的位置尺寸,而加工表面位置误差则要受夹具本身定位误差的影响。若夹具定位面 P 对安装基面 B 存在平行度误差,则由它所产生的夹具倾斜角 $\Delta\beta$(图4.10)会造成加工孔轴线与工件基准面的垂直度误差。由图可知

$$\Delta\beta = \arcsin\frac{\Delta Z}{L}$$

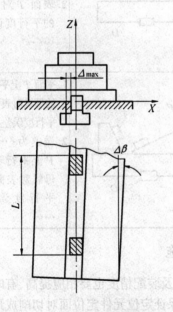

图4.9　铣床夹具的偏斜角度

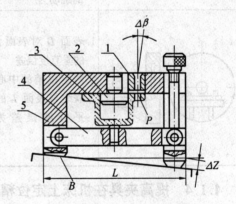

图4.10　钻模的倾斜角度
1—钻套;2—定位元件;3—工件;
4—夹紧机构;5—夹具体

为减小夹具在机床上的定位误差,设计夹具时定位元件定位面对夹具在机床上的安装面的位置要求,应在夹具装配图上标出,作为夹具验收标准之一。例如图4.1所示的铣床夹具,应规定定位元件——V形块中心线(以标准心棒 d 的中心线代表)对底面 A 及定向键侧面 B 的平行度精度(图中均为100:0.02)。在图4.6(a)所示的车床夹具中,应规定 ϕ100h6 圆柱面及台肩面 B 对锥柄锥面 A 轴心线的同轴度和垂直度精度(图中为 0.01 mm)。

表4.1为几种常见夹具定位元件的定位面对夹具定位面技术要求标注方法举例。各

项要求的允许误差取决于工序的加工精度,总的原则是加工中各项误差造成的工件加工误差应小于或等于工件的工序公差,一般夹具的定位误差应取工序有关尺寸或位置公差的 $\frac{1}{5} \sim \frac{1}{3}$。

表 4.1　几种常见夹具定位元件的定位面对夹具定位面的技术要求

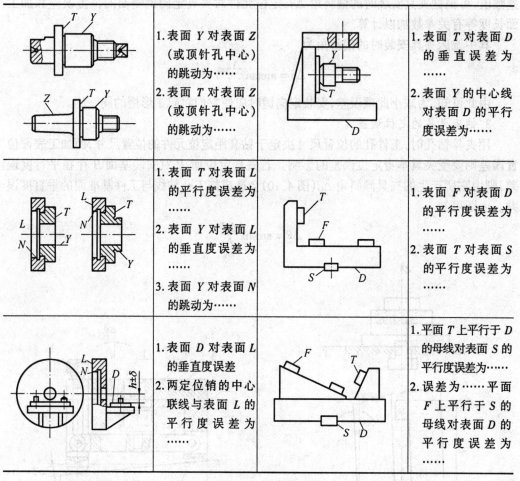

1. 表面 Y 对表面 Z（或顶针孔中心）的跳动为…… 2. 表面 T 对表面 Z（或顶针孔中心）的跳动为……	1. 表面 T 对表面 D 的垂直误差为…… 2. 表面 Y 的中心线对表面 D 的平行度误差为……
1. 表面 T 对表面 L 的平行度误差为…… 2. 表面 Y 对表面 L 的垂直度误差为…… 3. 表面 Y 对表面 N 的跳动为……	1. 表面 F 对表面 D 的平行度误差为…… 2. 表面 T 对表面 S 的平行度误差为……
1. 表面 D 对表面 L 的垂直度误差 2. 两定位销的中心联线与表面 L 的平行度误差为……	1. 平面 T 上平行于 D 的母线对表面 S 的平行度误差为…… 2. 误差为……平面 F 上平行于 S 的母线对表面 D 的平行度误差为……

4.1.4　提高夹具在机床上定位精度的措施

当工序的加工精度要求很高时,夹具的制造精度及装配精度也要相应提高,有时会给夹具的加工和装配造成困难。这时可采用下述方法保证定位元件定位面对切削成形运动的位置精度。

1. 对夹具进行找正安装

例如在安装前述铣键槽夹具时,在 V 形块内放入精密心棒 2,用固定在床身或主轴上的测表 1 进行找正(图 4.11),就可以获得所需要的夹具准确位置。

找正夹具在水平面内的位置时移动工作台,用表沿心棒侧母线 bb 进行测量。根据表针示值,调整夹具在水平面内的位置,直至表针摆动在允许范围内。找正垂直平面内位置时,用表沿心棒上母线 aa 测量,根据表针示值,在夹具底面与机床工作台面间加薄垫片,调整夹具高度,直至表针摆动在允许范围内。只要量表精度高,找正精心,就可以使夹具达到很高的位置精度。但夹具刚度可能下降，因此只能用于轻切削。

定向精度要求高的夹具和重型夹具，不宜采用定向键，而是在夹具体上加工出一条窄长平面作为找正基面，来找正夹具的安装位置。

这种方法是直接按切削成形运动确定定位元件定位面的位置的，避免了前述很多中间环节误差的影响，而且定位元件的定位面与夹具安装面的位置精度也不需过分严格要

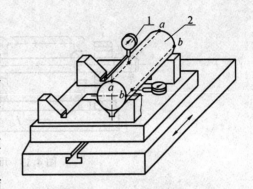

图 4.11　夹具的找正安装

求，因而便于夹具的制造。但是该法需要较长的找正时间和较高的技术水平。因此适用于夹具很少更换，以及用前述方法达不到夹具定位精度要求的情况。

2. 对定位元件定位面进行就地加工

夹具初步在机床上找正好位置后，即对其上定位元件的定位面进行加工，以"校准"其位置。如图 4.12(a)所示，机床主轴装上三爪卡盘后，在改用未经淬硬的卡爪内夹上圆盘 1，在夹紧状态下把卡爪定位面按夹紧工件所需尺寸加工出来。这样用切削成形运动本身来形成定位元件的定位面，便能准确地保证三爪的定位弧面 D 的中心线与主轴回转轴心线同轴，平而 B 与回转轴心线垂直。

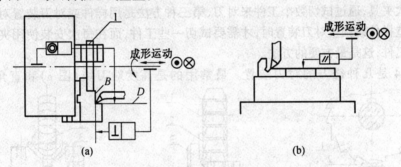

图 4.12　对定位表面进行就地加工

同样，在铣、刨、磨床上加工时，也可以在机床上对夹具上定位元件的定位面进行就地加工。如图 4.12(b)所示，用两个直线的切削成形运动形成定位元件的定位面，以达到它们对成形运动的平行度要求(铣、刨只限于加工不淬火的定位面)。

这种方法之所以能获得较高的夹具定位精度，也是由于避免了很多中间环节误差的影响。

在某些情况下，切削成形运动不是由机床所提供的，这时夹具在机床上的定位精度可不做严格要求。如图 4.13 所示，用镗模镗孔时加工的切削成形运动是镗刀的回转运动和工作台直线进给运动所组成。由于镗杆与机床主轴是柔性连接，切削成形运动精度由镗套保证。这时，定位元件定位面(一面两销)不需要对机床有非常严格的位置要求，因而夹具的安装比较简单。

此外，如铰孔、珩孔、研孔或拉孔等加工中，由于刀具与机床主轴成浮动连接(或工件浮动)，以加工表面本身为定位基面，因而夹具相对机床的位置也不需要严格要求。

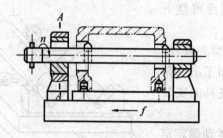

图 4.13　用镗模镗孔

4.2　夹具在机床上的对刀

夹具在机床上安装完毕,在进行加工之前,尚需进行夹具的对刀,使刀具相对夹具定位元件处于正确位置。下面分别对铣床夹具和钻床夹具在机床上的对刀进行分析。

4.2.1　铣床夹具的对刀

如图 4.1 所示,在 X 方向应使铣刀对称中心面与夹具 V 型块中心面重合,在 Z 方向应使铣刀的圆周刀刃最低点离标准心棒中心的距离为 $h_1 + \delta$。

对刀的方法通常有三种:一种方法为单件试切;第二种方法是每加工一批工件,即安装调整一次夹具,通过试切数个工件来对刀,第三种方法是用样件或对刀装置对刀,这时只是在制造样件或调整对刀装置时,才需要试切一些工件,而在每次安装使用夹具时,不需再试切工件,这是最方便的方法。

图 4.14 是几种铣刀的对刀装置。最常用的是高度对刀块(图 a)和直角对刀块

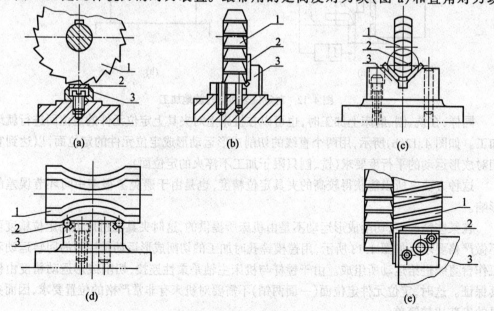

图 4.14　对刀装置

1—铣刀;2—塞尺(或圆柱);3—对刀块

（图 b）。图（c）和图（d）是为成型刀具用的对刀装置，图（e）是组合刀具对刀装置。

图 4.1 中采用的是直角对刀块 2 对刀。由于夹具制造时已经保证对刀块对定位元件定位面的位置尺寸 b 和 h_1，因此只要将刀具对准到离对刀块表面距离 δ 时，即认为夹具相对刀具位置已准确。铣刀与对刀块表面之间留有间隙 δ，并用塞尺进行检查，是为了避免刀具与对刀块直接接触而造成两者的擦伤，同时也便于测量接触情况、控制尺寸。间隙 δ 一般取 1、2 或 3 mm。

用对刀装置对刀时影响对准精度的因素有：

（1）测量调整误差。如用塞尺检查铣刀与对刀块之间的距离 δ 时会有测量误差。

（2）定位元件定位面相对对刀装置的位置误差。为减少这项误差，要正确确定对刀块对刀表面的位置尺寸及其公差。同时这些位置尺寸都应以定位元件定位面为基准标注，以避免产生基准转换误差。

图 4.15（b）为对刀块工作表面的位置尺寸标注示例，图 4.15（a）为工件工序图。对刀块工作表面的位置尺寸由 V 形块的标准心棒中心注起。对刀块顶面的位置尺寸 H_1 按工序尺寸平均值（$H - \dfrac{T_H}{2}$）及塞尺厚度 δ 决定

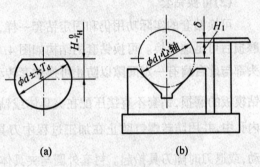

$$H_1 = H - \frac{T_H}{2} - \delta$$

图 4.15　对刀块位置尺寸的标注

4.2.2　钻床夹具中刀具的对准和导引

在钻床夹具中，通常用钻套实现刀具的对准，如图 4.16 所示，加工中只要钻头对准钻套，所钻孔的位置就能达到工序要求。当然，钻套和镗套还有增强刀具刚度的作用。

1. 钻套的四种形式（图 4.17）

（1）固定钻套

图 4.17（a）为固定钻套的两种结构，A 型为无肩的，B 型为带肩的。带肩的主要用于钻模板较薄时，用以保持钻套必要的导引长度。钻套外圆以 $\dfrac{h7}{n6}$ 或 $\dfrac{H7}{r6}$ 配合直接压入夹具体或钻模板孔中。这种钻套的缺点是磨损后不易更换，因此主要用于中小批生产用的钻床夹具上或用来加工孔距小和孔距精度要求较高的孔。为防止切屑进入钻套孔内，钻套的上下端应以稍突出钻模板为宜，一般不能低于钻模板。

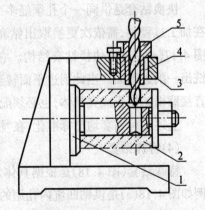

图 4.16　用钻套对刀

1—定位元件；2—工件；3—钻模板；
4—固定钻套；5—快换钻套

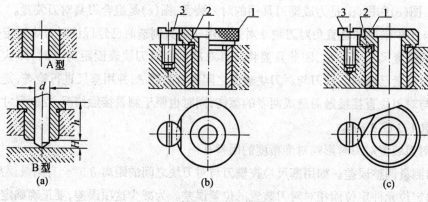

图 4.17　各类钻套

1—可换钻套;2—衬套;3—防转螺钉

(2)可换钻套

可换钻套的实际功用仍和固定钻套一样,可供钻、扩、铰孔工序使用,在批量较大时,磨损后可迅速更换。可换钻套的结构如图 4.17(b)所示,它的凸缘铣有台肩,防转螺钉的头部与此台肩有一定间隙以防止可换钻套转动。拧去螺钉便可取出可换钻套。为了避免钻模板的磨损,钻套不直接压配在夹具体或钻模板上,而是以$\dfrac{H7}{g6}$或$\dfrac{H6}{g5}$的配合装进衬套的内孔中,并用防转螺钉防止在加工过程中刀具、切屑与钻套内孔的摩擦力使钻套产生转动,或退刀时随刀具抬起。衬套外圆与夹具体或钻模板的配合采用$\dfrac{H7}{n6}$或$\dfrac{H7}{r6}$。

(3)快换钻套

快换钻套是供同一个孔须经多个加工工步(如钻、扩、铰、锪面、攻丝等)所用的。由于在加工过程中,需依次更换取出钻套,以适应不同加工刀具的需要,所以采用快换钻套。图 4.17(c)是标准快换钻套结构。它除在其凸缘铣有台肩以供防转螺钉压住外,同时还铣出一削边平面。当此削边平面转至钻套螺钉位置时,便可向上快速取出钻套。为防止直接磨损钻模板或夹具体,也必须配有衬套。

上述三种钻套均已标准化,在"机床夹具设计手册"中可查到。

(4)特殊钻套

特殊钻套(图 4.18)是根据具体加工情况自行设计的,以补充标准钻套性能的不足。例如图 4.18(a)是供钻凹坑内孔用的;图 4.18(b)是供钻圆弧或斜面上孔用。为了使钻头有良好的起钻条件和钻套具有必要的导引长度,它们在结构上都与标准钻套不同。图 4.18(c)是加工三个孔距很小的内孔,无法分别采用钻套时所应用的一种特殊钻套。图 4.18(d)是用在滑柱式钻模上的一种特殊钻套。因需用它压紧工件,故钻套与衬套之间用螺纹连接,而且衬套台肩在下面。为了保证加工精度,除螺纹连接外,还要增加一段圆柱面与衬套配合。

2.钻套导引孔尺寸和公差的确定

在选用标准结构的钻套时,钻套导引孔的尺寸与公差需由设计者按下述原则确定。

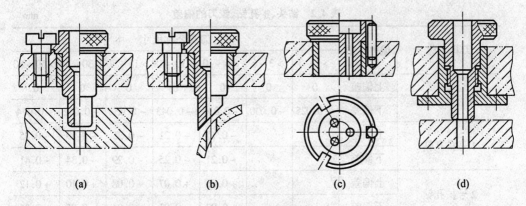

图 4.18 特殊钻套

（1）钻套导引孔直径的基本尺寸，应等于所导引刀具的最大极限尺寸，以防止卡住和咬死。

（2）钻套导引孔与刀具的配合，应按基轴制选定，这是因为这类刀具的结构和尺寸均已标准化。

（3）钻套导引孔与刀具之间应保证有一定的配合间隙，以防卡死。导引孔的公差带根据所导引刀具的种类和加工精度要求选定，钻孔和扩孔选 F7、F8；粗铰时选 G7；精铰时选 G6。

（4）当采用标准铰刀铰 H7 或 H9 孔时，导引孔的基本尺寸与加工孔的基本尺寸相同，公差选用 F7 或 E7。

（5）标准钻头的最大尺寸就是所加工孔的基本尺寸，故钻头导引孔的基本尺寸与加工孔的基本尺寸相同，公差取 F7。

（6）若刀具加工时不是用切削部分而是用导柱部分引导，则可按基孔制的相应配合 $\dfrac{H7}{f7}$、$\dfrac{H7}{g6}$ 或 $\dfrac{H6}{g5}$ 选取。

例 1 现欲加工 $\phi16H7$ 孔，分钻、扩、铰三个工步，先用 $\phi14.3$ mm 麻花钻钻孔，再用 $\phi16$ mm 的 1 号扩孔钻扩孔，最后用 $\phi16H7$ 的铰刀铰孔，试求各工步所用快换钻套孔径的尺寸和公差。

解 $\phi14.3$ mm 麻花钻的最大极限尺寸为 $\phi14.3$ mm，取规定的公差为 F8，即 $\phi14.3^{+0.040}_{+0.016}$ mm。

根据 GB 1141—73，选用 $\phi16$ mm 的 1 号扩孔钻进行扩孔，扩孔钻的尺寸为 $\phi16^{-0.21}_{-0.25}$ mm。扩孔钻的最大极限尺寸为 $\phi15.79$ mm，故扩孔时钻套孔径的尺寸与公差为：$\phi15.79F8$，即 $\phi15.79^{+0.040}_{+0.016}$ mm。

铰孔选用 GB 1133—73 中的标准铰刀，其尺寸为 $\phi16^{+0.015}_{+0.007}$ mm，按规定取铰孔时钻套的尺寸与公差为 $\phi6.015G7$，即 $\phi16.015^{+0.025}_{+0.006}$ mm，圆整后可写成 $\phi16^{+0.040}_{+0.021}$ mm。

表 4.2 列出了常用的钻头、扩孔钻以及铰刀的偏差数值，供设计时参考。

表 4.2　钻头、扩孔钻、铰刀的偏差　　　　　　　　　mm

刀具名称	偏差极限	刀具公称尺寸						
		>1~3	>3~6	>6~10	>10~18	>18~30	>30~50	>50~80
麻花钻	上偏差	0	0	0	0	0	0	0
	下偏差	-0.025	-0.030	-0.036	-0.043	-0.052	-0.062	-0.074
1号扩孔钻	上偏差			-0.17	-0.21	-0.25	-0.29	-0.35
	下偏差			-0.21	-0.25	-0.29	-0.34	-0.41
2号扩孔钻	上偏差			+0.06	+0.07	+0.08	+0.10	+0.12
	下偏差			+0.02	+0.03	+0.04	+0.05	+0.06
H7级铰刀	上偏差	+0.008	+0.010	+0.013	+0.015	+0.018	+0.022	+0.024
	上偏差	+0.004	+0.005	+0.006	+0.007	+0.009	+0.011	+0.012
H9级铰刀	上偏差	+0.015	+0.019	+0.023	+0.026	+0.034	+0.038	+0.045
	下偏差	+0.008	+0.010	+0.013	+0.014	+0.018	+0.021	+0.024
H10级铰刀(粗铰刀)	上偏差	+0.030	+0.036	+0.044	+0.053	+0.063	+0.075	+0.090
	下偏差	+0.021	+0.024	+0.029	+0.035	+0.042	+0.050	+0.060

注：(1)1 号扩孔钻用于铰孔前扩孔；2 号扩孔钻用于 H11 级精度孔的最后加工。

(2)铰刀是指手用铰刀、直柄机用铰刀、锥柄机用铰刀、套式机用铰刀；不包括带刃倾角锥柄机用铰刀。

3.钻套高度和钻套与工件距离

(1)钻套高度

钻套高度由孔距精度、工件材料、孔加工深度、刀具耐用度、工件表面形状等因素决定，一般在材料强度高，钻头刚度低(钻头悬伸长度与直径之比大于 15)和在斜面上钻孔时，采用长钻套。

钻一般的螺钉孔、销子孔，工件孔距精度在 ±0.25 mm 或是自由尺寸公差时，钻套的高度取 $H = (1.5 \sim 2)d$，如图 4.19 所示。钻套内径采用基轴制 F8 的公差。

加工 IT6、IT7 级精度，孔径在 $\phi 2$ mm 以上的孔或加工工件孔距精度要求在 $\pm 0.10 \sim \pm 0.15$ mm 时，钻套的高度取 $H = (2.5 \sim 3.5)d$。钻套内径采用基轴制 G7 的公差。

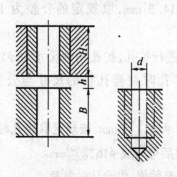

图 4.19　钻套高度 H

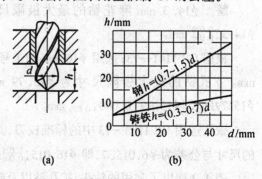

图 4.20　钻套与工件的空隙

加工 IT7、IT8 级精度的孔和孔距精度要求在 ±0.06 ~ ±0.10 mm 时,钻套的高度取 $H = (1.25 \sim 1.5)(h + B)$。

(2)钻套与工件的距离

钻套与工件间留有一定的距离 h,如图 4.20(a)。如果 h 太大,会增大钻头的倾斜量,使钻套不能很好的导向。h 过小,切屑排出困难(特别是钢件),不仅会增大工件加工表面的粗糙度,有时还可能将钻头折断。

h 值可按下面经验公式选取:

加工铸铁、黄铜时,$h = (0.3 \sim 0.7)d$

加工钢件时,$h = (0.7 \sim 1.5)d$

图 4.20(b)给出了加工钢和铸铁时 h 与 d 的关系。

材料越硬则式中的系数应取小值,钻头直径越小,也即钻头刚性越差,式中的系数取最大值,以免切屑堵塞而使钻头折断。

但是下面几种特殊情况需另考虑:

①在斜面上钻孔(或钻斜孔)时,钻头最易引偏,为保证起钻良好,h 应尽可能小一些 $(h \approx 0.3d)$。

②孔的位置精度要求高时,可取 $h = 0$,以保证钻套有较好的导引作用,而让切屑从钻头的螺旋槽中排出。这样排屑条件反比只留很小 h 值的要好,但此时钻套磨损严重。

③钻深孔(孔的长径比 $\dfrac{B}{d} > 5$)时,要求排屑畅快,可取 $h = 1.5d$。

此外,各种钻套内孔和外圆的同轴度不应大于 0.005 mm。

4. 钻床夹具导套位置尺寸的标注

图 4.21(b)为钻床夹具导套位置尺寸的标注示例。导套轴心线离定位元件定位面的距离尺寸 $L_{夹}$,按图 4.21(a)工件工序尺寸 L 的平均值确定

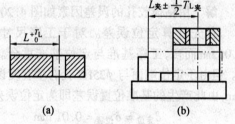

$$L_{夹} = L + \frac{T_L}{2}$$

(a)   (b)

图 4.21 钻套位置尺寸的标注

对刀元件位置尺寸公差 $T_{L夹}$ 一般取相应工序尺寸公差的 $\dfrac{1}{3} \sim \dfrac{1}{5}$。

5. 影响对刀精度的因素

对于钻床夹具,影响对刀精度的因素很多,如图 4.22 所示。直接影响因素主要有:

(1)$T_{L夹}$ 为钻模板底孔轴心线到定位表面距离的公差,mm;

(2)Δ_1 为钻头与快换钻套的最大配合间隙,mm;

(3)e_1 为快换钻套内外圆的同轴度公差,mm;

(4)e_2 为固定衬套内外圆的同轴度公差,mm;

(5)Δ_2 为固定衬套与快换钻套的最大配合间隙,即 $\Delta_2 = D_{max} - d_{min}$;

(6)E 为快换钻套中钻头末端的偏斜,mm。

$$E = \Delta_1 \cdot \frac{B + h + \dfrac{H}{2}}{H} (\text{mm})$$

式中　B——工件的加工厚度,mm;

　　　h——快换钻套与工件间的距离,mm;

　　　H——决换钻套高度。

由于误差因素很多,且都有独立随机的性质,故对刀误差 $\delta_{对刀}$ 应按概率法合成,即

$$\delta_{对刀} = \sqrt{T_{L夹}^2 + \Delta_2^2 + e_1^2 + e_2^2 + (2E)^2} \,(mm)$$

通常将与夹具相对刀具及切削成形运动位置有关的加工误差,称为夹具的对定误差,以 $\delta_{对定}$ 表示。其中包括与夹具相对刀具位置有关的加工误差 $\delta_{对刀}$ 和与夹具切削成形运动的位置有关的加工误差 $\delta_{对机}$。即

$$\delta_{对定} = \delta_{对刀} + \delta_{对机}$$

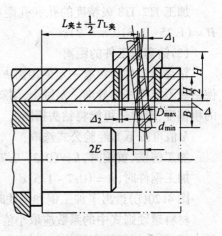

图 4.22　钻模对刀误差

例 2　在一套筒形工件上加工一 $\phi6H7$ 的孔,图 4.23 为其工序简图。工件以 $\phi25H7$ 为第一定位基准,端面 B 为第二定位基准,安装在图 4.22 所示的夹具上。$\phi6H7$ 孔的最后工序为精铰。铰刀直径为 $\phi6^{+0.010}_{+0.005}$ mm,快换钻套与铰刀的配合选 G6(快换钻套孔径为 $\phi6^{+0.022}_{+0.014}$ mm),铰刀尺寸允许磨损到 $\phi6 - 0.005$ mm。快换钻套与固定衬套的配合为 $\phi12\dfrac{H6}{g5}$。快换钻套的内外圆柱面及衬套内外圆柱面的同轴度公差为 $e_1 = e_2 = \phi0.01$ mm。快换钻套高度 $H = 18$ mm,快换钻套与工件的距离 $h = 2$ mm。试判断该导引装置能否满足加工要求? 如不满足应采取何措施?

解　用钻模铰孔的误差因素如图 4.20 所示。

首先计算定位误差。对于工序尺寸 37.5 ± 0.06 mm 而言,工序基准与定位基准重合。$\delta_{不重} = 0$。但由于定位端面与 $\phi25H7$ 孔有垂直度误差 0.01 mm,由此产生的基准位置误差即为定位误差

$$\delta_{定位} = \delta_{位置} = 0.01 \text{ mm}$$

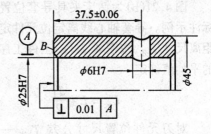

图 4.23　钻、铰孔工序简图

计算对刀误差。直接造成对刀误差的因素为:

(1)钻模板底孔轴心线到定位表面的距离公差 $T_{L夹}$。其值取相应工序尺寸公差的 $\dfrac{1}{5}$,即

$$T_{L夹} = \frac{1}{5}T_L = \frac{1}{5} \times (\pm 0.06) = \pm 0.024 \text{ mm}$$

(2)铰刀与快换钻套配合的最大间隙 Δ_1

$$\Delta_1 = (6 + 0.022) - (6 - 0.005) = 0.027 \text{ mm}$$

(3)固定衬套与快换钻套配合的最大间隙 Δ_2,两者的配合为 $\phi12\dfrac{H6}{g5}$,故

$$\Delta_2 = 0.011 + 0.014 = 0.025 \text{ mm}$$

(4)铰刀末端在快换钻套中的单边偏斜 E

$$E = \Delta_1 + \frac{B + h + \frac{H}{2}}{H} = 0.027 \times \frac{10 + 2 + 9}{18} = 0.032 \text{ mm}$$

式中　　B——工件加工厚度；　　　　$B = \frac{1}{2}(45 - 25) = 10 \text{ mm}$

　　　　h——快换钻套到工件的距离。　　$h = 2 \text{ mm}$

(5)快换钻套内外圆的同轴度公差

$$e_1 = \phi 0.01 \text{ mm}$$

(6)固定衬套内外圆的同轴度公差

$$e_2 = \phi 0.01 \text{ mm}$$

对所有误差进行概率合成

$$\delta_{对刀} = \sqrt{(0.024)^2 + (0.027)^2 + (0.025)^2 + (0.01)^2 + (0.01)^2 + (2 \times 0.032)^2} \approx 0.078 \text{ mm}$$

本例中 $\delta_{对机}$ 可忽略不计，$\delta_{对定} = \delta_{对刀}$。

$$\delta_{对定} > \frac{1}{3} T_L = \frac{1}{3}(\pm 0.06) = \pm 0.02 \text{ mm}$$

计算结果不能满足误差不等式。考虑到本例定位误差较小，夹紧误差可忽略不计，则

$$\delta_{安装} = \delta_{定位} = 0.01 \text{ mm}$$

$$\delta_{安装} + \delta_{对定} = 0.01 + 0.078 = 0.088 \text{ mm}$$

因为 $\delta_{安装} + \delta_{对定} > \frac{2}{3} T_L$，故仍不能满足要求。其原因是铰刀与快换钻套的间隙 Δ_1 太大。如若对铰刀的尺寸磨损量加以限制，只允许磨损到 $\phi 6$，则间隙可缩小到 $\Delta_1 = 0.022 \text{ mm}$。

重新计算得

$$\delta_{对定} = 0.062 \text{ mm}$$

$$\delta_{安装} + \delta_{对定} < \frac{2}{3} T_L$$

这时虽可以满足加工精度要求，但铰刀的使用寿命却缩短了。

4.3　夹具的转位和分度装置

　　在机械加工中，经常会遇到一些工件要求在夹具里一次装夹中加工一组表面，如孔系、槽系、多面体等。由于这些表面是按一定角度或一定距离分布的，因而要求夹具在工件加工过程中能进行分度。即当工件加工完一个表面后，夹具的某些部分应能连同工件转过一定角度或移动一定距离，可实现上述要求的装置叫做分度装置。

　　分度装置能使工件的加工工序集中，装夹次数减少，从而可提高加工表面间的位置精度，减轻劳动强度和提高生产效率，因此广泛应用于钻、铣、镗等加工中。

　　分度装置可分为两大类：回转分度装置及直线分度装置。由于这两类分度装置的结构原理与设计方法基本相同，而生产中又以回转分度装置的应用为多，故本节主要分析和介绍回转分度装置。

4.3.1 分度装置的基本形式

分度装置按其工作原理可分为机械、光学、电磁等形式,按其回转轴的位置又可分为立轴式、卧轴式、斜轴式三种。

图4.24(a)为用以钻扇形工件上,如图4.24(b)五个等分孔的机械式分度夹具。工件以短圆柱凸台和平面在转轴4及分度盘3上定位,以小孔在菱形销1上周向定位。由两个压板9夹紧。分度销8装在夹具体5上,并借助弹簧的作用插入分度盘相应的孔中,以确定工件与钻套间的相对位置。分度盘3的孔座数与工件被加工孔数相等,分度时松开手柄6,利用手柄7拔出分度销8,转动分度盘直至分度销插入第二个孔座;然后转动手柄6轴向锁紧分度盘,这样便完成一次分度。当加工完一个孔后,继续依次分度直至加工完毕工件上的全部孔。

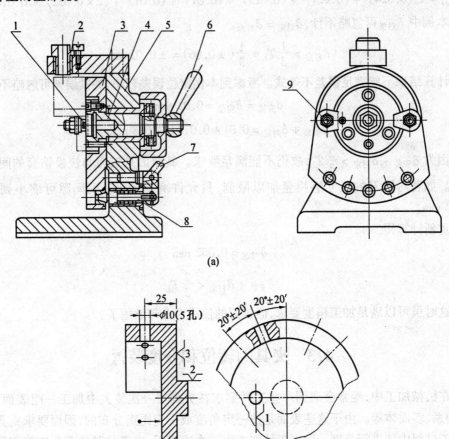

(a)

(b)

图4.24 钻孔用分度夹具

1—菱形销;2—钻套;3—分度盘;4—转轴;5—夹具体;

6—锁紧手柄;7—拔销手柄;8—分度销;9—压板

由本例知,用机械式分度装置实现分度必须有两个主要部分,即分度盘和分度定位机构。一般分度盘与转轴相连,并带动工件一起转动,用以改变工件被加工面的位置。分度定位机构则装在固定不动的分度夹具的底座上。此外,为了防止切削中产生振动及避免分度销受力而影响分度精度,还需要有锁紧机构,用来把分度后的分度盘锁紧到夹具体上。

根据分度盘和分度定位机构相互位置的配置方式,分度装置又可分为:

1. 轴向分度装置

分度与定位是沿着与分度盘回转轴线相平行的方向进行的,如图 4.25 所示。

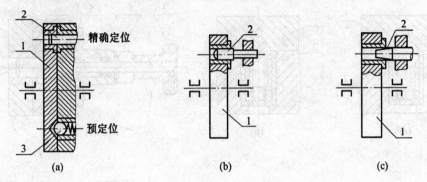

图 4.25 轴向分度装置

(a)钢球与圆柱销联合定位;(b)圆柱销定位;(c)圆锥销定位

1—分度盘;2—对定元件;3—钢球

2. 径向分度装置

分度和定位是沿着分度盘的半径方向进行的,如图 4.26 所示。

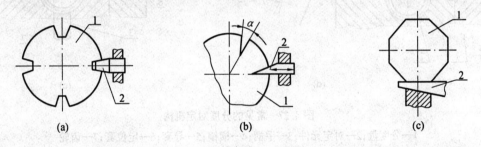

图 4.26 径向分度装置

(a)双面斜楔定位;(b)单面斜楔定位;(c)正多面体 – 斜楔定位

1—分度盘;2—对定元件

4.3.2 分度装置的对定机构

用分度或转位夹具加工工件时,各工位加工获得的表面之间的位置精度与分度装置的分度定位精度有关。分度定位精度与分度装置的结构形式和制造精度有关。分度装置的关键部分是对定机构,它是专门用来完成分度、对准、定位的机构。

当分度盘直径相同时,如果分度盘上分度孔(槽)相距分度盘的回转轴线越远,则由于对定机构存在某种间隙所引起的分度转角误差也越小。因此,径向分度的精度,要比轴向分度精度高,这是目前高精度分度装置常采用径向分度方式的原因之一。

图 4.27 为常见的对定机构,图(a)(b)是最简单的对定机构,这种机构靠弹簧将钢球或球头销压入分度盘锥孔内实现定位。分度转位时,分度盘 1 自动将钢球或球头销压回,不需要拔销。由于分度盘上所加工的锥坑较浅,其深度不大于钢球半径,因此定位不可靠。如果分度盘锁紧不牢固,则当受到很小的外部转矩的作用时,分度盘便会转动,并有将钢球从锥坑中顶出的可能。这种对定机构仅用于切削负荷很小而分度精度要求不高的场合,或者用做某些精密对定机构的预定位。

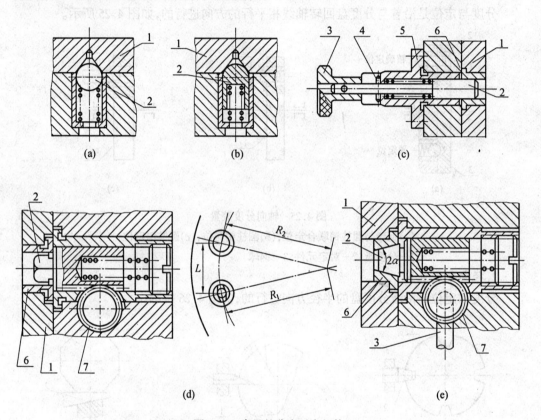

图 4.27　常见的分度对定机构

1—分度盘;2—对定元件;3—手柄;4—横销;5—导套;6—定位套;7—齿轮

图 4.27(c)圆柱销对定机构,它主要用于轴向分度。这种对定机构结构简单、制造容易。当对定机构间有污物或碎屑沾附时,圆柱销的插入会将污物刮掉,并不影响对定位元件的接触,但无法补偿由于对定元件间配合间隙所造成的分度误差,故分度精度不高,主要用于中等精度的钻、铣夹具中。

图 4.27(d)所示的对定机构采用菱形销,是为了避免对定销至分度盘回转中心距离 R_1 与衬套孔中心至其回转中心距离 R_2 误差较大时,对定销插不进衬套孔。

圆柱销对定机构的分度误差可按图 4.28 进行分析。由于分度盘两相邻孔的孔距存在误差,分度盘所镶衬套的内孔、外圆间有同轴度误差,对定销与分度盘衬套孔有间隙,对定销与基体衬套孔间也存在间隙,因此在一次分度时会产生两种极端情况,它们与理想情况的差别即为分度误差。

设分度盘两相邻定位衬套 1 和 2 间的理想中心距离为 L,分度盘相邻两孔 A、B 的中心距离的最大偏差为 $\pm T_L/2$。当对定销先插入分度衬套 1 的孔中时,如果对定销与分度衬套 1 在右边接触,而与基体衬套孔 3 在左边接触,则分度盘孔 A 中心相对衬套孔 3 中心向左偏离了

$$\frac{1}{2}(\Delta_1 + \Delta_2 + e)$$

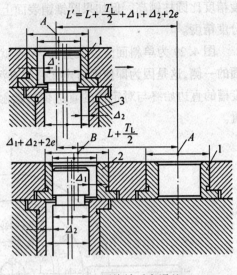

图 4.28　圆柱销对定误差

式中　Δ_1——对定销与分度盘衬套孔最大配合间隙;

　　　Δ_2——对定销与基体衬套孔最大配合间隙;

　　　e——分度盘衬套内外圆同轴度误差。

当分度盘转位到对定销插入分度衬套 2 的孔中时,如果对定销与分度盘衬套孔 2 在左边接触,而与基体衬套孔 3 在右边接触,则分度盘孔 B 中心相对衬套孔 3 向右偏离了

$$\frac{1}{2}(\Delta_1 + \Delta_2 + e)$$

分度盘实际转过的最大距离(L')为

$$L' = L + \frac{T_L}{2} + \Delta_1 + \Delta_2 + e$$

如将上式减去理想中心距离 L,即为一次分度的两个极端情况下所造成的位置误差

$$\Delta L = L' - L = \frac{T_L}{2} + \Delta_1 + \Delta_2 + e$$

对于直线分度来说,ΔL 即为分度误差;对于回转分度来说,尚须考虑回转部分配合间隙的影响,如图 4.27(d),此时产生的转角误差 δ_a 可按下式计算

$$\delta_a = \pm \arctan \frac{\Delta L + \Delta_3}{R}$$

式中　Δ_3——回转轴与分度盘配合孔最大配合间隙;

　　　R——回转轴轴心至分度盘衬套孔轴心的距离。

为了减少分度误差,就应减少上述各项误差组成部分,亦即合理地制订对定机构各元件的制造公差、选择配合种类。一般对定销与衬套孔的配合选用 $\frac{H7}{g6}$,分度盘相邻孔距公差 $T_L \leq 0.06$ mm。精密分度夹具相应精度为 $\frac{H6}{h5}$,$T_L \leq 0.04$ mm。特别精密的分度装置应保证 $\Delta_1 = \Delta_2 \leq 0.01$ mm。

为了减小和消除配合间隙,提高分度精度,可以采用锥面对定销,如图 4.27(e)。这种对定方法理论上 $\Delta_1 = 0$,因为圆锥销与分度孔接触时,能消除两者的配合间隙,所以分

度精度比圆柱销高。但如果圆锥销表面上沾有污物,将会影响对定元件的良好接触,影响分度精度。

图 4.29 为单斜面分度装置,其特点就在于它能将分度的转角误差,始终分布在有斜面的一侧,这是因为即使因对定元件沾有污物等原因引起对定销轴向位置发生变化,但分度槽的直边始终与对定销的直边保持接触,所以不影响分度精度,故常用于精密分度装置。

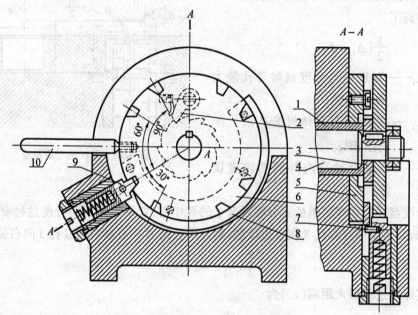

图 4.29 斜面分度装置

1—固定套;2—棘爪;3—棘轮;4—轴;5—盘;6—分度盘;7—销;8—凸轮;9—斜面销;10—手柄

图 4.30 所示的对定机构中,销子为开口可涨开的,除了能消除 Δ_1 外,同时还能消除对定销与导向套之间的间隙,使 $\Delta_2 = 0$,斜角 α 常取 $15°$。

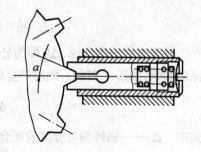

图 4.30 消除间隙的对定机构

4.3.3 分度装置的拔销及锁紧机构

1.手拉式拔销机构

如图 4.27(c)所示,向外拉手柄 3 时将与其固定在一起的对定销 2 从定位衬套 6 中拉出,横销 4 从导套 5 右端的窄槽中通过。将手柄转过 $90°$,横销便搁置在导套的端面上。将分度盘转过预定的角度后,将手柄重新转回 $90°$。当继续转动分度盘使分度孔对准对定销时,对定销便插入定位套 6 中。

2.旋转式拔销机构

如图 4.31 所示,转动手柄 7 时,轴 3 通过销 4 带动对定销 1 旋转,由于对定销 1 上有曲线槽(螺钉 8 的圆柱头卡在其间),故一面旋转一面右移,退出定位孔。

3. 齿轮齿条式拔销机构

如图 4.27(d)(e)所示,对定销 2 上有齿
条与手柄 3 上转轴上的齿轮 7 相啮合。顺时
针转动手柄,齿轮带动齿条右移,拔出对定
销。依靠弹簧的压力对定销插入定位套。

4. 凸轮式拔销机构

如图 4.29 所示,分度盘 6 的圆周面上开
有单斜面分度槽,分度盘 6 和棘轮 3 用键与
主轴右端相连接。棘爪 2 和半环形凸轮 8 装
在盘 5 上,盘 5 空套在固定套 1 上。顺时针
转动装在盘 5 上的手柄 10 时,棘爪在棘轮上
打滑,主轴不转动,凸轮 8 通过销 7 将对定销

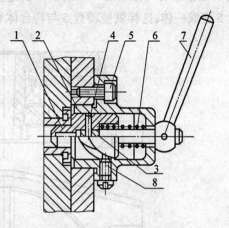

图 4.31　旋转式拔销机构

退出。反转手柄 10,棘爪带动棘轮,主轴与分度盘一起转动,当对定销对准第二个槽时,
对定销在弹簧作用下自动推入,完成分度。

5. 锁紧机构

为了增强分度装置工作时的刚性及稳定性,防止加工时因切削力引起振动,当分度装
置经分度对定后,应将转动部分锁紧在固定的基座上,这对铣削加工等尤为重要。当在加
工中产生的切削力不大且振动较小时,也可不设锁紧机构。图 4.32 为比较简单的锁紧机
构。

图 4.32(a)为旋转螺杆时左右压块向中心移动的锁紧机构;图(b)为旋转螺杆时压板
向下偏转的锁紧机构;图(c)为旋转螺杆压块右移的锁紧机构;图(d)为旋转螺钉压块上移
的锁紧机构。

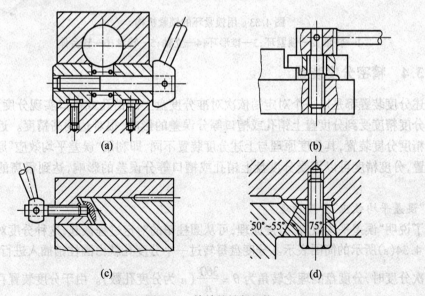

图 4.32　简单的锁紧机构

图 4.33 为立轴式转台中常用的锁紧环式锁紧机构,其工作原理是转动带有螺纹的转

轴 1,压紧带有内锥面的开口锁紧环 2,迫使锥形环 3 向下移动,锥形环 3 通过立轴 4 与转盘 5 连成一体,这样就使转盘 5 与转台体 6 紧密接触,达到锁紧的目的。

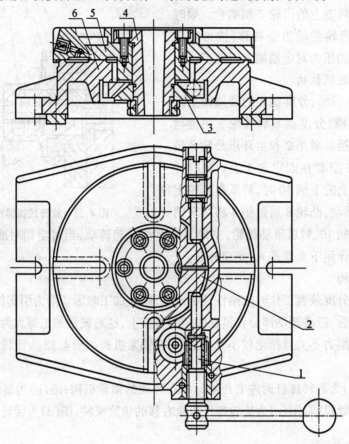

图 4.33　用锁紧环的锁紧机构

1—转轴;2—锁紧环;3—锥形环;4—立轴;5—转盘;6—转台体

4.3.4　精密分度装置

上述分度装置都是以一个对定销依次对准分度盘上的销孔或槽口实现分度定位的。它们的分度精度受到分度盘上销孔或槽口等分误差的影响,很难达到高精度。近年来出现的高精度分度装置,其分度原理与上述分度装置不同,即利用"误差平均效应"原理设计分度装置,分度精度可以不受分度盘上销孔或槽口等分误差的影响,达到很高的分度精度。

1."误差平均效应"分度原理

为了说明"误差平均效应"分度原理,可从圆柱销的对定过程谈起,这种分度对定方法可用图 4.34(a)所示的简图表示。分度盘每转过一个分度孔就由圆柱销插入进行对定。

每次分度时,分度盘的理论转角为 $\theta = \dfrac{360°}{n}$(n 为分度孔数)。由于分度装置存在制造误差和配合间隙,因此各个分度孔的实际位置并非完全均匀分布,即每次分度都有分度误差。当分度盘由孔 1 转至孔 2 时,分度盘实际转过的角度不是 θ,而是 $\theta + \Delta\theta_1$。同理,分度盘由孔 2 转至孔 3 时,分度盘实际转过的角度为 $\theta + \Delta\theta_2$,…依此类推,分度盘每次分度的转角误差应为 $(\theta + \Delta\theta_1) - \theta = \Delta\theta_1$;$(\theta + \Delta\theta_2) - \theta = \Delta\theta_2$;… $(\theta + \Delta\theta_n) - \theta = \Delta\theta_n$。因此,用一个圆柱销对定分度,分度转角误差将直接传给工件。

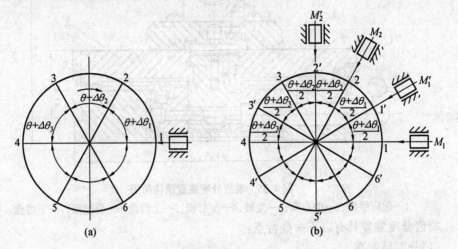

图 4.34　分度误差平均效应示意图

　　如果仍采用分度盘,但却用两个圆柱销 M_1、M_2 同时对定,如图(b)所示。用两个圆柱销同时进行对定,就相当于在两个圆柱销的中点有一个 M' 的圆柱销在起对定作用。这时分度的进行不是按 1、2、3…诸单个分度孔对定,而是按 1 – 2、2 – 3、3 – 4…等相邻两个分度孔同时均匀对定。因而分度动作转化为 M'_i,圆柱销按 1 – 2、2 – 3、3 – 4…等位置的中点对定,即按 1'、2'、3'…等位置完成对定。这样,分度盘每次实际转角为

$$\left(\frac{\theta + \Delta\theta_1}{2} + \frac{\theta + \Delta\theta_2}{2}\right)、\left(\frac{\theta + \Delta\theta_2}{2} + \frac{\theta + \Delta\theta_3}{2}\right)、\cdots$$

分度盘的分度转角误差为

$$\left(\frac{\theta + \Delta\theta_1}{2} + \frac{\theta + \Delta\theta_2}{2}\right) - \theta = \frac{\Delta\theta_1 + \Delta\theta_2}{2}$$

$$\left(\frac{\theta + \Delta\theta_2}{2} + \frac{\theta + \Delta\theta_3}{2}\right) - \theta = \frac{\Delta\theta_2 + \Delta\theta_3}{2}$$

$$\vdots$$

$$\left(\frac{\theta + \Delta\theta_{n-1}}{2} + \frac{\theta + \Delta\theta_n}{2}\right) - \theta = \frac{\Delta\theta_{n-1} + \Delta\theta_n}{2}$$

　　由此可见,在分度盘精度相同的情况下,采用两个圆柱销同时对定时,所产生的分度转角误差是分度盘上两相邻孔位置误差的平均值,与用一个圆柱销进行对定相比,转角误差因均分布而减小。如果在圆周上增加同时工作的圆柱销的数目,则分度转角误差会得到更多的均化,分度精度得到更大的提高。利用这一分度原理可以在不提高分度装置制造精度的条件下,获得较高的分度精度。

　　2.端齿盘分度装置

　　图 4.35 为齿的端齿分度装置,图中上齿盘 5 为工作台,下齿盘 7 为底座。转动起落手柄 1,上、下齿盘脱开,按照分度圈 6 上的刻度,可将上齿盘相对下齿盘转过一个需要的角度进行预分度,然后落下上齿盘两齿盘相啮合,就完成了分度动作。

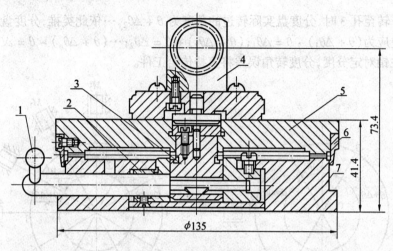

图 4.35　端齿分度装置结构简图

1—起落手柄;2—中心套;3—立轴;4—反射镜;5—上齿盘;6—分度圈;7—下齿盘

端齿分度装置具有以下一些特点:

(1)分度精度高

端齿分度装置是"平面齿轮"多齿啮合的"误差平均效应"在圆分度器中的应用。端齿盘实际是两个直径、齿数、齿形相同的"平面齿轮"。当齿轮的两个相对表面旋转一个角度强迫进入啮合时(齿根对齿顶),它就锁紧在一个由大多数齿面接触状况共同确定的某一位置,不能再旋转和侧向移动。其实,上齿盘相当于一般分度装置中的分度盘,下齿盘上的全部齿相当于对定销。正是由于上下齿盘的全部齿都参加对定,因此端齿盘的分度输出误差,就因"误差平均效应"而大大减小。

端齿盘一般分度精度为 $\pm 3'' \sim \pm 6''$ 左右,最高可达 $\pm 0.1''$。根据分度精度的高低生产的端齿盘分为普通级、精密级及超精密级。

(2)分度范围大

端齿盘的齿数可任意确定,以适应各种角度的分度需要。齿数为 360 齿的端齿盘,最小分度值为 $1°$,720 齿的端齿盘,最小分度值为 $0.5°$,若齿数为 1440,则最小分度值为 $15'$。

此外,利用双层结构的齿盘和差动分度方法,可实现角度的细分。如图 4.36 所示,A、B、C 构成双层齿盘。B 齿盘双面有齿,它和 A 齿盘啮合的齿数是 $Z+1$ 齿;而和 C 齿盘啮合的齿数是 Z 齿。设 $Z=360$ 齿。当 A 齿盘与 B 齿盘一起相对 C 齿盘顺时针方向转过一齿时,其转角为 $\dfrac{360°}{Z}=\dfrac{360°}{360}=1°$。然后,$A$ 齿盘又相对 B 齿盘逆时针方向

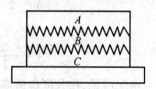

图 4.36　差动端齿盘示意图

退回一齿,则 A 齿盘相对 C 齿盘顺时针方向转过的角度为

$$\frac{360°}{360} - \frac{360°}{361} = 360°\left(\frac{1}{360} - \frac{1}{361}\right) = \frac{360°}{360} \times \frac{1}{361} = \frac{1°}{361} \approx 10'$$

因而实现了角度细分。

(3)精度的重复性和保持性好

一般的机械分度装置,随着使用时间的增长而引起磨损,分度精度逐渐降低。而端齿

盘却与此相反。

端齿盘的精加工是依靠多次易位研磨，"肥"的齿研得多，"瘦"的齿研得少，所以齿盘上齿的尺寸、形状、节距都趋向均匀一致，故可得到很高的精度。在端齿盘的使用过程中，即相当于上下齿盘在继续不断地进行对研，因此使用越久，上下齿盘啮合越好，分度精度的重复性和保持性也就越好。

(4)刚度高

在工作中整个端齿盘分度装置，由于齿面的共同锁紧，形成一个整体，因而刚度高。

3.钢球盘分度装置

图 4.37 为钢球盘分度装置的工作原理，该装置的上下两个钢球盘分别用一圈相互挤紧的钢球代替上述端齿盘的端面齿。所用钢球的直径和几何形状的一致性、钢球分布的均匀性，对装置的分度精度和承载能力影响很大，须经严格挑选，其直径尺寸偏差及球的面轮廓度误差均应控制在 $0.3~\mu m$ 内。

图 4.37　钢球盘分度装置工作原理

钢球盘分度装置除了分度精度高(可达 ±1″)外，与端齿盘分度相比较，还有结构简单、制造方便的优点(钢球可选购)，其缺点是承载能力较低，并且随着负荷的增大，分度精度有所下降。故适用于负荷较小而精度要求高的场合。

图 4.38 为钢球分度盘结构示意图。图中 13、6 为上下分度盘、其端面上各嵌有钢球若干粒。其数量与分度机构的最小角度值有关。图中 10 为粗分度圈，并兼有径向限位作用。4 为端面凸轮升降机构。当转动端面凸轮升降机构时，上下分度盘分开，这时旋转上分度盘到某一角度后停止，反向转动升降机构，上分度盘下落，两盘在新的位置上锁紧，分度运动完成。

4.电感分度装置

图 4.39 为精密电感分度装置，其主要部分为转台 1 的内齿圈和两个嵌有线圈的齿轮2、3 所组成的电感发讯系统——分度对定装置。转台 1 的内齿圈与齿轮 2、3 的齿数、模数均相等，齿数根据最小分度角度确定。齿轮皆为变位齿轮，内齿用正变位，外齿用负变位。

齿轮 2、3 装在分度装置底座上固定不动，每个齿轮都开有环形槽，槽内装有线圈 L_1和 L_2(圈数 100 匝，线径 0.2 mm)，并以青铜垫 6 和衬套 5 隔磁。装配时，齿轮 2 和 3 的齿错开半个齿距。内齿圈和齿轮的齿顶之间留有 0.10~0.15 mm 的间隙，以便于转台 1 顺利回转。

线圈 L_1 和 L_2 接入图 4.40 的电路中，交流电源经过磁饱和稳压器 1T，接变压器 2T 初级。2T 有两个次级线圈分别与线圈 L_1 和 L_2 连接，次级线圈电压均为 46 V。L_1 和 L_2 内的电流大小与 L_1 和 L_2 的电感量有关，此电流经桥式全波整流后用直流电表 A 测量。由于 L_1 的电流经整流后流经电流表为 i_1，L_2 的电流经整流后为 i_2，两者方向相反，因此，电流表的示值为两个电流的差值 $i_1 - i_2$。

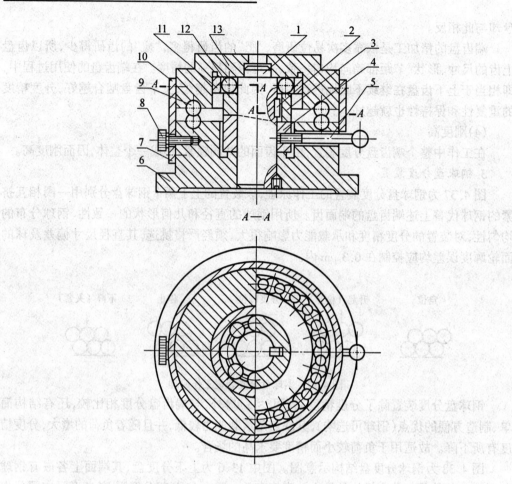

图4.38　钢球盘分度装置结构示意图

1—轴;2—键;3—滑套;4—端面凸轮;5—升降手柄;6—下分度盘;7—垫块;8—锁紧螺钉;
9—钢球;10—分度圈;11—衬套;12—球轴承;13—上分度盘

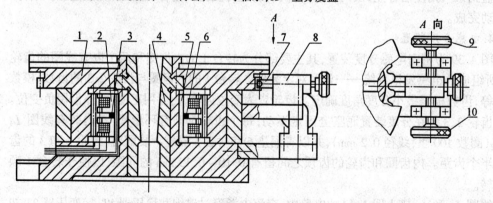

图4.39　电感分度装置

1—转台;2、3齿轮;4—轴;5—衬套;6—青铜垫;7—插销;8—插销座;9、10—调整螺钉

分度时转台的内齿圈转动,L_1 和 L_2 的电感量将随着齿轮 2、3 与转台内齿圈的相对位置不同而变化。如图所示,齿顶对齿顶时磁路中气隙最小、磁阻最小,电感量最大,齿顶

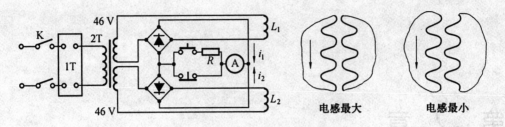

图 4.40　电感分度装置电路图

对齿谷时,磁路中气隙最大,磁阻最大电感量最小。因此转台转动时,L_1 和 L_2 的电感量将周期性变化。由于两个绕线齿轮在装配时相错半个齿距,所以两个线圈的电感量,一个增加,另一个必然减少。即时而 i_1 增加、i_2 减少,时而 i_2 增加,减少。因而电流表指针在一定范围内摆动。当两齿轮相对内齿轮处于中间位置时,两个线圈电感量相等,此时电表示值为零。

分度时以直流电表示值为零时作起点,拔出插销 7,按所需转角将转台 1 转至相应位置,然后将插销插入转台 1 的外齿圈内(其齿数与内齿圈相同),实现预对定。利用上述电感发讯原理,拧动调整螺钉 9 或 10,通过插销座 8 和插销 7,推动转台一起回转进行微调。当电流表示值重新指在零位时,表示转台已精确定位,完成精密分度。

由于电测系统可获得高灵敏度,而此系统中的电感量是综合反映内外齿轮齿顶间隙的变化,因此齿轮齿距的不等分误差,可以得到均化,从而大大提高分度精度,其累积误差不超过 $10'$。而且分度元件不会磨损,故可长久保持其精度不变。

第 5 章

各类机床夹具的结构特点

由于各类机床加工工艺和夹具与机床连接方式的不同,每一类机床夹具都有其各自的结构特点。本章在前述各种夹具元件和装置设计的基础上,着重分析和介绍各类机床夹具的结构特点。

5.1   钻床夹具

在各种钻床或组合机床上,用来钻、扩、铰各种孔所采用的装置,称为钻床夹具。这类夹具的特征是装有钻套和安放钻套用的钻模板,故习惯上称之为"钻模"。

5.1.1   钻床夹具的主要类型及其适用范围

钻床夹具的类型很多,根据被加工孔的分布情况可分为以下五类。

1.固定式钻模

这类钻模在使用过程中是固定在钻床工作台上的,因此这类钻模的夹具体上,设有专供夹压用的凸缘或凸边。如图 5.1 所示,在阶梯轴工件之大端钻孔,工序图已确定了定位

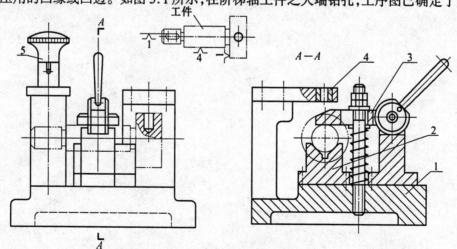

图 5.1   固定式钻模
1—夹具体;2—V 形块;3—偏心压板;4—钻套;5—手动拔销

基准,钻模上采用 V 形块及其端面和限制角度不定度的手动拔销定位,用偏心压板夹紧,夹具体周围留有供夹紧用的凸缘。

固定式钻模用于立式钻床时一般只能加工单孔,用于摇臂钻床时,则常加工位于同一钻削方向上的平行孔系。加工直径大于 10 mm 的孔,则需将钻模固定,以防止工件因受切削力矩而转动。

2. 回转式钻模

在钻削加工中,回转式钻模使用得较多,它用于加工工件上同一圆周上的平行孔系,或加工分布在同一圆周上的径向孔系,如图 5.2 所示。回转式钻模的基本型式有立轴、卧轴和斜轴三种。而钻套一般是固定不动的。

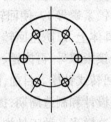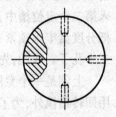

图 5.2　用回转式钻模加工工件上的孔系

图 5.3 所示是在轴类工件的圆周上钻三个相隔 90°孔的卧轴式回转钻模,工件以小圆柱面及端面在夹具上定位。转动手柄 5,通过螺钉 4 将工件夹紧。

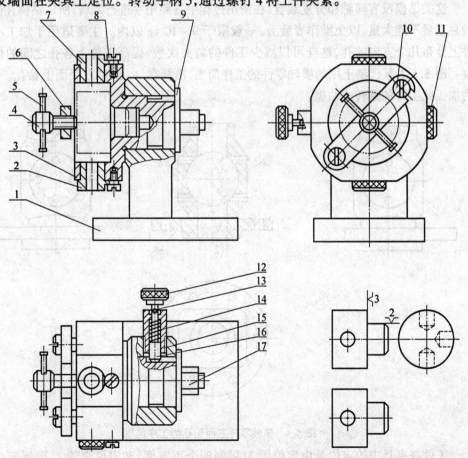

图 5.3　回转式钻模

1—夹具体;2、7—钻套;3—回转分度盘;4—夹紧螺钉;5—手柄;6—回转压板;8—止动螺钉;9—垫圈;10—螺钉;11—钻套;12—滚花螺母;13—小销;14—弹簧;15—套筒;16—对定销;17—锁紧螺母

　　为了控制工件每次转动的角度,必须设有回转分度盘和对定销装置。图中回转分度盘 3 的转轴上,开有相隔 90°的三条定位槽与工件上(或与夹具上的钻套)的三个孔相对应,对定销 16 在弹簧 14 作用下紧紧插入定位槽中,当钻好第一个孔后,转动滚花螺母 12,对定销 16 以及固定于销轴上的小销 13 一起转动,依靠套筒 15 上端面的斜面作用将对定销 16 从定位槽中拔出,将回转分度盘 3 回转 90°,当滚花螺母回转到原位时,对定销便插入第二个定位槽中,转动锁紧螺母 17,使回转分度盘和夹具体 1 的接触面上产生摩擦力,把分度盘牢牢锁紧在夹具体上,以防止回转分度盘在加工过程中产生振动,这样便可钻第二个孔了。依此,先松开锁紧螺母,再拔销、分度、插销、锁紧,就可继续钻下一个孔了。

　　上例是一个专用的回转式钻模。目前,除了大批量生产或因特殊需要须自行设计专用回转钻模外,为了缩短设计和制造周期,提高工艺装备的利用率,夹具的回转分度部分,都采用标准回转工作台,这样当一种工件加工完了之后,只要从标准回转工作台上拆下并更换上其他夹具,即可用于另一种工件的加工。

　　3. 翻转式钻模

　　这类钻模没有转轴和分度装置,在使用过程中需要用手进行翻转,所以钻模连同工件的总重量不能太重,以免操作者疲劳,一般限于 9～10 kg 以内。主要适用于加工小型工件上分布几个方向的孔,这样可以减少工件的装夹次数,提高工件上各孔之间的位置精度。图 5.4 为某仪器上用的横轴零件的工序简图,需要在 A、B、C 三个面上钻孔。图 5.5 为加工此工件的翻转式钻模。

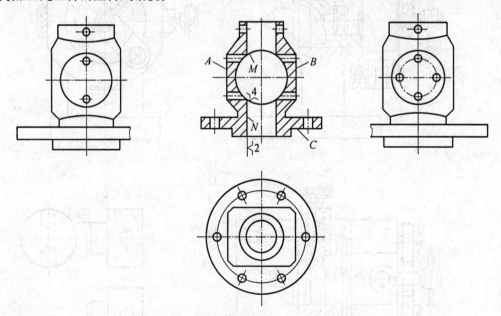

图 5.4　模轴零件三面钻孔的工序简图

　　工件在夹具中的定位是由定位销 3(限制四个不定度)和定位套筒 1(限制两个不定度)来实现。为了避免重复定位,定位套筒 1 采用活动结构,它在钻模板 2 和定位轴 4 的圆柱部分上定位。定位轴 4 又是插销式的,以便使工件上的 M 孔套装在定位销 3 上以后,穿过 N 孔(定位销 3 上有预先制好的通孔,以便让定位轴 4 通过)用来确定套筒 1 的正

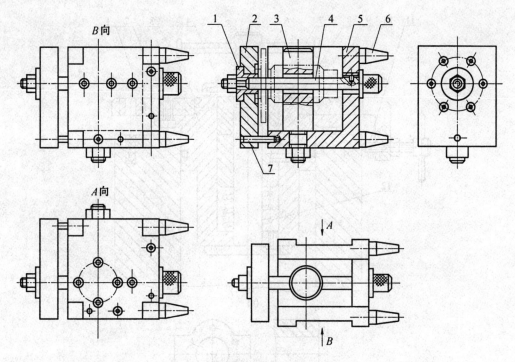

图 5.5　翻转式钻模

1—定位套筒；2—钻模板；3—定位销；4—定位轴；5—夹具体；6—支脚；7—小销

确位置。钻模板 2 的转动由固定在夹具体 5 上的小销 7 限制，拧紧螺帽，即可通过套筒 1 夹紧工件。

有一些工件，从正面装入夹具紧固后，要在背面上钻孔，往往也采用翻转式钻模加工。

4. 盖板式钻模

盖板式钻模没有夹具体，钻模板上除了钻套以外，还有定位元件和夹紧装置。加工时，钻模板像盖子一样覆盖在工件上。

图 5.6(a) 是加工立柱形工件端面上五个孔用的盖板式钻模。工件以已加工好的孔和两个平面定位，如图 5.69(b)，钻模板 1 在内胀器组件 3 上定位并用螺钉 2 紧固。内胀器由螺杆 6、带斜面槽的套筒 8 和三个沿径向分布的滑柱 9 等元件所组成。内胀器以外圆与工件内孔配合，工件内孔的端面以内胀器上的三个平面支钉定位，并保证钻模板至工件被加工表面的排屑空间。拧动螺母 5，通过垫圈 4、筒套 7 使带斜面槽的套筒 8 产生轴向移动，推动三个滑柱 9 均匀伸出，把工件孔胀紧。锁圈 10 用来防止滑柱掉出和松开工件时内收。螺钉 11 用来实现盖板式钻模的角度定位，与之接触的定位基准为工件上的侧平面。

盖板式钻模的优点是结构简单轻巧，清除切屑方便。对于体积大而笨重工件的小孔加工，采用盖板式钻模最为适宜。对于中小批生产，凡需钻铰后立即进行倒角、锪窝、攻丝等工步时，采用盖板式钻模也极为方便，这时在钻铰孔后，随即取下盖板式钻模，就可进行上述后续工步的加工。但是，盖板式钻模每次需从工件上装卸，比较费事，故钻模的重量一般不宜超过 10 kg。由于经常装拆，辅助时间多，故不宜用于大批大量生产。

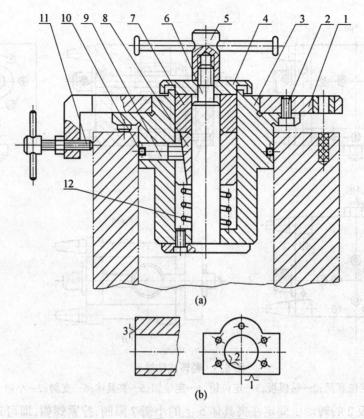

图 5.6　盖板式钻模

1—钻模板;2—螺钉;3—内胀器;本垫圈;S 夹紧螺母;6—螺杆;7—套筒;
8—斜面套筒;9—滑柱;10—锁圈;11—螺钉;12—弹簧

5.滑柱式钻模

　　这种钻模是一种带有升降钻模板的通用可调夹具,在生产中应用较广泛。图 5.7 是手动滑柱式钻模的通用结构,它由钻模板 1、三根滑柱 3、夹具体 4 和传动、锁紧机构所组成。这几部分的结构已标准化,可预先制好备用。使用时,只要根据工件的形状、尺寸和工序加工要求,专门设计制造相应的定位、夹紧装置和钻套等,装在夹具体的平台或钻模板上的适当位置,就可用于不同工件的加工。使用时转动手柄 6,经过齿轮齿条的传动和左右滑柱的导向,便能顺利地带动钻模板上下升降,将工件夹紧或松开。

　　钻模板在夹紧工件或上升到一定高度以后,必须自锁。锁紧装置的种类很多,但用得最广泛的是圆锥锁紧装置(见图 5.7 右下角的原理图)。其工作原理是,齿轮轴的左端制成螺旋齿轮,与中间滑柱后侧的斜齿条相啮合,其螺旋角均为 45°,轴的右端制成正反双向锥体,锥度为 1:5,与夹具体 4 及套环 7 的锥孔配合。当钻模板下降接触工件后,转动手柄6 继续施力,则钻模板通过夹紧元件将工件夹紧。由于螺旋齿轮与斜齿条的啮合,使齿轮轴 5 产生轴向分力,把齿轮轴 5 向左拉,从而使锥体楔紧在夹具体的锥孔中。由于锥角小于两倍摩擦角,故能自锁。当加工完毕,钻模板上升到一定高度时,由于钻模板的自重作用,使齿轮轴 5 产生向右的拉力,齿轮轴的另一段锥体楔紧在套环 7 的锥孔中,将钻模板锁紧在任一高度的位置上,防止钻模板自动下降而影响工件的装卸。

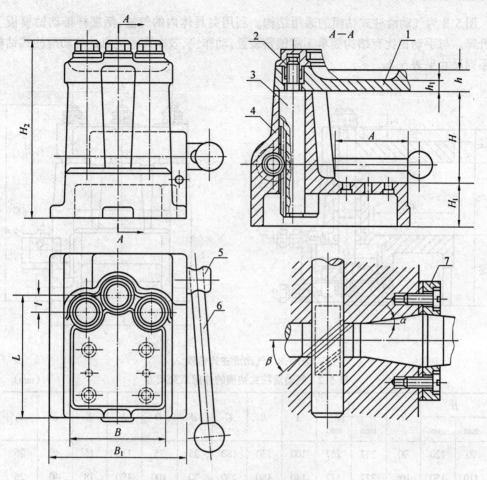

图 5.7　手动滑柱式钻模

1—钻模板；2—锁紧螺帽；3—滑柱；4—夹具体；5—螺旋齿轮轴；6—手柄；7—套环

这类钻模已经标准化，表 5.1 为部分系列尺寸，供设计时参考。

表 5.1　手动滑柱式钻模的外廓系列尺寸　　　　　　　　(mm)

H		H_1	H_2	I	A	B	B_1	L	h	h_1
min	max									
60	85	30	125	10	60	85	115	80	23	14
80	120	40	160	10	80	110	140	115	28	14
105	155	50	205	10	105	140	180	150	35	20
130	190	60	250	12	130	170	210	180	45	20
155	225	70	295	12	160	205	255	220	55	27

　　手动滑柱式钻模的机械效率较低，夹紧力不大。此外，由于滑柱和导向孔为间隙配合（一般为 $\dfrac{H7}{f7}$），因此被加工孔的垂直度和孔的位置尺寸难以达到较高的精度。但是，它的突出优点是：自锁可靠，结构简单，操作迅速方便，通用可调性好。所以在大量生产和中小批量生产中都广泛地采用，适用于中小工件上孔与端面的垂直度精度低于 0.1 mm 的孔加工。

图 5.8 为气动滑柱式钻模的通用结构。利用夹具体内的气缸、活塞杆带动钻模板上下升降。与手动相比有结构简单不需锁紧装置,动作快、效率高等优点。气动滑柱式钻模的系列尺寸见表 5.2。

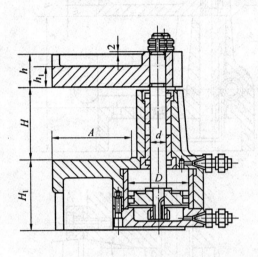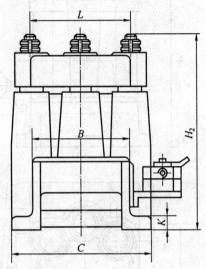

图 5.8　气动滑柱式钻模

表 5.2　气动滑柱式钻模的外廓系列尺寸 （mm）

H		H_1	H		A	B	C	d	D	L	K	h	h_1
min	max		min	max									
90	120	90	237	267	100	130	180	25	75	130	15	40	26
110	150	105	277	317	140	180	230	30	100	180	18	40	26

5.1.2　钻床夹具的结构特点及其设计

钻床夹具与其他机床夹具比较,它的结构特点是有钻套和钻模板。钻套结构及其设计已在前面提及,现主要介绍钻模板和钻模支脚的结构及其设计。

1.钻模板

钻模板是供安装钻套用的,要求具有一定的强度和刚度,以防止由于变形而影响钻套的位置精度和导向精度。常用的有如下几种类型:

(1)固定式钻模板

这种钻模板是直接固定在夹具体上而不可移动的,因此利用固定式钻模板加工孔时所获得的位置精度较高,但有时对于装卸工件不甚方便。

固定式钻模板与夹具体的连接,一般采用如图 5.9 所示的两种结构,图(a)为销钉定位、螺钉紧固的结构,图(b)为焊接结构,亦可采用整体铸造结构。这些结构都比较简单、制造容易,可根据具体情况选用。

(2)铰链式钻模板

钻模板与夹具体为铰链连接,如图 5.10 所示,铰链钻模板 2 用铰链轴 1 与夹具体 4 连接在一起,铰链钻模板可绕铰链轴 1 翻转,翻传后用经过淬火的平面支钉 3 限位,保证

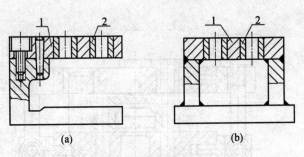

图 5.9　固定式钻模板

1—钻模板；2—钻套

钻模板处于水平位置。钻模板与夹具体间在铰链处的轴向间隙，以及两者的轴向位置要求，利用配合精度或垫片 5 来调整、控制配合间隙为 $0.01 \sim 0.02$ mm，或者用钻模板上的定位销 6，在夹具体上相应的开口槽中按 $\dfrac{H7}{f7}$ 配合来控制轴向位置。钻模板的另一端铣有开口槽，加工过程中，利用菱形头螺钉 7，与开口槽对准或成 $90°$，钻模板便可翻合或固紧。铰链式钻模板翻起后，利用钻模板铰链处上部的凸缘，与夹具体边缘接触，以便于钻模板搁置在稍大于垂直面的适当位置上，而不致翻转过大，影响快速操作。铰链轴与夹具体孔配合为 $\dfrac{N7}{h6}$，与钻模板铰链孔配合为 $\dfrac{G7}{h6}$。

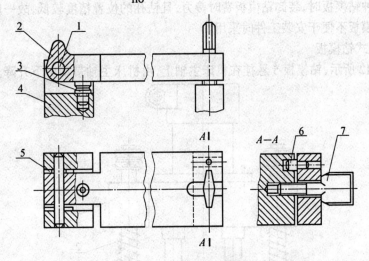

图 5.10　铰链式钻模板

1—铰链轴；2—钻模板；3—限位支钉；4—夹具体；5—垫片；6—定位销；7—菱形头螺钉

使用铰链式钻模板，装卸工件方便，对于同一工序上钻孔后接着锪面、攻丝的情况尤为适宜(锪面、攻丝不需使用钻套，只需将钻模板翻开即可)。但铰链处必然有间隙，因而加工孔的位置精度比固定式钻模板低。

(3)可卸式钻模板

当装卸工件必须将钻模板取下时，则应采用可卸式钻模板。图 5.11 是可卸式钻模板的结构。钻模板上的两孔在夹具体上的两个圆柱销 2 和 4 上定位，并用铰链螺栓将钻模板和工件一起夹紧。工件在夹具体的圆柱销上定位，加工完毕需将钻模板卸下，才能装卸工件。

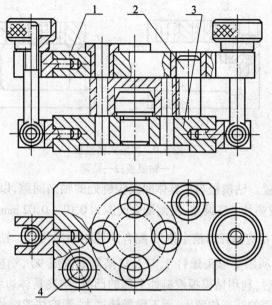

图 5.11 可卸式钻模板

1—钻模板;2、4—圆柱销;3—夹具体

使用这种钻模板时,装卸钻模板费时费力,且钻孔的位置精度较低,故一般多在使用其他类型钻模板不便于安装工件时采用。

(4)悬挂式钻模板

如图 5.12 所示,钻模板 5 悬挂在机床主轴上,由机床主轴带动上下升降。当钻模板

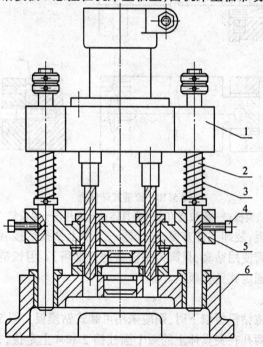

图 5.12 悬挂式钻模板

1—多轴传动头;2—导柱;3—弹簧;4—紧定弹钉;5—钻模板;6—夹具体

下降与工件靠紧后,多轴传动头 1 压缩弹簧 3,借助弹簧的压力通过钻模板将工件夹紧。机床主轴继续送进,夹紧力不断增加,钻头便可对工件进行加工。钻削完毕,钻模板随着主轴上升,钻头退出工件后,才可装卸工件(或配合回转工作台转位)。钻模板与夹具体的相对位置由两根导柱 2 来确定,并通过导柱、弹簧与多轴传动头连接。

悬挂式钻模板适用于大批大量生产中钻削同一方向上的平行孔系,可在立式钻床上配合多轴传动头或在组合机床上使用。

2.钻模用的支脚

为减少钻模夹具体底面与钻床工作台的接触面积,使夹具体沿四周与工作台接触,以保证钻模更稳定可靠地放在钻床工作台上,钻模上与工作台接触的安置表面,都设有支脚。尤其是翻转式钻模,夹具体上各工作表面都要依次与工作台接触,所以钻模上需要接触的各个表面必须设有支脚。如图 5.13 所示,支脚的断面可采用矩形或圆柱形,可以和夹具体做成一体,也可以做成装配式的,但必须注意以下几点:

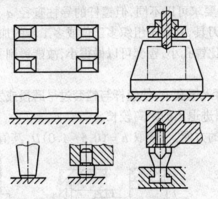

图 5.13　钻床夹具的支脚

(1)支脚必须采用四个,因为如果夹具放歪了,有四个支脚就能立即发现。

(2)矩形支脚的断面宽度或圆形支脚的直径必须大于机床工作台 T 形槽的宽度,以免陷入槽中。

(3)夹具的重力和承受的切削力必须落在四个支脚的支承平面之内。

(4)钻套轴线与支脚所形成的支承平面必须垂直或平行,以保证被加工孔的位置情度。

5.2　镗床夹具

5.2.1　镗床夹具的主要类型及其适用范围

镗床夹具(简称镗模)也是孔加工用的夹具,比钻床夹具的加工精度要高。主要用于箱体、支架等类工件的精密孔系加工,其位置精度一般可达 ±0.02 ~ 0.05 mm。镗模和钻模一样,被加工孔系的位置精度是靠专门的引导元件——镗套引导镗杆来保证的,所以采用镗模以后,镗孔的精度不受机床精度的影响。这样,在缺乏镗床的情况下,可以通过使用专用镗模来扩大车床、钻床的工艺范围进行镗孔加工。因此,镗模在不同类型的生产中被广泛使用。

为了便于确定镗床夹具相对于工作台送进方向的相对位置,可以使用定向键或按底座侧面的找正基面用百分表找正。

镗模的结构类型,根据镗套的布置形式分为:单支承导向和双支承导向两类。

1.单支承导向镗模

镗模中只用一个镗套做导向元件的称为单支承导向镗模。根据镗孔直径 D 和孔的长度 L 又可分为两种:

(1)单支承前导向

如图 5.14(a)所示,镗套位于刀具送进方向的前方,镗杆与机床主轴为刚性连接,机床主轴轴心线必须调整到与镗套中心线重合,机床主轴的回转精度将会影响镗孔精度。

这种导向的优点:

①镗套处于刀具的前方,加工过程中便于观察、测量,特别适合于锪平面和攻丝工序。

②加工孔径 D 视工件要求可以不同,但镗杆的导柱直径 d 最好统一为同一尺寸,便于在同一镗套中使用多种刀具,有利于组织多工位或多工步的加工。

③镗杆上导向柱直径比镗孔小,镗套可以做得小,故能镗削孔间距小的孔系。

这种导向的缺点:

①立镗时,切屑容易落入镗套中,使镗杆与镗套过早磨损或发热咬死。

②装卸工件时,刀具引进退出的距离较长。

为了排屑和装卸工件的方便,一般取 $h = (0.5 \sim 1.0)D$,其值需在 $20 \sim 80$ mm 之间。

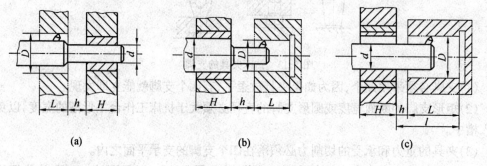

(a)　　　　　　　　(b)　　　　　　　　(c)

图 5.14　单支承导向

(2)单支承后导向

如图 5.14 (b)、(c)所示,镗套布置在刀具送进方向的后方,即介于工件和机床主轴之间,主要用于镗削 $D < 60$ mm 的通孔和盲孔,镗杆与机床主轴仍为刚性连接。根据镗孔 $\dfrac{L}{D}$ 的比值分为两种类型。

一种类型是,当所镗孔 $\dfrac{L}{D} < 1$(即镗削短孔)时,则采用导向柱直径大于所镗孔径($d > D$)的结构形式,如图 5.14(b)所示。其特点是:①镗孔长度小,导向柱直径大,刀具悬伸长度也短,故镗杆刚性好,加工精度高;②与前述单支承前导向一样,这种布置形式也可利用同一尺寸的后镗套,进行多工位多工步的加工;③镗杆引进退出长度缩短,装卸工件和更换刀具方便;④用于立镗时无切屑落入镗套之虑。

另一种类型是,当所镗之孔 $\frac{L}{D} > 1$ 时,镗杆仍为悬臂式,则应采用导向柱直径 $d < D$ 的结构形式,如图 5.14(c) 所示,以便缩短距离尺寸 h 和镗杆的悬伸长度 l。因为,如仍采用 $d > D$ 的形式,则加工这类长孔 ($L > D$) 时,刀具悬伸长度必然很大 ($l = h + L$)。这样,降低了镗杆的刚度,使镗杆易于变形或振动,进而影响加工精度。但是,在采用单刃刀具的单支承后导向镗孔时,镗套上需开有引刀槽,此时 h 值可减至最小。h 值的大小应考虑加工时便于测量、调整、更换刀头、装卸工件和清除切屑等因素。

2. 双支承导向镗模

双支承导向镗模分为两种形式,图 5.15 为前后引导的双支承导向,工件处于两个镗、套的中间。图 5.16 为后引导的双支承导向,在刀具的后方布置两个镗套。无论何种布置形式,镗杆与机床主轴均为浮动连接,且两镗套必须严格同轴。因此,所镗孔的位置精度完全决定于镗模支架上镗套的位置精度,而与机床精度无关,故能使用低精度的机床加工出高精度的孔系来。现就它们各自的特点分述如下。

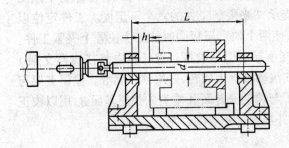

图 5.15　双支承导向镗模　　　　图 5.16　后引导的双支承导向

(1) 前后引导的双支承导向

这种引导方式用得较广泛,主要用于加工 $\frac{L}{D} > 1.5$ 的孔,或排列在同一轴线上的一组通孔,而且是孔本身和孔间距精度要求较高的场合。由于镗杆较长、刚度低,更换刀具不甚方便,设计这种引导方式时,应注意以下几点:

① 若工件的前后孔相距较远,即 $L > 10d$ (d 为镗杆直径)时,应设置中间引导支承,以提高镗杆的刚度。

② 若采用预先调整好几把单刃刀具镗削同一轴线上直径相同的一组通孔时,镗模上应设置有让刀机构,使工件相对于镗杆能偏移或抬高一定的距离,待刀具通过以后,再回复原位。如图 5.17 所示,可求得所需要的最小让刀偏移量 h_{min} 为

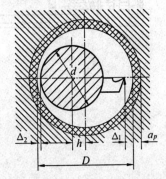

图 5.17　使镗刀便于通过的让刀量

$$h_{min} = a_p + \Delta_1$$

这时允许的镗杆最大直径 d_{max} 应为

$$d_{max} = D - 2(h_{min} + \Delta_2)$$

式中　a_p——镗孔时的切削深度；

　　　　Δ_1——刀尖通过镗孔前的孔壁时所需间隙；

　　　　Δ_2——镗杆与镗孔前孔壁之间的间隙；

　　　　D——镗孔前孔的直径。

（2）后引导的双支承导向

在某些情况下，因条件限制，不能采用前后引导的双支承导向时，可采用后引导的双支承导向方式。其优点是装卸工件方便，装卸刀具容易，加工过程中便于观察、测量。但是，由于镗杆受切削力时，呈悬臂梁状态，为了提高镗杆刚度，保证导向精度，应取导向长度 $L_1 > (1.25 \sim 1.5)L_2$。为了避免镗杆悬伸过长，应该使 $L_2 < 5d$，且取 $H_1 = H_2 = (1 \sim 2)d$（d 为镗杆导向部分直径）。

5.2.2　镗床夹具的结构特点及其设计

图 5.18 是加工车床尾架孔的镗模，定位基准、夹紧力及工序尺寸要求，已标明于该图示的工序简图中，采用支承板 3、4 及可调支承 7 来限制工件的六个不定度。工件定位以后，拧动联动夹紧机构的螺钉 6，通过拉杆，使两个勾形压板同时从二个位置上夹紧工件。由于被加工孔较长，故采用前后引导的双支承导向引导镗杆。镗杆是由装在镗模支架 1 上的两个镗套 2 来导向，镗套随镗杆一起在滚动轴承上回转，并用油杯润滑。镗模支架与夹具体（底座）做成整体，底座的侧面设置了与镗模安置面 A 垂直的找正基面 B，用以校正镗模的方向，使其和机床的进给方向平行，并需规定相应的公差。

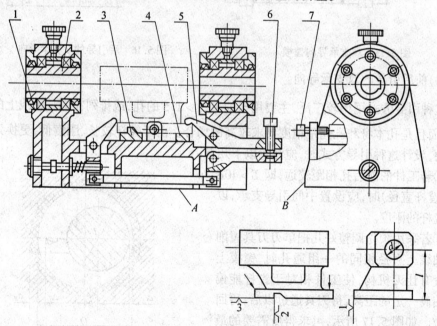

图 5.18　镗削车床尾架孔用的镗模

1—支架；2—镗套；3、4—支承板；5—压板；6—夹紧螺钉；7—可调支承

镗模除有定位元件和夹紧装置以外，还有镗套、镗杆和支架底座等特殊元件，下面分别介绍它们的结构和设计问题。

1. 镗套的选择和设计

常用的镗套结构有固定式和回转式两种,设计时可根据工件的不同加工要求和加工条件合理选择。

(1)固定式镗套

在镗孔过程中不随镗杆转动的镗套,称为固定式镗套。如图 5.19 所示,镗杆在镗套中有相对转动和轴向移动,因而存在磨损,不利于长期保持精度,只适于低速情况下工作。图(a)无衬套,不带油杯,需在镗杆上滴油润滑。图(b)有衬套,并自带注油装置,镗套或镗杆上必须开有螺旋形或杯形油槽。这种镗套与钻模上的可换、快换钻套基本相同,只是结构尺寸大些。固定式镗套都已标准化,选用时可参考"机床夹具设计手册"。

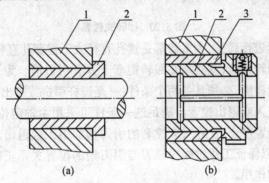

图 5.19　固定式镗套
1—夹具体;2—固定镗套;3—衬套

固定式镗套具有下列优点:

①结构紧凑,外形尺寸小;

②制造简单;

③容易保证镗套的中心位置准确,从而具有较高的孔系位置精度。

缺点是:

①容易磨损;

②当切削落入镗杆与镗套之间时,易发热甚至咬死。

(2)回转式镗套

回转式镗套在镗孔过程中随镗杆一起转动,与镗杆有相对的轴向移动(进给运动),如图 5.20 所示,适用于高速情况下工作(摩擦表面的线速度 $v > 24$ m/min)。

图 5.20(a)为装有滑动轴承的回转式镗套,其内孔带有键槽(或键),以便由镗杆上的键(或键槽)带动镗套回转。这种导向装置的径向尺寸较小,有较高的回转精度和抗振性能,但滑动轴承间隙的调整比较困难,且不易长期保持其精度。使用时要特别注意保证轴承的充分润滑和防屑,因此仅在结构尺寸受到限制和转速不高的半精加工时采用。

图 5.20(b)为装有滚珠轴承的回转式镗套,用于卧式镗孔,其径向尺寸较大,加工精度与轴承精度及其配合状况有关,通常用于粗加工和半精加工。若选择高精度轴承和较紧密配合的情况下,也可用于精加工。如需减小径向尺寸,可采用滚针轴承来代替滚珠轴承。

图 5.20(c)为装有滚锥轴承的回转式镗套,用于立式镗孔,它有较高的刚度,但回转精度较低,常用于切削负荷较重、切削厚度不均的粗加工中。

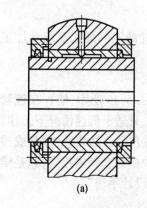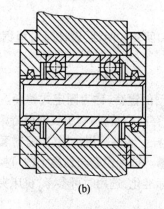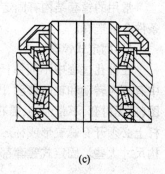

　(a)　　　　　　　　　(b)　　　　　　　　　(c)

图 5.20　回转式镗套

采用回转式镗套进行镗孔,大多数都是镗孔直径大于镗套孔直径,此时如果在工作过程中镗刀需要通过回转镗套,就必须在回转键套上开有引刀槽。为了使镗刀能顺利地进入引刀槽中而不发生碰撞,必须具备两个条件:一是镗杆引进或退出时,必须停止旋转,使镗刀以固定的方位进入或退出镗套。满足这一条件可采用主轴定位法,即使镗刀随主轴旋转到固定的角度位置停止,正好对准镗套的引刀槽而引入或退出。二是在镗杆与回转镗套间设置定向键,以保证工作过程中镗刀与引刀槽的位置关系正确。此定向键也有保证加工精度稳定性的作用。

带定向键的回转镗套,其定向键的形式有两种:

图 5.21(a)为尖头定向键的回转镗套,尖头键安装部位应在回转镗套的前端,以保证当镗杆起动旋转并工作进给时,键已进入镗杆的键槽中。

图 5.21(b)为带弹簧钩头键的回转镗套,借助镗套 1 上的钩头键 3 同镗杆相连接,并以此保证镗刀与镗套引刀槽的相对位置关系。在固定法兰盘 4 的端面上开有槽 N,在原始状态下,键 3 在弹簧 2 的作用下进入槽 N 中,使回转镗套 1 固定在一定位置上。当镗杆在主轴定位(即保证镗杆上的键槽对准键 3)的情况下进入镗套时,镗杆上键槽的底面压下键 3 而使其脱开槽 N,这样镗套 1 便可以随镗杆一起回转。加工完了镗杆退回时,主轴定位并保持原有的方位,使键 3 对准槽 N,当镗杆退出镗套后,键 3 又重新落入槽 N 中,使镗套 1 定位。此种结构形式的引导装置,工作可靠,应用较广,但结构尺寸较大,有时因受孔间距的限制而不能采用。

在设计镗套时,除了合理选择结构外,为了保证导向可靠,还应注意下面几个问题:

(1)镗套的长度影响导向性能,根据镗套的类型和布置方式,若采用前后引导的双支承导向时,一般取:

固定式镗套　　　　　　　$H = (1.5 \sim 2)d$

滑动回转式镗套　　　　　$H = (1.5 \sim 3)d$

滚动回转式镗套　　　　　$H = 0.75d$

对于单支承的镗套,或者加工精度要求较高时,上式的 H 值应取上限。

(2)镗套与镗杆以及衬套的配合必须选择恰当,过紧易研坏或咬死,过松则不能保证工序加工精度,设计时可参考表 5.3。

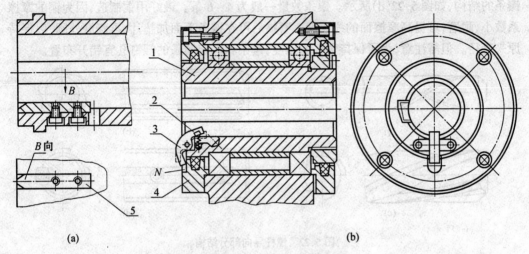

图 5.21　镗刀对准引刀槽的定向键
1—镗套；2—弹簧；3—钩头键；4—法兰盘；5—尖头键

表 5.3　镗套与镗杆、衬套的配合

配合表面	镗杆与镗套	镗套与衬套	衬套与支架
配合性质	$\dfrac{H7}{g6}\left(\dfrac{H7}{h6}\right),\dfrac{H6}{g5}\left(\dfrac{H6}{h5}\right)$	$\dfrac{H7}{H6}\left(\dfrac{H7}{js6}\right),\dfrac{H6}{h5}\left(\dfrac{H6}{j5}\right)$	$\dfrac{H7}{n6},\dfrac{H6}{n5}$

加工孔的精度低于 IT8 或粗镗时，镗杆选用 IT6 级精度；加工孔的精度为 IT7 时，镗杆选用 IT5 级精度；加工孔的精度等于或高于 IT6 级，镗杆与镗套采用研配法，配合间隙不大于 0.01 mm。但此时应用低速加工。

对回转式镗套，镗杆与镗套选用 $\dfrac{H7}{h6}$ 或 $\dfrac{H6}{h5}$。

镗套内孔与外圆的同轴度公差为 0.005 mm，内孔的粗糙度为 Ra3.2～Ra0.08，外圆的粗糙度为 Ra6.3～Ra3.2。

(3)镗套的材料与热处理。镗套的材料可选用铸铁(HT20－40)、青铜、粉末冶金或用钢制成。镗套的硬度一般低于镗杆的硬度，因镗套磨损后比镗杆容易更换。在生产批量不大时，多采用铸铁；负荷大时，采用 50 号钢或 20 号钢渗碳淬火，淬硬达到 HRC55～60，工作时还要有良好的润滑条件。我国的铜产量少价格贵，故只在生产批量较大时采用。

工作时为保持镗套和镗杆之间的清洁，可采用密封防屑的装置，防止灰尘及细屑进入，以免加速镗套与镗杆的磨损或发生咬死现象。

2.镗杆的设计

(1)镗杆的结构

在设计镗套时，必须同时考虑镗杆的结构，镗杆的结构有整体式和镶条式两种，如图 5.22 所示。当镗杆直径小于 50 mm 时，做成整体式，并在外圆柱表面上开出直槽，如图(b)，或螺旋槽，如图(a)、(c)。开槽后，虽具有能减少镗杆与镗套的接触面积、存油润滑和能储存细屑切屑等优点，但仍不能完全避免产生"咬死"现象。这种结构的镗杆，摩擦面的线速度不宜超过 20 m/min。为了提高切削速度，便于磨损后修理，可采用在导向部分装有镶条的结构,如图5.22(d)所示。镶条数量一般为4~6条。最好用铜制造,因为铜的摩擦系数小、耐磨,可提高摩擦面的线速度。磨损后可在镶条下面加垫片,再修磨外圆,以保持原来直径。但需注意,为了保持镗杆的强度,镶条和固定镶条的螺钉孔宜错开布置。

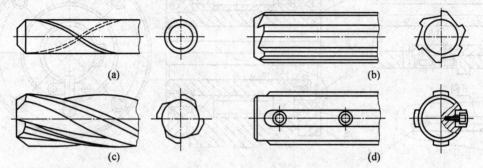

图5.22 镗杆导向部分结构

若回转镗套内开有键槽,则镗杆的导向部分应带平键。一般在平键下面装有压缩弹簧,如图5.23(a)所示,引进镗杆时,平键压缩后伸入镗套,这样便可使平键在回转过程中自动进入键槽。

若镗套内装有尖头定向键时,则镗杆上应铣出长键槽与之配合。镗杆的前端做成螺旋引导结构,如图5.23(b),引导螺旋角一般为45°,便于镗杆引进后使键顺利地进入槽内。

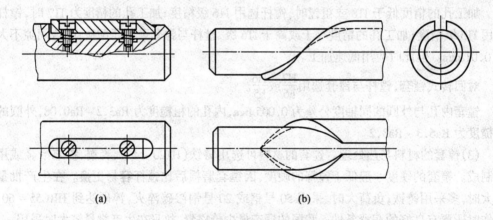

图5.23 镗杆的引进结构

镗杆上装刀孔开设的位置必须根据工件镗孔加工工序图上有关加工尺寸确定,加工工序图由工艺人员在编制镗孔工艺时绘制好,装刀孔的形状与所选镗刀的结构有关。单刃刀头装刀孔的断面形状有圆形和方形两种,在镗杆上可直开或斜开,斜开的装刀孔用于小直径镗杆或镗削不通孔的镗杆。小直径镗杆采用斜开,可以提高刀头的刚度;镗不通孔时采用斜开孔,可使刀尖露出镗杆端面,避免镗杆端面与孔底相碰。

双刃镗刀块用的装刀孔都是长方形,而且只能直开。

采用多刀同时镗孔时,装各刀头或镗刀块的孔宜错开布置,以免降低镗杆的强度,引起较大变形。

（2）镗杆的尺寸

确定镗杆直径时,应考虑到镗杆的刚度和镗孔时镗杆和工件孔之间应留有足够的容屑空间,一般按经验公式选取

$$d = (0.7 \sim 0.8)D$$

式中　　d——镗杆直径,mm;

　　　　D——被镗孔直径,mm。

也可参考表 5.4 中的数值选取。

表 5.4　镗孔直径 D、镗杆直径 d 和镗刀截面之间的尺寸关系　　　　　（mm）

D	30 ~ 40	< 40 ~ 50	< 50 ~ 70	< 70 ~ 90	< 90 ~ 140	< 140 ~ 190
d	20 ~ 30	30 ~ 40	40 ~ 50	50 ~ 65	65 ~ 80	80 ~ 120
镗刀截面 $B \times H$	8 × 8	10 × 10	12 × 12	16 × 16	16 × 16 20 × 20	20 × 20 25 × 25
圆形刀头直径	$\phi 8$	$\phi 10$	$\phi 12$	$\phi 16$	$\phi 20$	$\phi 24$

几点说明:

①在应用经验公式或选用经验数据时,需要做具体分析。例如,要求在加工过程中不卸下镗杆的情况下能测量孔径时,镗杆的直径宜选用下限值;如镗杆较长,为提高镗杆刚性,则应取上限值。

②镗杆直径太小,刚性不好,太大时使用不便,一般情况下不小于 $\phi 25$ mm,特殊情况下不小于 $\phi 15$ mm,大于 $\phi 80$ mm 应做成空心的,以减轻重量。

③同一镗杆,直径尽量一致,以便于制造。

④单支承镗杆,其悬伸长度 L 与导向直径 d 之比,以取 $\dfrac{L}{d} < 4 \sim 5$ 为佳。

（3）镗杆的材料

镗杆的表面硬度比镗套要求高,而内部要有较好的韧性。一般都采用 45 号钢、40Cr 钢,淬火硬度 HRC40 ~ 45;也可采用 20 号钢、20Cr 钢,渗碳淬火,渗碳层深度为 0.8 ~ 1.2 mm,硬度 HRC61 ~ 63。

（4）镗杆与机床主轴的连接方法

在采用双支承导向时,镗杆与机床主轴都是浮动连接,常用浮动接头的结构形式很多,图 5.24 是其中最普通的一种结构。对浮动接头的基本要求是应能自动调节和补偿镗杆轴线和机床主轴轴线的角度偏差和位移量,否则就失去浮动作用,而影响镗孔精度。

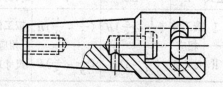

图 5.24　镗杆与主轴的浮动接头

3.支架和底座的设计

支架和底座是镗模上的关键零件,要求有足够的强度和刚度,有较高的精度,以及精度的长期稳定性。材料多为铸件(一般为 HT20 – 40),二者多分开制造,以利加工、装配和时效处理。

镗模支架是供安装镗套和承受切削力用的,不允许安装夹紧机构或承受夹紧反力。如图 5.25(a)所示,夹紧反力作用在镗模支架上,会引起支架变形,从而影响镗套的位置精度,进而影响镗孔精度。图(b)中夹紧力直接作用在底座上,有利于保证镗孔的精度。

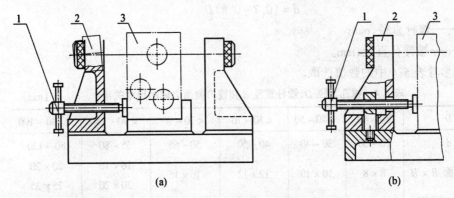

图 5.25 不使镗模支架承受夹紧反力
1—夹紧螺钉;2—支架;3—工件

镗模支架的典型结构及其尺寸可参考表 5.5。

表 5.5 镗模支架的结构及其尺寸 (mm)

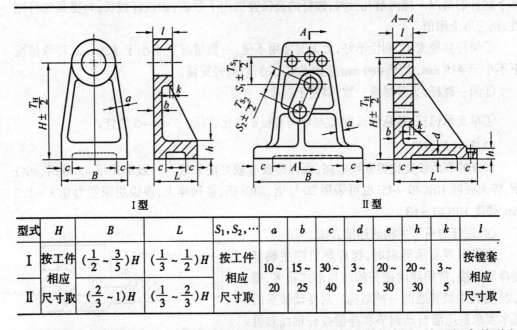

型式	H	B	L	$S_1, S_2, \cdots$	a	b	c	d	e	h	k	l
I	按工件相应尺寸取	$\left(\frac{1}{2} \sim \frac{3}{5}\right)H$	$\left(\frac{1}{3} \sim \frac{1}{2}\right)H$	按工件相应尺寸取	$10 \sim 20$	$15 \sim 25$	$30 \sim 40$	$3 \sim 5$	$20 \sim 30$	$20 \sim 30$	$3 \sim 5$	按镗套相应尺寸取
II		$\left(\frac{2}{3} \sim 1\right)H$	$\left(\frac{1}{3} \sim \frac{2}{3}\right)H$									

镗模底座要承受夹具上所有元件的重量以及加工过程中的切削力,为了提高其刚度,除了选取适当的壁厚以外,还要合理布置加强筋,以减少变形。加强筋常采用十字形,并使筋与筋之间的距离相等,以易于铸造。底座的高度可适当增加,一般与夹具总高度之比推荐为 $\frac{1}{7}$(其他夹具此值为 $\frac{1}{10}$),其最小高度应大于 150 ~ 160 mm,底座的典型结构和尺寸见表 5.6。

表 5.6　镗模底座的结构及其尺寸　　　　　　　　　　　　　(mm)

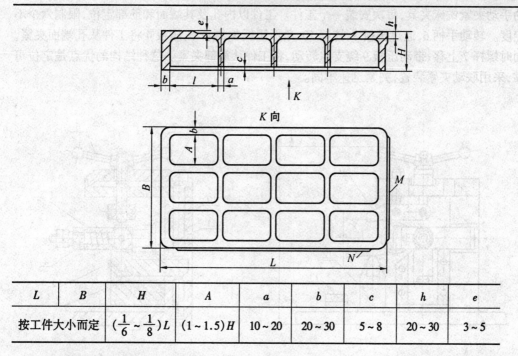

L	B	H	A	a	b	c	h	e
按工件大小而定	$(\frac{1}{6} \sim \frac{1}{8})L$	$(1 \sim 1.5)H$	$10 \sim 20$	$20 \sim 30$	$5 \sim 8$	$20 \sim 30$	$3 \sim 5$

设计时,还需注意下面几点:

(1)在镗模底座上设置有找正基面 N,供镗模在机床上找正用。找正基面与镗套中心线的平行度一般为 300∶0.01。

(2)镗模底座的上平面,应按所要安装的各元件的位置,做出与之相配合的凸台表面,以减少刮研工作量。

(3)为便于起吊搬运,应在底座的适当位置上设置起吊孔。

(4)铸件毛坯在粗加工后,需进行时效处理。

5.3　铣床夹具

5.3.1　铣床夹具的主要类型及其适用范围

铣床夹具主要用于加工平面、键槽、缺口、花键、齿轮及成型表面等,在生产中用得比较广泛。由于铣削过程中多数情况是夹具随工作台一起作直线进给运动,有时也作圆周进给运动,因此铣床夹具的结构按不同的进给方式分为直线进给式、圆周进给式和靠模进给式三种类型。

1.直线进给式铣床夹具

这类铣床夹具在实际生产中普遍使用,按照在夹具中安装工件的数目和工位分为单件加工、多件加工和多工位加工夹具。

(1)单件加工的直线进给式铣床夹具

图 5.26 所示是单件加工直线进给式铣床夹具的实例。这类夹具多用于中小批生产

或加工大型工件,或加工定位夹紧方式较特殊的中小工件。图中是加工叉形件(右下图)的手动夹紧铣床夹具,每次安装一个工件。工件以内孔及其端面和筋部定位,限制六个不定度。转动手柄6,通过压板8、柱销10、角形压板3、螺杆5、压板4将工件从孔端面夹紧。同时螺杆7上移,带动压板9绕支点转动,将工件从筋部夹紧。这种结构的优点是定位可靠,采用联动夹紧装置,夹紧迅速牢固。

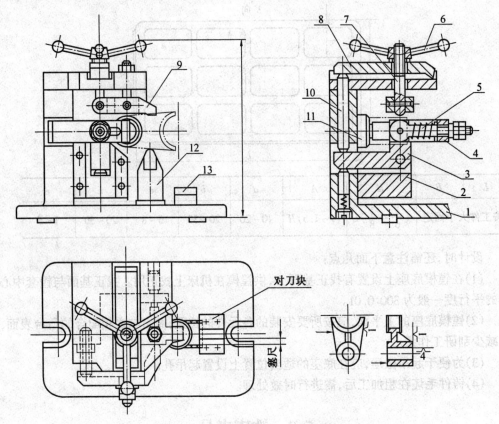

图 5.26　单件加工的直线进给式铣床夹具

1—夹具体;2—支架;3—角形压板;4、8、9—压板;5、7—螺杆;6—手柄;
10—柱销;11—定位圆柱销;12—支承;13—对刀块

(2)多件加工的直线进给式铣床夹具

多件加工的直线进给式铣床夹具常用于成批或大量生产中。图 5.27 所示是铣削连杆小头两个端面的夹具。工件以大头孔及大头孔端面为定位基准在定位销 2 上定位,每次装夹六件,用铰链螺栓 7 与装有六个滑柱 3 的长压板 6 将六个工件分别同时夹紧;六个滑柱之间充满液性塑料,用以实现各个滑柱的滑动而产生均压。为了使夹紧力的作用点接近被加工表面,提高工件的刚度,用螺母 4 借助压板 5 与浮动压板 1 从两面将两组工件(每组三件)同时压向止动件 8 而实现多件依次连续夹紧。操作时,先在端面略为施力预紧,再从侧面夹紧,最后从端面夹紧,对刀块 9 用来调整铣刀的位置。此夹具的优点是夹紧可靠,但操作稍为复杂。

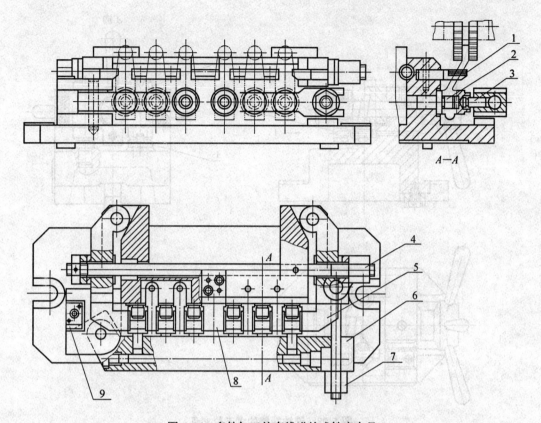

图 5.27　多件加工的直线进给式铣床夹具

1—浮动板；2—定位销；3—滑柱；4—螺母；5、6—压板；7—铰链螺栓；8—止动件；9—对刀块

（3）多工位加工的直线进给式铣床夹具

这种夹具上设有多个工位，在不同的工位上加工同一工件的不同表面，图 5.28 是一个简单的二工位直线进给式铣床夹具的实例。在轴的两端面铣削互相平行的横向槽，每次安装两件，其中一件以已加工的一端横向槽在定位块 1 上定向，来加工另一端面的横向槽，小销 2 用以防止压板转动，3 为对刀块。

上述多件多工位的铣削加工能够充分利用机床工作台的工作行程，减少铣刀切入和切出的空程时间，来提高夹具的工作效率。

（4）利用机动时间装卸工件的直线进给式铣床夹具

单件铣削加工和多件多工位铣削加工的夹具均可采用气动、液压等机械传动装置来减少辅助时间和减轻体力劳动。但是，从提高生产率的角度来看，最好是利用机动时间来装卸工件。

这类夹具有三种类型：

图 5.29 是在铣床工作台上装有两个相同的夹具 1 和 3，每个夹具都可以分别装夹五个工件，铣刀 2 安放在两个夹具的中间位置。当工作台向左直线进给时，铣刀便可铣削装在夹具 3 中的工件，与此同时，工人便可装卸夹具 1 中的工件。待夹具 3 中的工件铣削完毕后，工作台快速退回至中间的原位，然后向右直线进给铣削夹具 1 中的工件，这时工人便可装卸夹具 3 中的工件，如此不断进行。这种双向进给的铣削方法，使辅助时间与机动

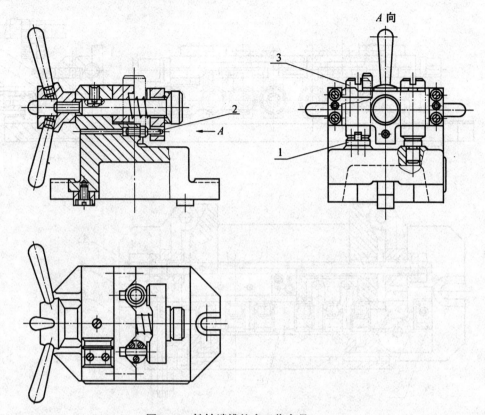

图 5.28　铣轴端槽的多工位夹具
1—定位块；2—小销；3—对刀块

时间完全重合，提高了生产率.但两个夹具中间安放铣刀的位置要留得足够大，防止在装卸工件时碰手，也要注意工人的劳动强度，不要过于紧张。

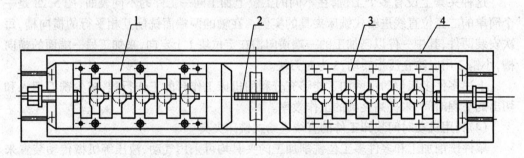

图 5.29　双向进给铣床夹具
1、3—夹具；2—铣刀；4—铣床工作台

这种双向进给式铣床夹具，一边是顺铣，一边是逆铣,因此铣床工作台的纵向进给运动中必须有消除间隙机构。

图 5.30 是双工位回转式直线进给铣床夹具，也是利用机动时间装卸工件,图中 1 是工件,装在夹具 2 的互成 180° 的二个工位上。当铣刀 4 直线进给加工第一个工位上的工件时,可在第二个工位上装卸工件。第一个工位上的工件加工完毕后,铣刀快速退出,将双工位夹具随回转工件台回转 180°,即可对第二个工位上的工件进行加工,同时更换第一个工位上的工件。

这种铣削方法的优点是,加工过程中没有空程损失,只增加了一个很少的回转工作台的回转时间。

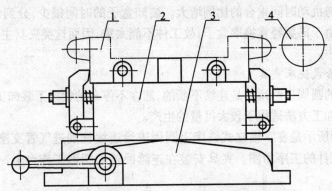

图 5.30 双工位回转式直线进给铣床夹具
1—工件;2—夹具;3—回转工作台;4—铣刀

图 5.31 是盒式铣床夹具,由两部分组成:一是固定部分,包括夹具体、夹紧装置等,它通过定向键和螺钉安装在铣床工作台上,是固定不动的;另一个是装工件的盒子部分,包括定位元件和盒子本身在夹具中的定位件,工件就装在盒子中的定位元件上。图中盒子3 内装有六个能沿纵向移动的活动 V 形块 4,先将工件放进盒中 V 形块中间初定位,然后将整个盒子由一端装入夹具中,放下辄形压板 2,拧动螺钉 1,使工件连同 V 形块一起推向

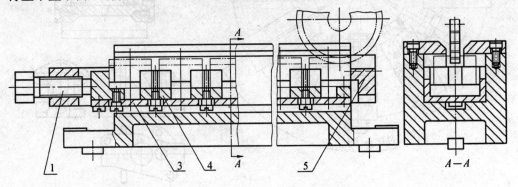

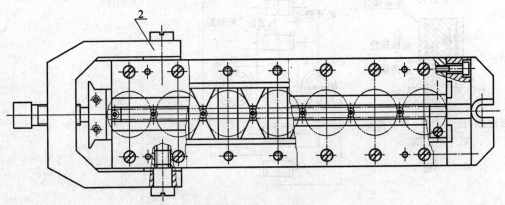

图 5.31 盒式铣床夹具
1—夹紧螺钉;2—辄形压板;3—装料盒子;4—V 形块;5—止动件

止动件5,将工件夹紧。

这类夹具能够提高生产率。工件预先装入盒中,停车后只需换取整个盒子,使装卸工件的辅助时间与机动时间重合的比例增大。装卸盒子的时间很少,分到每一个工件上的时间就更少。由于需要经常换取盒子,故工件不能太重,因而这类夹具主要适用于小型零件的成批生产中。

2. 圆周进给式铣床夹具

此类夹具的圆周进给运动是连续不断的,能在不停车的情况下装卸工件,因此是一种生产率很高的加工方法适用于较大批量的生产。

图5.32(a)所示是在双轴立式铣床上圆周进给连续铣削进气管支座底平面的夹具,图5.32(c)为工件的工序简图。夹具安装在连续回转的圆形工作台上,一共安装四个相

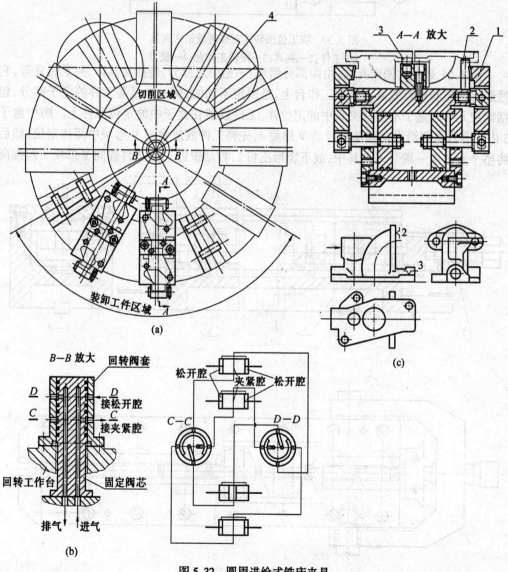

图5.32   圆周进给式铣床夹具
1—压板;2、3—支钉;4—气动转阀

同的夹具,每一个夹具上四个工件。工件在夹具中的定位和夹紧是采用三个支承钉和侧平面做定位元件,以摆式压板和气缸为夹紧装置,对工件进行夹紧。在回转工作台的中央安装一个气动分配转阀,如图 5.32(b)所示。压缩空气在切削区域内进入三个气缸的中间腔,推动活塞,将工件自动夹紧,在装卸工件区域内自动松开。这样,装卸工件的辅助时间与机动时间重合,提高了生产率。双轴立式铣床上安装两把端铣刀,同时对工件进行粗铣和半精铣。

3. 靠模铣夹具

在一般万能铣床上,利用靠模夹具来加工各种成形表面,能扩大机床的工艺范围。靠模的作用是在机床基本进给运动的同时,由靠模获得一个辅助的进给运动,通过这两个运动的合成,加工出所要求的成形表面。这种辅助进给的方式一般都采用机械靠模装置。因此,按照进给运动的方式把用于加工二维空间的平面靠模夹具分为直线进给式和圆周进给式两种。

(1)直线进给式靠模铣夹具

图 5.33 是在立式铣床上所用的直线进给式靠模铣夹具的结构原理图。夹具安装在铣床工作台上,靠模板 8 和工件 4 分别装在夹具的上部横向溜板 3 上,靠模板调整好后紧固,工件也需定位夹紧。支架 6 装在铣床立柱的燕尾导轨上予以紧定。滚子轴线和铣刀轴线的距离 L 应始终保持不变,横向溜板 3 装在夹具体 1 的导轨中,在强力弹簧 2 的作用下,使靠模板 8 与滚子 7 始终紧靠。当铣床工作台作纵向移动时,工件随夹具一起移动,这时,滚子推动靠模板带动横向溜板作辅助的横向进给运动,从而能加工出与靠模形状相似的成形表面来。

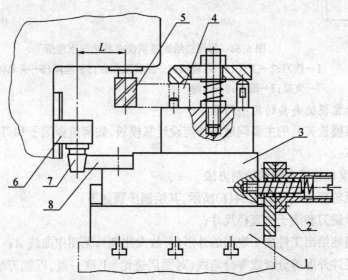

图 5.33　直线进给式靠模铣夹具

1—夹具体;2—弹簧;3—横向溜板;4—工件;5—铣刀;6—支架;7—滚子;8—靠模板

(2)圆周进给式靠模铣夹具

图 5.34 是立式铣床上所用的圆周进给式靠模铣夹具结构原理图。工件 2 和靠模板 3

同轴安装在回转工作台 4 上,回转工作台安装在滑座 5 上,滑座 5 可以在夹具体的导轨上作横向移动,在重锤 9 的作用下,保证靠模板 3 与滚子 8 可靠接触。加工时,机床的进给机构带动回转工作台、靠模板和工件一起转动,产生了工件相对于刀具的圆周进给运动。在回转工作台转动的同时,由于靠模板型面曲线的起伏,滑座 5 随之产生横向的进给运动,从而加工出与靠模曲线相似的成形表面。回转工作台的回转运动由蜗轮副传来,而蜗杆的运动来自机床工作台纵向丝杠通过挂轮架齿轮传动获得工件的自动圆周进给,或通过手轮 10 进行手动进给。具体结构见图 5.35 所示。

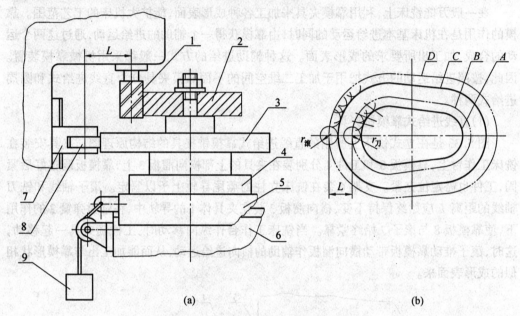

(a)　　　　　　　　　　　　　　　　(b)

图 5.34　圆周进给式靠模铣夹具结构原理图

1—铣刀;2—工件;3—靠模板;4—回转工作台;5—滑座;6—夹具体;

7—支架;8—滚子;9—重锤

4.设计靠模铣夹具的几个问题

设计靠模铣夹具的主要问题是如何设计靠模板,如何选择滚子和刀具的直径尺寸等,现分述如下:

(1)靠模板轮廓曲线的绘制方法

靠模板轮廓曲线如图 5.34(b)所示,其绘制步骤如下:

①选择铣刀和滚子的直径尺寸;

②准确地绘出工件加工表面的外形(可放大比例),见图中曲线 A;

③在工件外形等分线或等分角线(对圆周进给)上取一点,以铣刀半径 $r_刀$ 为半径作与工件外形相切的圆,将各圆的中心连成光滑曲线,即为铣刀轴心线轨迹,见图中曲线 B;

④以铣刀轴心为起点,沿各等分线或等分角线(对圆周进给)上截取长度为 L 线段的点,再以这些点为中心,以滚子半径 $r_滚$ 为半径作圆,将这些圆的中心连接成光滑曲线即为滚子轴心的运动轨迹,见图中曲线 D。而相切于 $r_滚$ 各圆的连接成的光滑曲线(包络线)即为这一靠模的工作型面,见图中 C。

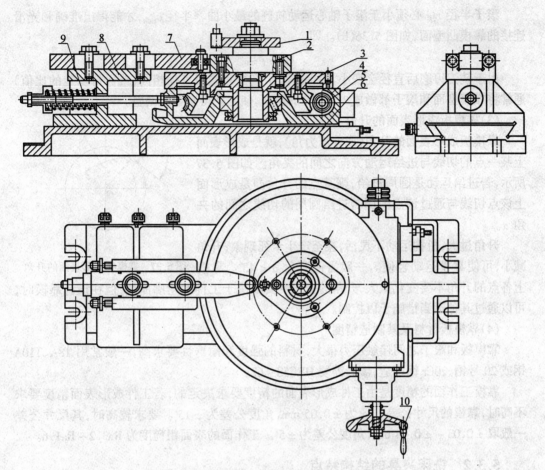

图 5.35　立式铣床用的回转式靠模铣夹具

1—工件；2—靠模板；3—转台；4—溜板箱；5—蜗杆；6—滑座；

7—可调滚子；8—支座；9—弹簧；10—手轮

(2)铣刀半径和滚子半径的选择

如图 5.36 所示,铣刀半径 $r_刀$ 应根据工件轮廓中的凹面最小曲率半径 $R_{工_{min}}$ 来选择。为了保证凹面全部都能切去,应该使铣刀半径 $r_刀$ 小于工件凹面的最小曲率半径 $R_{工_{min}}$ 如图 5.36(a),即

$$r_刀 < R_{工_{min}}$$

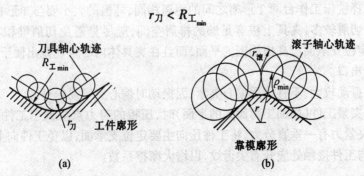

(a)　　　　　　　　　　(b)

图 5.36　刀具和滚子半径的选择

滚子半径 $r_{滚}$ 必须小于滚子轴心运动轨迹的最小曲率半径 $\rho_{\min}$，才能得出准确和光滑连接的靠模凸型面，如图 5.36(b)。即

$$r_{滚} < \rho_{\min}$$

由于铣刀刃磨后直径会变小，为保持滚子直径和铣刀直径相同(或保持一定的比值)通常将靠模型面和滚子都做成 $10° \sim 15°$ 的斜面，使之获得必要的调整。

（3）靠模板成形表面的升角

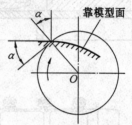

靠模板成形表面的升角(或称压力角)，就是成形表面上某一点的切线与进给运动方向之间的夹角。如图 5.37 所示，若进给运动是圆周进给，则某点的升角即是成形面上该点切线与通过该点的回转进给圆周的切线之间的夹角 α。

升角过大，机构运动不灵活，甚至产生卡死现象；升角减小，可使靠模运动轻便。一般需使升角 $\alpha < 45°$。靠模

图 5.37　靠模板成形表面的升角

上各点的升角不要变化太大，升角的变化主要取决于工件的轮廓曲线，但在设计靠模时，可以通过其他适当措施予以控制。

（4）靠模板材料及其制造精度

靠模板和滚子之间接触压力很大，材料的强度和耐磨性要求高，一般常用 T8A、T10A 钢或 20 号钢、20Cr 钢制造，渗碳淬硬 HRC58 ~ 62。

靠模工作面的精度是由工件成形表面的精度要求决定的，若工件成形表面精度要求不高时，靠模的尺寸公差一般为 ± 0.05 mm，角度公差为 $\pm 15'$。要求较高时，其尺寸公差一般取 $\pm 0.03 \sim \pm 0.04$ mm，角度公差为 $\pm 5'$。工作面的表面粗糙度为 Ra3.2 ~ Ra1.6。

5.3.2　铣床夹具的结构特点

铣削加工的切削用量和切削力一般较大，切削力的大小和方向也是变化的，而且又是断续切削，因而，加工时的冲击和振动也较严重。所以设计这类夹具时，要特别注意工件定位稳定性和夹紧可靠性；夹紧装置要能产生足够的夹紧力，手动夹紧时要有良好的自锁性能；夹具上各组成元件的强度和刚度要高。为此，要求铣床夹具的结构比较粗壮低矮，以降低夹具重心，增加刚度、强度，夹具体的高度 H 和宽度 B 之比取 $H/B = 1 \sim 1.25$ 为宜，并应合理布置加强筋和耳槽。夹具体较宽时，可在同一侧布置两个耳槽，这两个耳槽的距离要与所选择铣床工作台两 T 形槽之间的距离相同，耳槽的大小要与 T 形槽宽度一致。

铣削的切屑较多，夹具上应有足够的排屑空间，应尽量避免切屑堆积在定位支承面上。因此，定位支承面应高出周围的平面，而且在夹具体内尽可能做出便于清除切屑和排出冷却液的出口。

粗铣时振动较大，不宜采用偏心夹紧，因振动时偏心夹紧易松开。

在侧面夹紧工件(如加工薄而大的平面)时，压板的着力点应低于工件侧面的定位支承点，并使夹紧力有一垂直分力，将工件压向主要定位支承面，以免工件向上抬起；对于毛坯件，压板与工件接触处应开有尖齿纹，以增大摩擦系数。

5.4　车床和圆磨床夹具

车床夹具和圆磨床夹具有很多相似之处,二者都是装在机床主轴上,由主轴带动工件旋转;加工表面也基本相同(都用于加工内外圆柱表面、圆锥表面、回转成形面、端平面等);夹具的主要类型也很近似。不同之处主要是在精度和承受切削力、夹紧力的大小方面,现将二者合并在一起介绍。

5.4.1　车床夹具的主要类型及其设计

车床夹具类型主要包括:
① 顶尖类;
② 心轴类;
③ 拨盘类;
④ 中心架、跟刀架类;
⑤ 自动定心卡盘类;
⑥ 卡盘类(指非自动定心卡盘);
⑦ 角铁类(或称弯板类)。

目前,上述多种类型的车床夹具有许多已通用化了,如顶尖、拨盘、中心架、三爪卡盘等,已作为机床附件提供用户使用。只有当上述通用夹具不能满足生产要求时,才设计制造卡盘式、角铁式等专用夹具。现就几种主要类型的专用车床夹具及其设计要点分述如下。

1.卡盘式车床夹具

这类车床夹具大部分用于加工对称性或回转体工件,因而夹具的结构也是对称的,回转时的不平衡影响较小。

(1)斜楔式气动三爪卡盘

图 5.38 是一种斜楔式气动三爪卡盘,是利用斜面的作用原理将轴向移动变为径向定

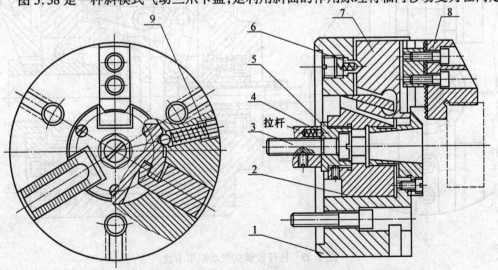

图 5.38　斜楔式气动三爪卡盘

1—夹具体;2—楔体;3—螺钉;4、6—顶柱;5—套筒;7—滑块;8—卡爪;9—弹簧

心夹紧,由于斜面接触面积较大,故磨损小,又由于斜面的增力作用,能产生足够的夹紧力。图中楔体2上有三个沿圆周均匀分布的15°斜槽,滑块7的钩形部分插入斜槽中。当气缸的活塞杆经拉杆、螺钉3、套筒5带动楔体2作轴向移动时,迫使滑块7及与其相连的卡爪8作径向移动,从而夹紧或松开工件。弹簧顶柱4用以防止螺钉3与拉杆的连接松脱。用插头扳手插入楔体中部的六方孔中,将楔体逆时针转动,滑体7的钩形部分即从楔体中脱开,以拆下楔块。弹簧顶柱6在滑块脱开楔体时,防止其自动下落。弹簧9可阻止楔体因受振动而发生偏转。这种卡盘的径向夹紧行程较小,只适用于对一批工件定位表面的尺寸变化不大的工件的装夹。

(2)杠杆铰链式气动双爪卡盘

图5.39(b)所示是利用杠杆铰链原理粗加工凿岩机上缸体零件缸孔的气动双爪卡盘。图(a)为工件的工序简图,由于缸体外圆上有耳座及凸缘,且轴向尺寸较长,又要求缸孔的壁厚均匀,故以短圆锥套筒6(限制三个不定度)及卡爪9、10(限制二个不定度)组成

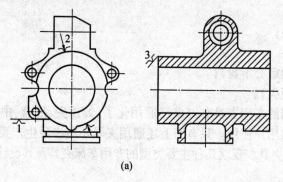

(a)

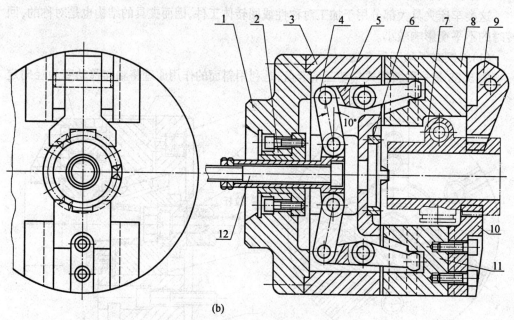

(b)

图5.39　杠杆铰链式气动双爪卡盘

1—过渡盘;2—套筒;3—夹具体;4—连杆;5—压板;6—定位锥套;7—工件;
8、11—滑块;9、10—卡爪;12—拉杆

的定心夹紧机构实现工件的五点定位。又由于加工孔是回转对称表面,绕轴线的不定度本可不必限制,但因耳座、凸缘的存在,仍利用工件凸缘小平面,用卡爪 10 的端面来限制绕轴线的不定度。夹具工作时,气缸活塞杆带动拉杆 12 向左或向右移动时,通过套筒 2、连杆 4 和铰链压板 5 将带有卡爪的滑块 8、11 同时径向移动,通过卡爪 9、10 将工件夹紧或松开。铰链卡爪 9 可以绕小轴转开,以便于装卸工件。此夹具的夹紧机构不能自锁,但产生的夹紧力很大,机构动作灵活。需注意之点是夹紧时应保证连杆 4 的倾斜角约为 10°,倾斜角太小,容易过死点而失灵,倾斜角太大则传力效率降低。

(3)电动卡盘

电动卡盘是以电动机为动力源的定心卡盘,它是利用一个少齿差行星减速机构将原来手动三爪卡盘改为电动卡盘。其优点是结构紧凑、制造和改装容易、效率高、省力和易于实现自动化,所以在工厂中使用广泛。图 5.40 所示是一种电动卡盘的结构图。

它是在手动三爪卡盘体内装上一套少齿差行星减速机构,电动机的动力是从机床主轴后端通过胶木齿轮 1、齿轮 2、传动轴 3 穿过主轴孔并以高速小扭矩带动偏心套 6。偏心套 6 的前端经滚珠轴承固定两个模数 $m = 1$,齿数 $Z = 178$ 的外齿轮 7、8。外齿轮 7、8 上有 8 个孔,套在固定于定位板 4 上的八上销轴 5 上。偏心套 6 转动时,齿轮 7、8 不能自转,只能绕销轴做行星平动,带动内齿轮 9($m = 1$, $Z = 180$, $\xi = 0.404$)做低速大扭矩的转动。偏心套 6 转一转,齿轮 7、8 带动内齿轮 9 转过两个齿,内齿轮 9 的转动由其端面齿通过三爪卡盘的伞齿轮,带动卡盘的三个卡爪夹紧或松开工件。

这种电动卡盘的结构特点是:

①采用两个作用相同的平动齿轮,这是为了增加传动齿轮的强度,也是为了行星齿轮运动时的惯性力平衡。

②套在偏心套上的两个平动齿轮的外径成对称偏心,其偏心量都为 1.25 mm,分别在 180°的两个方向上与内齿轮啮合。为了便于加工和装配,把两个偏心轴颈设计成不同的尺寸。

③两个行星齿轮上各有 8 个均布的销孔,这些销孔和齿轮都是成对加工的。

④安装在偏心套上的轴承是薄壁轴承,以减小径向尺寸。

⑤定位板上固定有 8 个销轴,每个销轴都同时串装在两个行星齿轮的销孔中,销孔与销轴直径的关系是

$$D = d + 2e + \Delta$$

式中　d——销轴直径,mm;

　　　e——偏心量,mm;

　　　Δ——配合间隙,mm;

　　　D——销孔直径,mm。

设计电动卡盘时有关参数的确定:

①齿轮参数

模数 $m = 1$　　　　　　　　内齿轮齿数 $Z_内 = 180$

分度圆压力角 $\alpha_0 = 20°$　　　移距修正系数 $\xi_内 = 0.404$

行星齿轮齿数 $Z_主 = 178$　　　齿顶高系数 $f_0 = 0.8$

齿根高系数 $f_1 = 1.05$　　　　行星齿轮修正系数 $\xi_主 = 0$

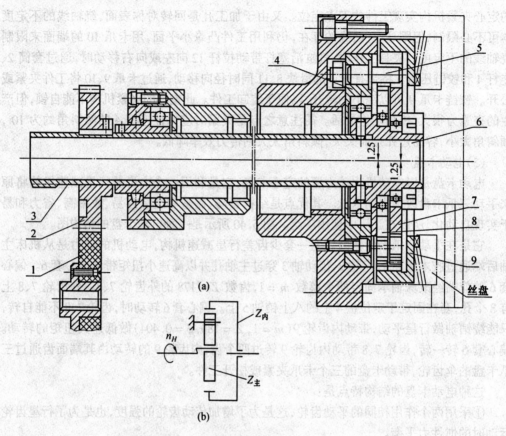

图 5.40　电动卡盘
1—胶木齿轮；2—齿轮；3—传动轴；4—定位板；5—限位销轴；
6—偏心套；7、8—平动齿轮；9—内齿轮

②行星减速机构传动比 $i_{H内}$ 的计算

图 5.40(b)所示为电动卡盘行星机构传动原理图，根据机械原理行星减速机构传动比的计算得

$$\frac{n_主 - n_H}{n_内 - n_H} = \frac{Z_内}{Z_主}$$

因为

$$n_主 = 0$$

所以

$$i_{H内} = \frac{n_H}{n_内} = \frac{Z_内}{Z_内 - Z_主}$$

从上式可知，通过内齿轮大量的减速，可使丝盘获得大扭矩，并将工件夹紧。

③夹紧扭矩 M 的计算

$$M = M_d \cdot i_{H内} \cdot \eta$$

式中　M_d——电机轴输出扭矩，Nm；

$$M_d = 7\,162 \times 1.36 \times \frac{N}{n}$$

N——电机功率，kW；

n——电机转数，r/min；

η——传动机构总机械效率。

传到卡盘上的夹紧力

$$W = \frac{2 \times 10^2 \cdot M}{3\mu d}(\text{N})$$

式中　μ——卡爪与工件之间的摩擦系数；

d——工件直径，mm。

电动机输出轴的力矩，经行星机构减速后，使丝盘上的转速降低，则其力矩相应增大。转速降低多少倍，则丝盘上力矩增大多少倍(不计摩擦损失)。一般在两齿差的情况下要增大 90 倍，在如此大的扭矩作用下，卡盘的卡爪容易将工件夹坏，这个问题可通过限制电流的方法来解决。

电动卡盘的电气原理如图 5.41 所示，这是一个正反转的控制电路，控制电动机的正反转。通过行星机构实现卡盘的夹紧或松开，夹紧力的大小由过电流继电器控制。此电路中有两条并联路径：其一是由正转按钮 ZQA，反转接触器常闭触头 2C，正转接触器 1C 等组成；其二是由反转按钮 FQA，正转接触器常闭触头 1C，反转接触器 2C 等组成。

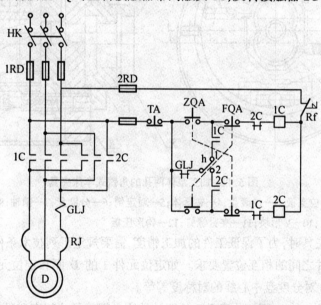

图 5.41　电动卡盘的电气原理图

1C、2C—交流接触器；ZQA—正转动起按钮；FQA—反转起动按钮；GLJ—过电流继电器；

TA—停止按钮；RJ—热继电器；h—单刀双掷开关

需正向夹紧时，把开关 h 合在位置 1(反向夹紧合在位置 2)，当按下 ZQA 时，1C 通电，电动机正转，这时正转常闭触头 1C 断开，使反转接触器 2C 不可能得电，实现正反转互锁。当夹紧力达到预定值时，电动机被堵转，电流增大，过电流继电器动作，它的常闭触点断开，使 1C 断电，电动机停转，卡盘的卡爪处于夹紧状态下。松开时，按下反转按钮 FQA，1C 首先断电，而其常闭触头 1C 闭合，反转接触器 2C 通电，电动机反转，同时 2C 常闭触头打开,使 1C 不可能得电,实现 1C、2C 互锁。夹紧力的大小可以调整过电流继电器 GLJ 的电流大小来实现,如果 GLJ 失调,则热继电器 RJ 起作用,使电动机不致烧坏。

　　2.角铁式车床夹具

　　图 5.42 所示为加工泵体的角铁式车床夹具,依次车削泵体的两个孔,需保证两孔的中心距尺寸。由于孔距较近,尺寸公差又要求较严,故采用分度夹具。工件以定位支板 1、2 和可移动的 V 形块 10 实现定位,用两块压板 9 夹紧,工件和定位夹紧元件都安装在分度盘 6 上,分度盘绕偏离回转轴线安装的销轴 7 回转,用对定销 5 在夹具体的两个分度孔中定位。将分度盘转动 180°,对定销在弹簧作用下,插入夹具体上的第二个分度孔中,利用钩形压板 12 将分度盘锁紧,就可车削工件上的第二个孔。此夹具利用夹具体 4 上的止口,通过过渡盘 3 与车床主轴连接。为了安全夹具上设有防护罩 8。

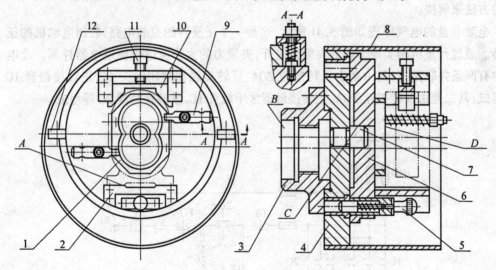

图 5.42　加工泵体两孔的角铁式车床夹具

1、2—定位支板;3—过渡盘;4—夹具体;5—对定销;6—分度盘;7—销轴;8—防护罩;
9—压板;10—V 形块;11—夹紧螺钉;12—钩形压板

设计此类夹具时,为了保证工件的加工精度,需要规定下列技术条件:

　　①定位元件之间的相互位置要求。如定位元件 1 的 D 面和定位元件 2 的 A 面的垂直度,V 形块 10 对分度盘中心线的对称度等等。

　　②定位元件 2 的 A 面与分度盘 6 的回转轴线之间的尺寸精度和平行度要求。

　　③夹具在机床主轴上的安装基面 B 的轴线与分度盘定位基面 C 的轴线之间的尺寸精度和平行度要求。

　　④两分度孔的位置精度和分度盘与销轴的配合精度的要求。

　　图 5.43 是加工螺母座孔的角铁式车床夹具。工件以一面二孔在夹具的一面二销上定位,两压板 8 分别夹紧工件。导向套 6 作为单支承前导向,以便在精加工时用铰削或镗削来校正孔的精度。7 是平衡块,根据需要配重,以消除夹具在回转时的不平衡现象。定程基面 5 用于确定刀具的轴向行程,以防止刀具与导向套相碰撞。

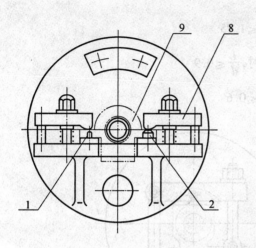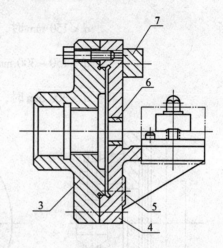

图 5.43　加工螺母座孔的角铁式车床夹具

1—圆柱销；2—削边销；3—过渡盘；4—夹具体；5—定程基面；6—导向套；
7—平衡块；8—压板；9—工件

3. 车床夹具的设计要点

(1) 定位装置的设计要求

设计车床夹具的定位装置时，必须保证定位元件工作表面与回转轴线的位置精度。例如在车床上加工回转表面时，就要求定位元件工作表面的中心线与夹具在机床的安装基准面同轴。如图 5.39 中，定位锥套 6 的轴线与过渡盘 1 的定位孔轴线必须有同轴度要求。对于壳体、支座类工件，应使定位元件的位置确保工件被加工表面的轴线与回转轴线同轴。图 5.43 中，采用一面二销为定位元件，则一面二销的位置要保证螺母座孔的轴线与主轴回转轴线同轴。

(2) 夹紧装置的设计要求

车削过程中，夹具和工件一起随主轴作回转运动，所以夹具要同时承受切削力和离心力的作用，转速越高，离心力越大，夹具承受的外力也越大，这样会抵消部分夹紧装置的夹紧力。此外，工件定位基准的位置相对于切削力和重力的方向来说是变化的，有时同向，有时反向。因此夹紧装置所产生的夹紧力必须足够，自锁性能要好，以防止工件在加工过程中脱离定位元件的工作表面而引起振动、松动或飞出。设计角铁式车床夹具时，夹紧力的施力方向要防止引起夹具的变形。如图 5.44(a) 所示的施力方式，其夹紧装置比较简单，但可能会引起角铁悬伸部分的变形和夹具体的弯曲变形，离心力、切削力会助长这种变形。如采用图 (b) 的铰链压板结构，夹紧力虽大，压板有变形，但不会影响加工精度。

(3) 夹具总体结构的设计要求

① 车床夹具一般在悬伸状态下工作，为保证加工的稳定性，夹具结构应力求紧凑，轮廓尺寸要小，悬伸要短，重量要轻，且重心尽量靠近主轴。

夹具悬伸长度 L 与其外廓直径 d 之比可参考下式选取：

当

$$d < 150 \text{ mm 时}, \frac{L}{d} \leqslant 1.25$$

$$d = 150 \sim 300 \text{ mm 时}, \frac{L}{d} \leqslant 0.9$$

$$d > 300 \text{ mm 时}, \frac{L}{d} \leqslant 0.6$$

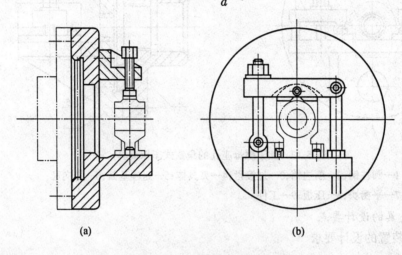

(a)   (b)

图 5.44   夹紧力施力方式的比较

②夹具上应有平衡装置。由于夹具随机床主轴高速回转,如夹具不平衡就会产生离心力,不仅引起机床主轴的过早磨损,而且会产生振动,影响工件的加工精度和表面粗糙度,降低刀具寿命。平衡措施有两种:设置配重块或加工减重孔。配重块的重量和位置应能调整,为此,夹具上都开在径向或周向的 T 形槽。

③夹具的各种元件或装置不允许在径向有凸出部分,也不允许有易松脱或活动的元件,必要时加防护罩,以免发生事故。

④加工过程中工件的测量和切屑的排除都要方便,还要防止冷却润滑液的飞溅。

5.4.2   圆磨床夹具的结构特点及其设计

圆磨床夹具的特点是精度高,夹紧力小,因而多采用定心精度高、结构简单、效率高的轻型结构。下面介绍两种常用和典型的圆磨夹具。

1.磨齿轮内孔的膜片卡盘

齿轮的齿形表面要高频或中频淬火,以提高硬度增加耐磨性。淬火后,齿形表面会发生变形,故需要磨削。为了使磨削余量均匀,保持齿面均匀的淬硬层,同时要保证齿圈与内孔的同轴度,通常都是以齿形表面做定位基准,先磨削内孔,再以磨好的内孔定位磨削齿形表面。

图 5.45 是一种以齿形表面定位磨削内孔的夹具,图(a)为被磨齿轮的工序简图,图(b)是夹具结构图。以六个滚柱 5 放在齿形表面上做定位元件,膜片上的卡爪 3 在拉杆 1 向左移动时而产生弹性变形,卡爪通过滚柱将工件定心夹紧。六个滚柱装在同一个保持

架6内而连成一体,先把带滚柱的保持架装在被磨削的齿轮上,让滚柱落入齿槽中,再连同被磨削齿轮一起装入卡盘内,这样装卸工件迅速方便。滚柱的数目从定位角度考虑,只需要三个就能自动定心,实际上为了减少被磨削齿轮的变形,往往用较多数量(一般不超过5~6个)的滚柱来定位。卡爪3的数目与滚柱相等,并做成可调的,以适应不同直径的工件或卡爪磨损后的补偿。为了连接可靠,卡爪3与爪体2以密齿咬合,调整后要进行临床"修磨",以保证卡爪的定心轴线与机床回转轴线严格同轴;并和经过修磨的三个支承钉4的端面垂直,以提高卡爪的定心精度。修磨时应让卡爪留有向内收缩的变形量,变形量的选取应满足磨削齿轮内孔时卡爪对滚柱的夹紧力要求。一般取直径上的变形量为0.4mm左右,然后按滚柱的外公切圆直径磨出卡爪的夹紧弧面。滚柱直径和滚柱的外公切圆直径的计算,见图5.46和下列公式。

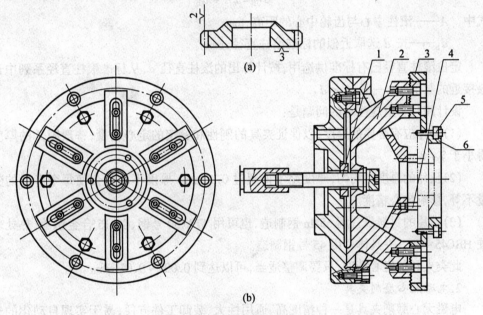

图5.45　磨齿轮内孔的膜片卡盘
1—拉杆;2—爪体;3—卡爪;4—支承钉;5—滚柱;6—保持架

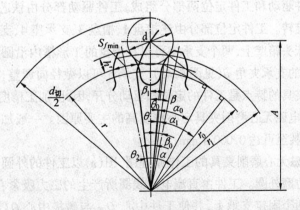

图5.46　滚柱直径 d 与滚柱外公切圆直径 $d_{切}$ 的计算图

滚柱直径 d

$$d = 2[r_0 \tan(\alpha_1 + \beta_1) - r_1 \sin \alpha_1]\,(\mathrm{mm})$$

式中　r_0——基圆半径,mm;

　　　r_1——滚柱与齿形面接触处半径,mm;

$$r_1 = r_f + (0.5 \sim 0.7)h$$

　　　α_1——滚柱与齿形面接触点的压力角 $\alpha_1 = \arccos \dfrac{r_0}{r_1}$;

　　　β_1——滚柱与齿形面接触点中心角的角度值。

滚柱外公切圆直径 $d_{切}$ 的计算

$$d_{切} = 2A + d_b$$

式中　A——滚柱中心与齿轮中心的距离,mm;

　　　d_b——按 d 选取近似的标准滚柱直径,mm。

定位滚柱直径已有标准供选用,按计算出的滚柱直径 d,从标准滚柱直径系列中选取最接近的数值 d_b,一般 $d_b < d$。

设计膜片卡盘应注意的问题是:

(1)膜片应有必要的厚度,以保证夹具的刚性和稳定的定心精度,一般膜片的厚度不得小于 $7 \sim 8$ mm。

(2)膜片的厚度要均匀,厚度差不得超过 0.1 mm。厚度不均匀会使每个卡爪的变形量不等,影响定心精度。

(3)膜片的材料最宜用 65Mn 钢制造,也可用 T7A、50 号钢、GCr15 合金钢等,热处理淬硬 HRC45 ~ 50。夹具体可用 45 号钢制造。

此类夹具的定心精度,只要调整适当,可以达到 $0.005 \sim 0.01$ mm。

2. 电磁无心磨削夹具

电磁无心磨削夹具是一种精度高、通用性大、装卸工件方便,易于实现自动化的先进夹具。它所能产生的电磁吸力不大,一般为 $(3 \sim 13) \times 10^5$ Pa,适用于薄壁易变形的小型导磁工件,在轴承内外环的磨削加工中广泛采用。图 5.47 所示是一种电磁无心磨削夹具的结构图。它由工件驱动和工件定位两部分组成,工件驱动部分由铁芯 2、磁极 6 等组成,由机床主轴带动旋转。工件定位部分由连接盘 1、槽盘 3、支承座 4、支承 5 等组成。连接盘固定在机床的床头箱壁上,两个支承座可以在槽盘的 T 形槽内沿圆周方向分别进行调整,以获得最合适的支承夹角 β(见图 5.48),支承 5 可以做径向调整,以适应工件的不同直径尺寸。这种夹具的特点是工件的定位和驱动分开,因此,加工精度不受机床主轴回转精度的影响,这是电磁无心磨削夹具定心精度高的主要原因。一般加工后的同轴度可达 $0.004 \sim 0.01$ mm,甚至可达 0.000 4 mm。

图 5.48 是电磁无心磨削夹具的工作原理图,图(a)以工件的外圆定位磨内孔,图(b)以工件的外圆定位磨外圆。工件由直流电磁线圈所产生的磁力吸紧在磁极端面上,工件的外圆表面靠在两个固定支承上,并使工件中心 $O_工$ 与磁极中心 O(即机床主轴回转中心)有一个很小的偏心量 e(0.15 ~ 0.5 mm)。由于偏心量 e 的存在,当磁极转动时,工件

受到两个固定支承的限制,就在磁极接触面上产生相对滑动和摩擦力,因而对工件产生相对摩擦扭矩 M_μ 和径向夹持力 F_μ。M_μ 带动工件转动,F_μ 通过工件的中心 $O_{\text{工}}$ 并垂直于偏心矩 e,且与磨削力合成后的合力位于两支承夹角 β 之间,使工件在加工过程中与支承接触稳定。

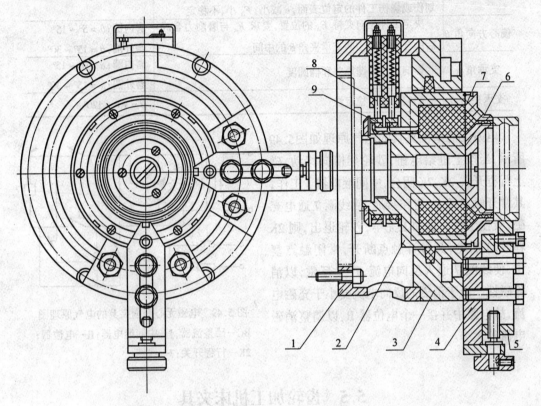

图 5.47　电磁无心磨削夹具的结构图

1—连接盘;2—铁芯;3—槽盘;4—支承座;5—支承;6—磁极;7—线圈;8—碳刷;9—滑环

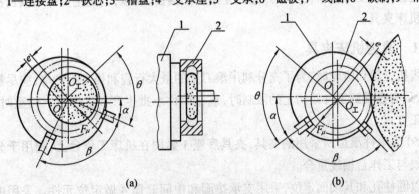

图 5.48　电磁无心磨削夹具的工作原理图

1—磁极;2—工件

　　为了保证工件的加工精度,应正确地选择偏心量 e、偏心方向角 θ、支承角 α 以及两支承之间的夹角 β 等参数(见表 5.7)。

表5.7 电磁无心磨削夹具主要角度参数

参数名称	说 明	数值范围
偏心量 e	决定工件径向夹持力 F_μ 的大小和工件的稳定性。增大 e 值, F_μ 增大,工件稳定性好,但支承面摩擦加剧,易划伤或烧伤工件的定位表面, e 减小, F_μ 小,不稳定	$e = (0.15 \sim 0.5)\,\text{mm}$
偏心方向角 θ	决定工件径向夹持 F_μ 的位置,要求 F_μ 与磨削力合成后的合力作用在两支承夹角 β 的中间	磨内圆: $\theta = 5° \sim 15°$
		磨外圆: $\theta = 15° \sim 30°$
支承角 α	影响工件的壁厚差和椭圆度	磨内圆: $\alpha = 0° \sim 15°$
		磨外圆: $\alpha = 15° \sim 30°$
支承夹角 β	影响工件的稳定性	$\beta = 90° \sim 120°$

电磁无心磨削夹具的电气原理如图5.49所示,当按上进给电钮,砂轮架横向移动,碰上行程开关2K,2K闭合,中间继电器J工作,其常开触点闭合,电路接通,使线圈7通电充磁,吸住工件。当加工完毕,砂轮退出,则2K释放,J断电,其常开触点断开,常闭触点复位,使线圈7通入反向电流,产生反磁,以消除磁性。由于消磁的反向电流要小于充磁电流,故电路中并接一个电位器R,以调整消磁电流的大小。

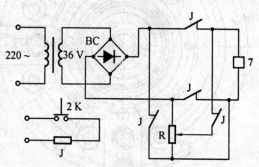

图5.49 电磁无心磨削夹具的电气原理图
BC—硒整流器;J—中间继电器;R—电位器;
2K—行程开关;7—线圈;

5.5 齿轮加工机床夹具

齿轮的齿形加工方法中使用最广泛的是滚齿和插齿,所以,这里主要介绍滚齿机床夹具和插齿机床夹具。

5.5.1 滚齿机床夹具

在滚齿机上滚切齿轮时,为了充分利用滚刀架的最大行程和提高生产率,应尽量采用多件加工,只有在受到工件结构上的限制时,或在单件小批生产和工件较大较重时,才采用单件加工方式。

图5.50为单件滚齿所采用的夹具,夹具底座1紧固在机床工作台上,利用千分表校正夹具轴线与工作台轴线重合。

工件以圆柱孔和其端面定位,采用支承垫圈和中间套筒4做定位元件。采用中间套筒的目的是为了可以利用同一根心轴,来安装内孔直径大小不同的齿轮。6是夹紧垫圈,通过球面垫圈和螺帽对工件轴向施力,夹紧工件。心轴5安装在底座中间1:10的锥孔中,锥孔楔紧后能自锁,心轴不致发生转动:心轴上端由机床上的固定扶架来支承,以增加心轴的刚性。

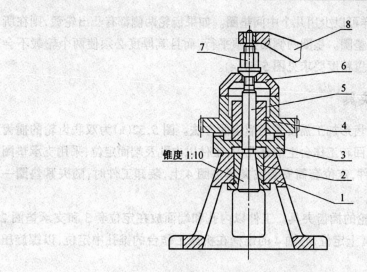

图 5.50　单件加工用滚齿夹具

1—底座；2—衬套；3—支承垫圈；4—中间套筒；
5—心轴；6—夹紧垫圈；7—螺帽；8—固定扶架

图 5.51 为多件滚齿夹具，工件如图(b)所示，以花键孔和端面定位，采用花键心轴 3 和中间垫圈 4 做定位元件。由于齿轮的轮毂偏向一边凸出，所以每两个齿轮并靠一起，使

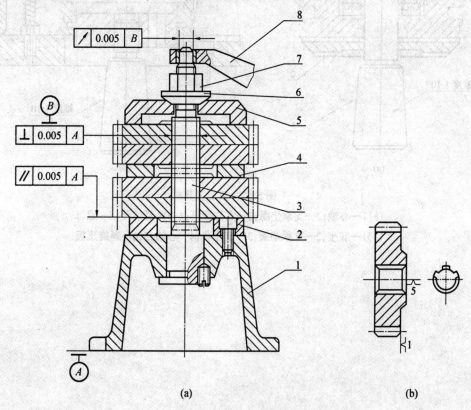

图 5.51　多件滚齿夹具

1—底座；2—支承垫圈；3—花键心轴；4—中间垫圈；5—夹紧垫圈；6—球面垫圈；7—螺帽；8—固定扶架

轮毂凸出部分都向外,这样可以少用几个中间垫圈。如果齿轮两侧都有凸出轮毂,则在所有的相对平面上都要放置垫圈。垫圈两侧面必须平行,而且其厚度必须使两个轮毂不会相碰。夹具结构和相互位置精度要求见图 5.51(a)。

5.5.2　插齿机床夹具

多联齿轮或内齿轮的齿形加工需要采用插齿的方法。图 5.52(a)为双联齿轮的插齿夹具。心轴 1 安装在机床回转工作台上的锥孔中,工件以内孔及端面定位,采用支承垫圈 2 和定位套筒 3 做定位元件,定位套筒安装在夹紧垫圈 4 上,装卸工件时,随夹紧垫圈一起装上或卸下。

图 5.52(b)为插内齿轮的插齿夹具。工件以内孔和端面放在定位套 3 和支承垫圈 2 上定位,定位套 3 在心轴 4 上定位,心轴 4 的锥柄在机床工作台的锥孔中定位,以螺旋压板 5、6 夹紧工作。

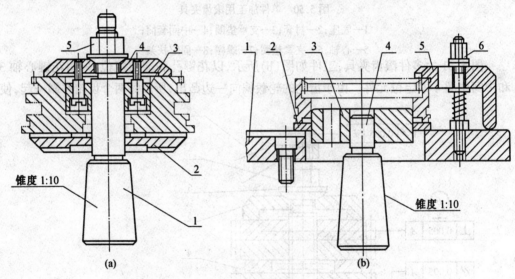

图 5.52　插齿夹具

(a)1—心轴;2—支承垫圈;3—定位套筒;4—夹紧垫圈;5—螺母

(b)1—底座;2—支承垫圈;3—定位套;4—心轴;5、6—螺旋压板

第 6 章

可调夹具及组合夹具设计

6.1 概　述

随着科学技术的进步和生产的发展,国民经济各部门要求机械工业不断提供先进的技术装备和研制新的产品品种,这就促使机械工业的生产形式发生了显著变化。表现在产品更新换代的周期缩短、品种规格增多、多品种小批量生产类型比重增大。许多先进工业国家的统计资料表明,在现代工业中,约有 80% 的企业是属于多品种小批量生产类型。因此,原来以专用夹具为主的传统生产技术准备工作的方式,就远远不能适应当前机械工业所面临的新形势。这就提出了多品种小批量生产的夹具设计和研究的课题。

人们在生产实践中,不断地对机床夹具的设计方法和结构形式进行分析总结,形成了可调夹具、组合夹具等新的夹具形式,以适应多品种小批量生产类型的需要。

可调夹具是按着夹具结构多次使用的原则来设计的。它又可分为:通用可调夹具和专用可调夹具,后者又可叫做成组夹具。这两种夹具结构上十分相近,在使用中只须调整或更换个别定位元件或夹紧元件,便可供不同种类和不同尺寸的零件使用。

组合夹具是由一套预先制造好的,具有各种不同结构形状、不同规格尺寸的标准元件和合件所组成的夹具。这套元件都具有高精度、高硬度、高耐磨性以及配合部分的完全互换性。利用这些元件,根据被加工零件的工艺要求,可以很快组装成各种机械加工、检验或装配用夹具。夹具使用完后,将其元件拆卸、清洗、油封后入库保管,以备下次再重新组装其他夹具。如此周而复始地循环下去,直至组合夹具元件达到磨损极限报废为止。在正常情况下,组合夹具元件使用寿命可达 15 年之久。

此外,还有一种叫做拼装夹具的,它属于专用夹具范畴,但比一般专用夹具的设计简化,其制造周期亦大大缩短。这是因为,随着夹具零部件标准化程度的提高和专业化生产的发展,使专用夹具可以采用由专业化工厂生产的标准元件来拼装而成。所拼装的夹具,只能对一种产品作一次性使用。当产品改型后,夹具中的大部分元件仍可拆下重新使用,减少了材料的浪费和积压。

我国第一拖拉机制造厂推广使用拼装夹具后,几乎不再进行夹具的重新设计工作。

(1)拼装夹具所使用的标准元件,是由专用夹具标准化、系列化的元件组成,它们虽然也由专业化生产厂制造,但在结构上不同于组合夹具的标准元件。

(2)拼装夹具的连接形式,仍采用通常专用夹具所用的定位销和螺钉紧固的装配方法。而组合夹具则是采用定位槽与定位键和螺钉的连接。

(3)拼装夹具适用于不常拆散的情况下,在拼装前有时需进行一定的加工,它适用于中批量生产类型。

拼装夹具可以说是组合夹具的初级形式,比组合夹具在储备元件上所需的投资要少,元件的制造精度和互换性程度要求低,元件的通用性和组装的万能性也差。

6.2 通用可调夹具及成组夹具

6.2.1 通用可调夹具及成组夹具特点

通用可调夹具及成组夹具都是根据加工对象在工艺上的相似性、尺寸的相近程度对零件进行分类编组进行设计的。二者在原理上和结构上都比较类同,它们的结构一般是由两部分组成。其一是基本部分,包括夹具体、夹紧传动装置和操纵机构等。它可长期固定在机床上,不随加工对象的改变而更换。基本部分约占整个夹具加工量的80%,占整个夹具重量的90%左右。其二是可更换调整部分,包括某些定位、夹紧和导向元件等,它随加工对象不同而调整更换。在使用时,对同一组内不同零件的加工,只需更换或调整有关定位和夹紧元件即可。由此可大大减少夹具设计和制造的工作量,从而缩短生产技术准备时间。

对通用可调夹具来说,其基本部分常可采用通用标准部件。这种夹具在开始设计时,其加工对象并不很确定,故其可更换调整部分的结构设计应考虑有较大的适应性,以满足一定类别形状和一定尺寸范围的零件加工,使它具有较大的通用范围。例如,钳口形状可更换的虎钳、定位件和钻模板可更换的滑柱钻模等,都属通用可调夹具。

图6.1是用于加工圆盘类零件,在不同圆周上钻削加工不同等分孔的通用可调夹具。这个夹具是采用分度装置及其带有升降可调装置的底座做基本部分,利用三爪夹盘做可调节的定位夹紧元件,钻孔在圆盘上的半径位置,由钻模板左右移动调整,其大小由刻度标尺示值。钻孔直径由可换钻套决定。

对成组夹具来说,它是针对成组加工工艺中的一组或一族零件的某一工序而专门设计的夹具。在设计时其加工对象十分明确,其调整范围也只限于在本组内的零件,夹具的基本部分,在设计时其加工对象十分明确,其调整范围也只限于在本组内的零件,夹具的基本部分,常须由加工对象的要求来专门设计。这种夹具既比专用夹具的工艺范围广泛,又比通用可调夹具针对性强,所以它具有结构紧凑和生产率较高的特点。

它适合于工件定位较复杂的具有一定批量的成组加工系统。

表6.1是四种尺寸不同、形状相似的一组成组加工零件。

表 6.1 四种形状相似的成组加工零件的尺寸 （mm）

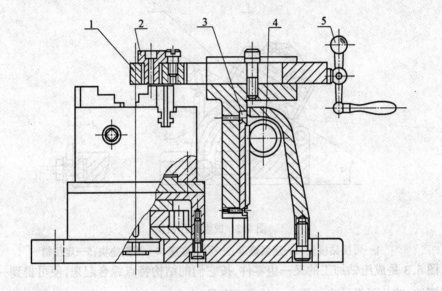

产品序号	基 本 参 数					
	斜孔孔径 D	斜孔数 Z	斜度 α	d	l	β
1	φ4.5	4	90º	φ11.5 ± 0.1	8^{+1}_{0}	90º
2	φ5	4	60º	φ14 ± 0.1	8.5^{+1}_{0}	120º
3	φ5	4	60º	φ14 ± 0.1	8.5^{+1}_{0}	120º
4	φ5.5	4	40º	φ19 ± 0.1	17^{+1}_{0}	140º

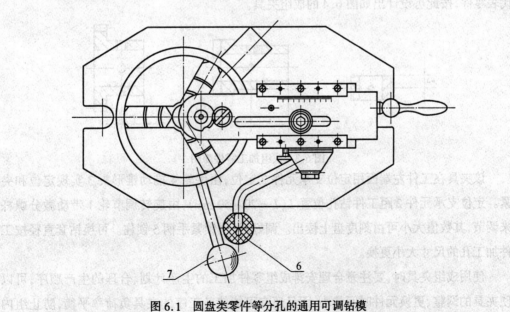

图 6.1 圆盘类零件等分孔的通用可调钻模

1—可移动钻模板；2—快换钻套；3—齿条；4—齿轮；5—移动手柄；6—升降手柄；7—分度手柄

图 6.2 是零件上对 $Z - \phi D$ 一组小孔进行加工所设计的成组斜孔钻模。

成组斜孔钻模由可调底座和可换钻模板两部分组成。可调底座 3 为适应不同 α 角的要求,按正弦原理设计成正弦台形式,通过调整垫块 4 的不同高度,可获得不同的 α 角。角度调好后,利用两侧弧形板在夹具体上的 T 型螺钉固紧。对于工件上不同等分和不同直径的小孔,均由相应的可换钻模板来保证。工作时,将工件放在可换钻模板与压紧螺母之间,靠可换钻模板 1 与压紧螺母之间的螺纹将工件压紧在压紧螺母 2 的底部,压紧螺母 2 可绕定位销 5 旋转,实现斜孔加工的分度。

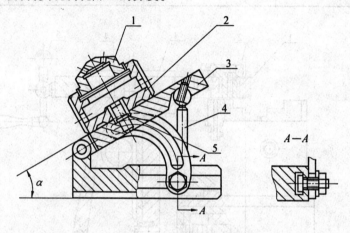

图 6.2 成组斜孔钻模

1—可换钻模板;2—压紧螺母;3—可调底座;4—调整垫块;5—定位销

图 6.3 是成组钻加工的又一组零件,按它们的结构特点综合起来,便可得到一个典型代表零件,按此可设计出如图 6.4 的成组夹具。

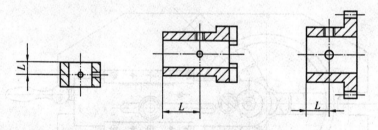

图 6.3 成组加工零件简图

该夹具在工件左端面用定位支承元件 2 定位,由手轮 4 推动锥形头 3 实现定位和夹紧。定位支承元件 2 距工件钻孔位置 $L(L = 20 \sim 50 \text{ mm})$,由旋转调节轮 1 带动微分螺杆来调节,其数值大小可由刻度盘上读出。调好后,用锁紧手柄 5 锁住。可换钻套直径按工件加工孔的尺寸大小更换。

使用成组夹具时,要注意合理安排成组零件加工的生产计划、合理的生产顺序,可以使夹具的调整、更换元件时间最小,而且还有可能使各工序的夹具负荷率平衡,防止组内一部分零件的工序集中在一套成组夹具上,影响均衡生产。

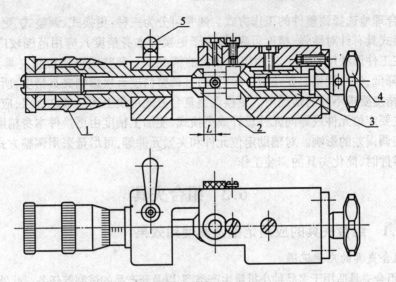

图 6.4 套筒类零件钻孔的成组夹具

1—定位调节轮；2—定位支承；3—锥形头；4—夹紧手轮；5—锁紧手柄

6.2.2 成组夹具的设计原则

成组夹具的设计除遵循专用夹具的有关设计原则外，尚须注意以下几点。

(1)在被加工零件按编码系统分类并编制出成组加工工艺的基础上，综合出该组内的典型代表零件，据此来进行夹具的设计。若同组零件中的工件尺寸范围相差过大，则可将其尺寸分段，分别进行设计。一般情况下，在一个成组夹具内的加工零件种类不宜过多，以不超过 5 种为宜。

(2)夹具体是成组夹具的基础，设计的好坏直接影响夹具结构的合理性和使用效果。通常在保证一定刚度和外形尺寸允许的条件下，使夹具体尽量适用于同组零件的全部或大部分的需要。

(3)对于更换调整部分的设计，要求在调整更换有关元件时应作到，快速、准确、简便、可靠。为此要求尽量减少调整件数量，以构思巧妙的结构代替。

图 6.5 是加工轴类端面上孔系的成组夹具，在设计时，只要保证尺寸 h 基本不变，则夹紧压板 4 就可适应各种零件的加工需要，从而减少可换件的数量。

(4)尽可能采用高效夹紧装置。如使用气动、液压组件、增压装置和高压小流量液压泵站等。

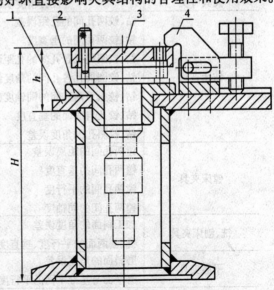

图 6.5 加工孔系的成组夹具

1—夹具体；2—可换定位件；3—钻模板；4—压板

(5)合理地选择调整件的工作方式。通常可分为三种:更换式、调整式、更换调整复合式。更换式具有针对性强、精度可靠(取决于更换件本身精度)、应用范围较广等优点,一般适应在工件形状尺寸和工艺性相差较大的情况下。调整式可使成组夹具元件数量减少、成本降低,但在调整时要花费一定时间,且调整精度直接影响夹具精度,所以它适用在批量小、精度要求不高的情况下。更换调整复合方式可集上述二者之优点,应用较多。通常是将主要定位元件或导向元件设计成更换式,使加工精度由更换件本身精度保证,不受或少受装调误差的影响。对辅助定位元件和夹紧元件等,可尽量采用调整方式,以便在更换加工零件时,简化夹具的调装工作。

6.3 组合夹具

6.3.1 组合夹具的应用范围及其使用效果

1.组合夹具的应用范围

(1)组合夹具适用于多品种小批量生产类型,以及新产品的试制等任务。此外对于成批生产类型的机械加工,亦可利用组合夹具来补充专用夹具数量之不足,提高其工艺装备系数。

(2)组合夹具可以满足各种不同几何形状的工件,在车、铣、刨、镗、钻、磨等机械加工以及检验和装配中使用。在加工尺寸大小方面,组合夹具设有大型、中型、小型三种系列。当前中型系列应用最广泛,它用于加工长度在 30~500 mm,重量在 50 kg 以内的工件。

(3)组合夹具加工工件的精度,主要靠组合夹具元件精度保证,一般可达 IT7 级精度。如果对所用元件经过仔细测量、挑选和合理选配,也可达到更高的加工精度。

据国内多年推广使用组合夹具的实践表明,在机床、刀具和操作正确的情况下,组合夹具所能加工工件的精度如表 6.2 所示。

表 6.2 组合夹具加工工件能达到的位置精度

夹具种类	位置精度项目	误　差/mm
钻床夹具	钻、铰两孔间的孔距误差	100:±0.05
	钻、铰两孔间的垂直度	100:0.05
	钻、铰圆周孔各孔间的孔距误差	±0.03(用分度台)
	钻、铰圆周孔各孔间的角度误差	±3′
	钻、铰上下两孔间的同轴度(双导向)	100:0.03
	钻、铰孔与底面的垂直度	100:0.05
	钻、铰斜孔的角度误差	±0.2′
镗床夹具	镗两孔间的距离误差	100:±0.02
	镗两孔间的垂直度	200:0.01
	镗两孔间的平行度	200:0.01
	镗两孔间的同轴度	100:0.01
铣、刨床夹具	加工斜面的角度误差	±2′
	铣、刨两面的平行度、垂直度	100:0.02
平磨夹具	磨斜面的角度误差	±30′
	磨平面与基准平面的平行度	100:0.02
车床夹具	镗两孔间的距离误差	100:±0.03
	加工孔与工件基准平面间的平行度	100:0.01
	加工孔与工件基准平面间的垂直度	100:0.01

2. 组合夹具的使用效果

图 6.6 是采用专用夹具与采用组合夹具时的设计、制造和使用后的处理所花费时间的比较。

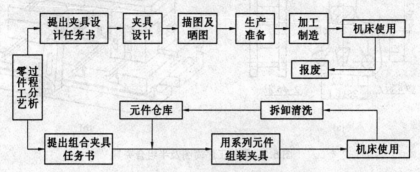

图 6.6　专用夹具与组合夹具设计、制造过程比较

从图中可知：

(1)专用夹具从提出设计开始，经过设计、描晒图、生产准备、加工制造直到使用前，以至最后停产报废为止，是一个开环过程。对一般中等复杂程度的夹具来说，这个过程平均约 200 h 左右。而组合夹具从提出组合夹具任务书开始，组装夹具到使用以及停产后再拆卸、清洗、回库保存，是一个闭环过程。对一般中等复杂程度的夹具，从使用前的组装到使用后的拆卸入库总共约 4 h 左右。由此可知组合夹具比专用夹具节省时间达 98%。

(2)使用组合夹具可以大大减少材料的消耗。一套中型专用夹具平均所需材料按 10～50 kg 计算，而组合夹具每次使用的磨损量则甚微，这样可节省大量金属材料。

(3)使用组合夹具可大大减少存放夹具的库存面积以及有关的管理工作。

(4)使用组合夹具可以减少为专用夹具加工制造所需的设备和人力。

(5)使用组合夹具可提高工艺装备系数，有利于及时平衡生产、保证质量、提高劳动生产率、减轻体力劳动和增加经济效益。

但是，由于组合夹具元件所需储备量大，元件制造精度高，结构较复杂，材料性能要求高等，使一次性投资较大，限制了在中小型企业内推广使用。不过，国内外推广使用组合夹具的经验表明，使用组合夹具的经济效益可在短期内将其投资收回。另外，还可通过设立地区性专业组合夹具组装出租站的办法，为本地区中小型企业服务。但要建立一定的管理制度，使之能加快周转和保护元件的工作精度。

组合夹具是由许多具有互换性的标准元件和合件组成的，因此它与专用夹具相比，一般就显得体积大些、重量重些，在连接处的刚度也弱些。实践证明，所有这些不足伴随着组装工艺的改进和制造技术的提高，正在逐步得到解决。

采用补充个别专用元件与组合夹具元件配合使用，可以扩大组合夹具的使用效果和应用范围，这种夹具有人称之为"半组合夹具"。例如图 6.7(a)就是一个打算用组合夹具钻孔的零件工序简图。由于零件上所要加工的孔间距很近，若完全利用组合夹具的标准元件来组装，或者根本不可能，或者使组装出的夹具体积庞大、结构不紧凑、刚度减弱，致使精度下降，甚至给操作带来不方便，使组合夹具的优点不明显。可根据零件孔间距的加工要求，设计一个专用钻模板与组合夹具的标准元件配合组装成半组合夹具如图 6.7(b)所示。这样使夹具结构紧凑，保证了加工精度，解决了应用组合夹具困难的问题。

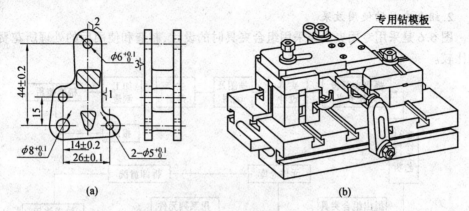

图 6.7 零件工序简图及半组合夹具

6.3.2 组合夹具元件及其作用

为了适应加工零件大小的需要,组合夹具元件分为大型、中型、小型三种系列。

(1)大型组合夹具元件。适用于重型机械制造业,它的连接键宽为 16 mm,紧固螺钉为 M16×1.5 mm,螺栓允许载荷为 16 000 kg,预紧力为 60 000 N,基础板槽间距为 75 mm,最大钻孔直径为 ϕ58 mm。

(2)中型组合夹具元件。适应于一般机械制造业,定位键宽为 12 mm,紧固螺栓为 M12×1.5 mm,螺栓允许载荷为 6 000 kg,预紧力为 30 000 N,基础板槽间距为 60 mm。该系列在国内外应用最广,目前已发展有 800 多个规格的元件。

(3)小型组合夹具元件。适用于仪器仪表工业和电信电子工业,定位键宽为 8 mm,基础板槽间距为 30 mm,连接螺钉为 M8×1.25 mm,螺栓允许载荷为 2 600 kg,预紧力为 13 300 N。

在每种系列中,组合夹具元件按其用途不同,分有 8 大类:基础元件、支承元件、定位元件、导向元件、压紧元件、紧固元件、其他元件和合件。在每一类元件中又分有很多结构类型和不同的尺寸规格,以便在组装各种用途的夹具中搭配选用。例如,在中型系列元件中,各类元件的类型和尺寸规格数量见表 6.3。

表 6.3 组合夹具中型系列元件规格表

序 号	类 别	型 号	规 格
1	基础元件	4	29
2	支承元件	39	185
3	定位元件	27	160
4	导向元件	11	124
5	压紧元件	6	17
6	紧固元件	19	158
7	其他元件	15	84
8	合 件	15	29
合 计	8(类)	136(型)	786(个)

为了掌握组合夹具的组装技术,必须熟悉各类元件的结构特点、尺寸规格和使用方法,以便充分发挥各类元件的效能和特长,运用灵活,组装出刚性好、结构紧凑、使用方便、保证加工精度的组合夹具。

现以中型系列为例介绍 8 类元件的主要结构型式和基本用途。

1.基础元件

它是本系列组合夹具中最大的元件,经常用作组合夹具的夹具体。基础元件又分为方形基础板、长方形基础板、圆形基础板和基础角铁等 4 种形式、6 种结构、29 种尺寸规格,如图 6.8 所示。

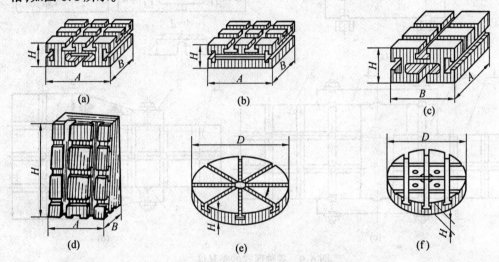

图 6.8　各种基础元件的结构形式
(a)方形基础板;(b)四面槽方形基础板;(c)长方形基础板;
(d)基础角铁;(e)圆形基础板;(f)圆形基础板

在基础元件的各工作表面上,开有十字交叉和不交叉的 T 型槽和螺钉孔。在 T 型槽的交叉中心还设有 $\phi14$ mm 的通孔。在基础元件上可以通过键和螺钉来定位安装其他组合元件。为保证所连接的元件具有一定的位置精度,要求基础件各表面之间的距离和槽宽均按 IT6 ~ IT7 级精度制造,平行度为 200∶0.01,垂直度为 100∶0.01,各表面粗糙度为 $Ra = 0.32 ~ 0.63\ \mu m$。

基础元件除主要用作夹具体外,也可作其他元件使用。如在大型组合夹具中用来作支承板等。

对于圆形基础板,经常用来作车床旋转夹具体和分度装置的基础板。其 T 形槽的分布形式有方格形、放射形(60°或 45°)和其他形式。在圆盘中心处设有 IT7 级精度的通孔和具有同轴度要求的定位止口结构,可用来作为与主轴连接时的定位面。具有放射形式的 T 形槽圆板还可用来作 2、4、6、8 及 12 等分的分度盘用。

在使用中,可根据被加工零件的需要,将不同类型和规格的基础元件,拼装成各种形式和大小不同的夹具体。图 6.9 是由基础元件连接成的各种形式的夹具体。

2.支承元件

支承元件包括垫片、垫板、支承、角铁、V 形铁、伸长板和菱形板等 39 种结构形式,185种尺寸规格的元件。图 6.10 所示是各种支承元件的结构形式。

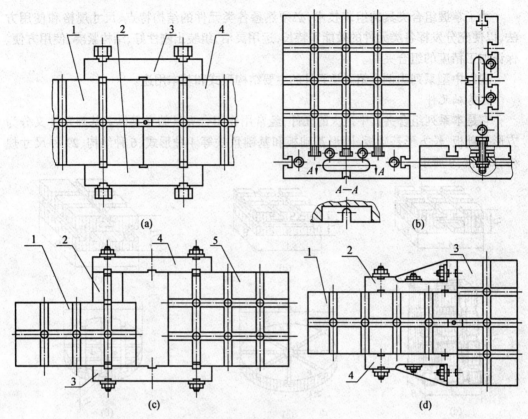

图 6.9　各种形式的夹具体

(a)用伸长板 2、3 将两块基础板 1、4 连接成加长的底座；

(b)用两块基础板直接连成的直角夹具体座；

(c)用方形支承 2 及伸长板 3、4,将基础板 1、5 连接成不对称形式的底座；

(d)用支承角铁 2、4 将基础板 1、3 连接成 T 形底座

支承元件是组合夹具中元件数量最多、应用最广的骨架元件。各种组合夹具的拼装都缺少不了支承元件,它在夹具中起着承上启下的连接作用,即把上面的定位、导向元件及合件等,通过支承元件与下面的基础板连成一体。支承元件通常作为不同形状和不同高度的支承平面用,也可直接作为工件的定位元件使用。在组装小型夹具时,支承元件还可做基础板用(夹具体),使所组装的夹具轻便。

在支承元件上开设有 T 形槽及键槽,以及穿螺钉用的通孔和螺纹孔。利用这些结构可将支承元件与有关元件连成一体。

(1)角度垫板的使用

如图 6.10(c)所示,角度垫板是个方形板件,在其上下两平面上都开设有定位槽,但其方向不同,它们互相扭转了一定角度,有 15°、30°、45°三种。角度垫板主要用来改变支承件的方向,使之得到所需的角度。图 6.11 便是利用 30°角垫板所组成的圆周三等分钻孔用夹具结构。

(2)螺孔板的使用

当欲在基础板两相邻 T 形槽之间得到一个键槽或螺孔结构时,可利用螺孔板来过渡获得,如图 6.12 所示。

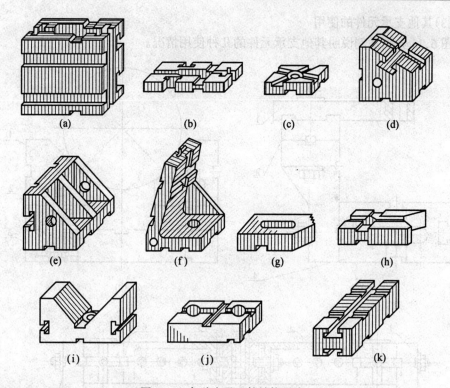

图 6.10　各种支承元件结构形式

(a)长方形支板；(b)长方形垫板；(c)角度垫板；(d)角度支承；(e)加筋角铁；(f)角度支承(左、右)；
(g)菱形板(左、右)；(h)V 形垫板；(i)V 型块；(j)螺孔板；(k)伸长板

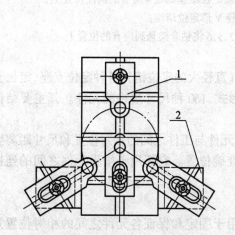

图 6.11　角度垫板的应用实例

1—钻模板；2—30º角度垫板

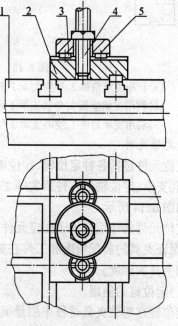

图 6.12　螺孔板使用实例

1—基础板；2—螺孔板；3—直键；
4—双头螺栓；5—定位圆盘

(3)其他支承元件的使用

图6.13分别举例说明其他支承元件的几种使用情况。

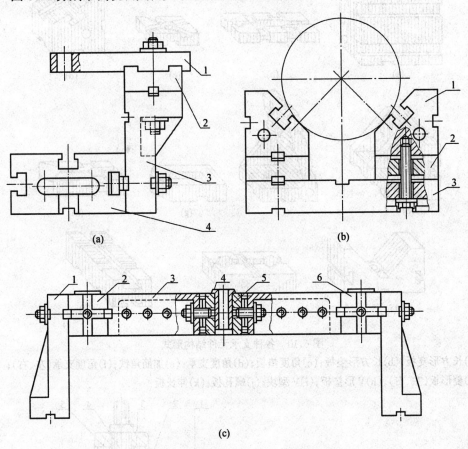

图6.13　支承元件的几种使用实例

(a)利用支承角铁3,导向支承2,把钻模板1固定在距基础板4应有的高度位置上;

(b)利用支承垫板2,角铁支承1等组成大直径V形定位结构;

(c)利用支承角铁1,空心支承3和正方支座2、5、6将钻套架悬到应有的位置上

3.定位元件

定位元件包括各种定位键、定位销、定位盘(直径大的定位销)、各种定位支座、定位支承、镗孔支承、定位轴和各种顶尖等27种结构形式、160种尺寸规格的元件。其主要结构形式如图6.14所示。

定位元件的作用是用于固定元件与元件或元件与工件之间的相对位置和尺寸距离要求,以保证夹具的装配精度和工件在加工中的准确位置。它还用于增强元件之间的连接强度和夹具的刚度。

(1)定位键的使用

定位键在组装夹具过程中用量很大,主要用于固定和保证各元件之间的相对位置及其精度。各种平键依靠键用螺钉紧固在各类元件的键槽内。T形键可在T形槽内滑动,视需要可用定位螺钉把它固定在所需要的位置上。这两种键有多种不同的长度和厚度,可根据需要选用。

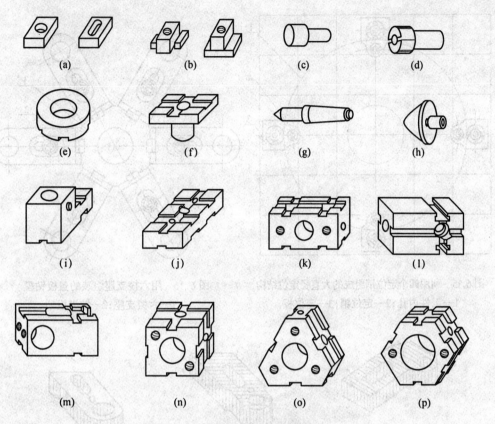

图 6.14 各种定位元件的结构形式

(a)平键;(b)T形键;(c)圆柱销;(d)菱形销;(e)定位圆盘;
(f)定位接头;(h)顶尖;(i)大顶尖;(j)台阶板;(k)定位板;
(l)(m)(n)定位支承;(o)方形支承;(p)三棱支座;(q)六棱支座

(2)定位销和定位盘的使用

定位销和定位盘主要用于外圆和内孔表面的定位。定位时,与工件配合的精度可按 $\dfrac{\text{H7}}{\text{g6}}$ 配合确定。定位销还常与定位板、钻模板配合使用做工件的定位元件用。当工件的定位孔过大或以大外圆定位时,为防止定位元件过大,常利用 3~4 个定位销联合排列在一个圆周上来定位,如图 6.15 所示。

定位盘适用于工件上大于 50 mm 孔径的定位,在它的底面开有十字交叉的定位键槽,槽内有四个 M5×0.8 mm 的螺孔,在其中央处有 18 mm 的通孔,由此可用螺栓和定位键将其组装在其他元件上。

(3)多棱支座的使用

这类支座常用来组装分度钻模板夹具,如图 6.16 所示。

4.导向元件

导向元件主要是用来确定刀具与工件的相对位置,加工时起到正确引导刀具的作用。另外还可作定位元件使用。

这类元件包括各种钻模板、钻套、铰套和导向支承等,其结构见图 6.17。

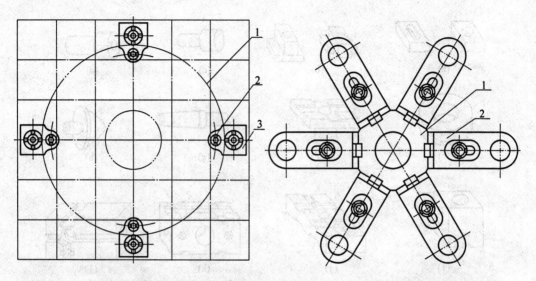

图 6.15　利用四个定位销组成的大直径定位结构
1—工件内孔;2—定位销;3—定位板

图 6.16　用六棱支座组装的盖板钻模
1—六棱支座;2—钻模板

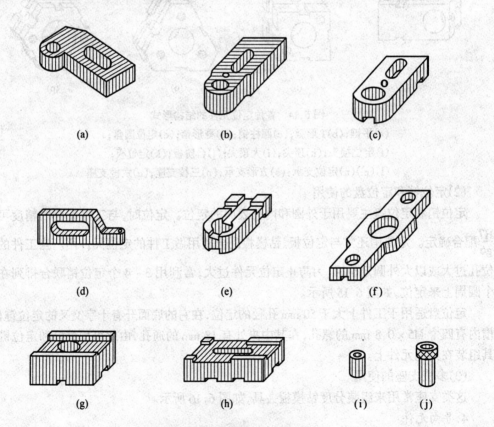

图 6.17　各种导向元件的结构形式

(a)偏心钻模板;(b)不带导向槽的钻模板;(c)单面导向槽钻模板;(d)立式钻模板;(e)双面导向槽钻模板;(f)中孔钻模板;(g)、(h)导向支承;(i)固定钻套;(j)快换钻套

(1)钻模板

钻模板是组装钻床夹具不可缺少的重要元件,钻床夹具在组合夹具中所占数量最多,因此钻模板的结构形式有 22 类,尺寸规格有 92 种之多。在组装钻床夹具时,要根据孔的直径和位置来选择相应孔径和外形尺寸的钻模板。钻模板孔径大小要与标准的钻套外径一致,因此钻模板孔径大小与被加工孔径大小有关。选用时可参见表 6.4。

表 6.4　钻模板孔径选择表　　　　　　　　(mm)

被加工孔直径	钻模板孔径
3 ~ 4.5	8
3 ~ 8	12
8 ~ 14	18
14 ~ 20	26
20 ~ 28	35
28 ~ 38	45
38 ~ 48	58

按钻模板底面分有带定位槽和不带定位槽两种,前者是利用定位键直接在支承元件导向,以调整其适宜位置,而后者则须与专用的导向支承元件相配合使用,如图 6.17(g)、(h)。

大多数钻模板的钻套定位孔偏于一端,组装成悬臂式钻模。这种钻模板多于较小孔径的加工。对于定位孔在中间的叫中孔钻模板,如图 6.17(f),它适用于钻削大孔用,或用支承元件组装成桥式钻模夹具以增加其刚性。

图 6.17(d)为立式钻模板适用于加工孔间距小的工件,由于钻模板厚度加大,使其刚度增强,可使钻模板增大其悬伸长度,或使相邻钻模板之间相互靠近。

钻模板元件在组装夹具时的用途很广,它除了在钻床夹具中用来作支承钻套之外,还可作连接铰链、平面定位块、定位销的支承和夹具体支脚垫块等,如图 6.18。

图 6.18(a)为钻模板元件 3 与定位支承板元件 2 组成铰链式可翻转钻模板结构。

图 6.18(b)为利用钻模板元件 3 的往复移动作平面定位块用,消除工件绕其本身轴线的不定度。

图 6.18(c)为在三个钻模板 3 上装入定位销 2,组成工件大孔 1 的定位结构。

图 6.18(d)为利用钻模板 3 做夹具体 2、1 的支脚垫块。

(2)钻套、铰套

钻套、铰套是用来引导钻头、铰刀的元件,在使用时由于它们内孔直接与刀具接触,因此要求硬度高、耐磨性好。钻套、铰套的外径须与钻模板孔径相配合,其内径尺寸按用途分有钻螺栓孔用、钻螺纹底孔用、铰前钻孔用和铰孔用等。使用时可按有关标准规定选择。

(3)紧套

在钻孔加工中常遇到在同一轴线上加工不同直径的阶梯孔要求,这时钻模板孔径大小的选择应按阶梯孔中最大直径尺寸的钻套外径来选,这样钻阶梯孔中小直径孔时的钻

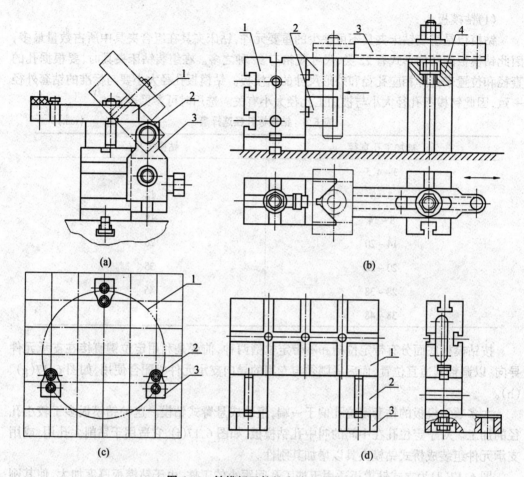

图6.18 钻模板元件的多种应用实例

(a)1—钻模板;2—定位支承板元件;3—钻模板元件

(b)1—支承元件;2—定位元件;3—钻模板元件;4—支承元件

(c)1—工件大孔;2—定位销;3—钻模板

(d)1—夹具体;2—夹具体;3—钻模板

套外径,就有可能无法与已选好的钻模板之孔径相配(钻模板孔径大于钻套外径)。为此,须设计一个过渡用的紧套,紧套的内孔应与小孔钻套的外径过渡配合。紧套的外径尺寸应与最大直径尺寸的钻套外径相同,这样当钻小孔时可将标准钻套压入紧套内,再将它们一起放入钻模板的定位孔中使用。在中型系列的标准元件中,紧套的规格($D \times d$)有$8 \times 18, 12 \times 18, 12 \times 26, 18 \times 26, 18 \times 35, 26 \times 35, 26 \times 45, 35 \times 45, (\text{mm} \times \text{mm})$等8种可供选用。

5. 压紧元件

压紧元件是指用以夹紧工件的各种形状和尺寸的压板。压板的主要工作面都经磨光,因此它们也常当作定位挡板和连接支承以及其他元件使用。压板的结构形式有6种,尺寸规格有17种。可根据被加工零件的形状和使用的机床不同来选择,各种压紧元件的结构形式如图6.19所示。

各种压板的使用参看图6.20所示。

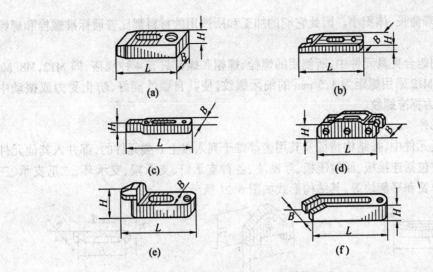

图 6.19 各种压紧元件结构形式

(a)平压板;(b)叉头压板;(c)伸长压板;(d)关节压板;(e)弯压板;(f)开口压板

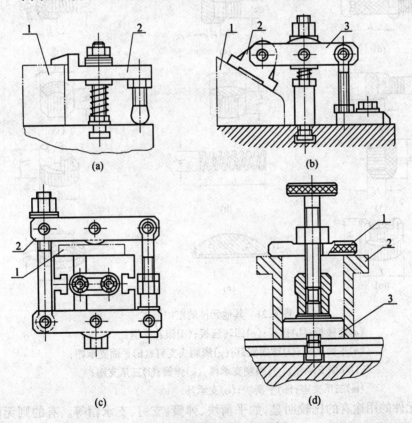

图 6.20 压紧元件应用实例

(a)利用弯压板 2,将工件 1 压紧;(b)利用关节压板 3 和摇板 2 将工件 1 的斜面压紧;

(c)利用关节压板 2 上的弧面,将工件 1 压紧;(d)利用开口垫圈 1 将工件 2 压紧在圆形定位盘 3 上

C.紧固元件

紧固元件包括各种螺栓、螺钉、螺帽和垫圈等,组合夹具上所使用的螺栓、螺帽,一般

要求强度高、寿命长、体积小。因此它们的加工和所选用的材料都比普通标准螺栓和螺帽要好。

中型系列组合夹具元件中,所使用的螺栓、螺帽和螺钉只有 4 种规格,即 M12,M8、M6 和 M5。其中 M12 采用螺距为 1.5 mm 的细牙螺纹,使其自锁性能好,防止受力或振动中松动,其他均为标准螺纹。

7.其他元件

组合夹具元件中,按结构特征及其用途都难于列入以上 6 类元件的,都并入其他元件内。这些元件包括连接板、回转压板、浮动块、各种支承钉、支承帽、支承环、二爪支承、三爪支承以及弹簧和平衡块等,其结构形式如图 6.21 所示。

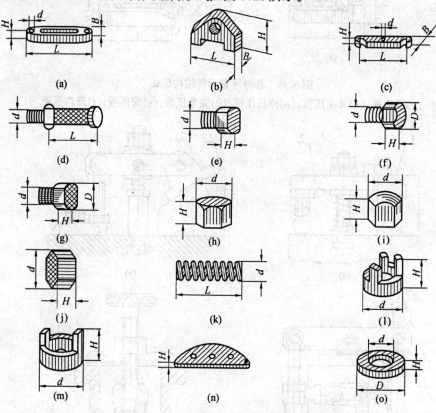

图 6.21　其他元件的结构形式

(a)连接板;(b)摇板;(c)回转压板;(d)滚花手柄;

(e)平面支钉;(f)球面支钉;(g)鳞刺头支钉;(h)平面支承帽;

(i)球面支承帽;(j)鳞刺支承帽;(k)弹簧;(l)三爪支座;

(m)二爪支座;(n)平衡块;(o)支承环

这类元件的用途有的比较明显,如平衡块、弹簧、支钉、支承帽等。有的则无固定用途,若应用灵活得当,则可在组合夹具中起到极为有利的辅助作用。如滚花手柄可用来搬运夹具;在回转压板中间的螺孔内拧上螺钉,则可用来顶紧工件,利用其可回转的特点还有利于装卸工件。

8.合件

合件是由几个元件组成的单独部件,它在组装夹具时不再拆散,而是以其合件形式作为独立单元参加组装。合件由于结构紧凑合理、使用方便而应用广泛,它是组合夹具的重要组成元件。

合件按其用途分有定位合件(顶尖座、可调 V 形块、可调定位盘),导向合件(折合板),分度合件(端齿分度台),支承合件(可调角度支承、可调支承)和夹紧合件(浮动压头),其结构形式如图 6.22 所示。

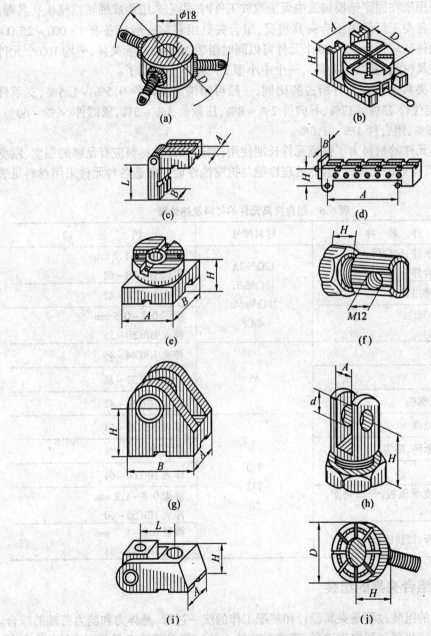

图 6.22　各种合件的结构形式

(a)可调定位盘;(b)分度合作;(c)折合板;(d)正弦规;(e)可调角度转盘;
(f)侧支钉;(g)角度调整关节;(h)关节叉头;(i)关节板;(j)压紧摆动头

可调定位盘适用在大尺寸孔径的定位,使用时根据定位孔径尺寸大小分别调节三个螺钉至尺寸即可。

端面齿分度盘有 40 等分和 360 等分的两种,其分度精度可达 ±30″,用于加工在圆周上等分孔、等分槽等。它的工作台直径已系列化,有 $\phi180$、$\phi240$、$\phi360$、$\phi720$ mm 等,使用时可适当选用。

折合板是用来在固定钻模加工中无法取放工件时,用它来组装成翻转钻模板夹具等。

根据我国各类工厂使用组合夹具情况,组合夹具组装站一般应备有 15 000 ~ 25 000 个组合夹具元件比较适合,20 000 个元件可以同时组装 200 ~ 250 套夹具,平均 100 个元件可组装一套夹具(指较复杂的夹具),一个中小型工厂基本上够用了。

一套组合夹具中各类元件所占的比例,一般可归纳为基础件 0.5% ~ 1.5%,支承件 13% ~ 18%,定位件 13% ~ 17%,导向件 2% ~ 8%,压紧件 3% ~ 5%,紧固件 56% ~ 60%,辅助件 2% ~ 6%,组合件 1% ~ 2.5%。

组合夹具元件的材料为了保证元件长期使用,制造元件的材料应有足够的强度、刚度及韧性,并应有很好的切削性能、热处理性能与抗腐蚀性能。制造各种元件采用材料见表6.5。

表 6.5　组合夹具元件的材料及热处理

元 件 名 称	材料牌号	热 处 理
基础件、支承件、定位件、导向件、组合件	12CrNi3A 18CrMnTi 18CrMnMo	渗碳 0.8 ~ 1.2 mm
		淬火 HRC58 ~ 62
双头螺栓、槽用螺栓		淬火 HRC38 ~ 42
垫片	40Cr	渗碳 0.2 ~ 0.5 mm
		淬火 HRC50 ~ 55
键		淬火 HRC44 ~ 46
滚花手柄	45	淬火 HRC32 ~ 38
螺母、垫圈、螺栓		淬火 HRC38 ~ 42
定位销、定位盘		淬火 HRC48 ~ 54
对定栓、支承环、顶尖		淬火 HRC54 ~ 58
钻、铰套	T10 T12 20	淬火 HRC60 ~ 64
三爪、二爪支承压板,开口垫圈,支承螺母		渗碳 0.8 ~ 1.2 mm
		淬火 HRC55 ~ 60
摇板、连接板、回转压板		渗碳 0.8 ~ 1.2 mm
		淬火 HRC54 ~ 58

6.3.3　组合夹具的组装

组合夹具的组装过程是夹具设计和装配工作的统一过程,是体力和脑力劳动的综合。所以应遵循一定步骤和程序来进行,通常正确的组装过程是按准备阶段、拟定组装方案、试装、连接并调整紧固元件、最终检验等 5 个步骤。

1.准备阶段

首先应熟悉被加工的零件图及其加工工艺,了解工序加工要求,所使用的加工方法及设备、刀具等情况。在熟悉情况过程中,力求获得本工序所要加工的实物,以便弄清工件毛坯的状况,进一步确定工件的定位、夹紧和工件加工时的装卸等问题。

2.拟定组装方案

在保证工序加工要求的前提下,确定出工件的定位基准面和夹紧部位,从而选择出适合的定位元件、夹紧元件以及相应的支承元件和基础板等。同时要注意夹具的刚度和操作的方便性。

有时在拟定方案的同时,还须进行定位尺寸和调整尺寸的计算,以及必要的专用件的设计。

3.试装

把初步设想的组装方案先进行试装一下,对一些主要元件的尺寸精度、平行度、垂直度等需进行必要的挑选和测量。但各元件在试装时不必紧固,因为试装的目的是验证一下所拟定的结构方案是否合理,以便进行修改和补充。试装后应达到下列要求。

(1)定位合理准确、夹紧可靠方便,在加工过程中夹具有足够的刚性,确保工件的加工。

(2)夹具结构紧凑,各元件结构尺寸选择合理。

(3)装卸工件方便、操作简单,清除切屑容易。

(4)夹具在机床上安装可靠、找正方便。

(四)连接、调整和固定各元件

经过试装肯定夹具结构方案后,即可进行擦洗元件,按照所确定的结构方案进行组装。一般按自下而上和由内向外的顺序,将有关元件分别用定位键、螺栓、螺母等连接起来。在连接过程中,要对有关尺寸进行测量和调整,即要边组装、边测量、边调整、边紧固。其中调整所占工作量最大,应细心准确,充分注意利用各元件之间的配合间隙进行微调。

使其调整精度达到零件图上相应尺寸公差的 $\frac{1}{3} \sim \frac{1}{5}$。

夹具组装之后,要进行一次全面细致地检验,其检验内容有:

(1)按工序加工要求来检验有关尺寸精度和位置精度,必要时还要通过试切来检验被加工零件的实际精度。

(2)检验在试装中所提出要达到的几点要求。

(3)检验夹具应带的各种元件和工具是否齐全,如快换钻套等。

在夹具进行精度检验时,应注意测量基准的合理选择和检验方法与量具精度的可靠性。

6.3.4　组装举例

1.组装前应考虑的几点

在组合夹具中钻孔夹具应用最多,约占总数的 50% 以上。根据不同工件和所要加工孔的性质不同,钻孔夹具形式也是多种多样的。但从钻孔夹具的共同特点出发,组装前应考虑以下几点。

(1)根据被加工工件材料和加工余量的不同,需排屑的空间距离大小也不同。一般脆性材料和加工余量小时,可使钻模板距工件表面之间距离小些。对于韧性材料,如钢材等,距离要大些。但为了提高导向精度,增加夹具的整体刚度,其排屑空间距离一般不宜超过钻孔直径。

(2)钻孔时夹具所承受的切削力一般不大,大多数钻孔夹具在加工使用中,需用手来移动,因此应使其结构轻巧、紧凑。

(3)对于有同轴度要求的上下两孔同时加工时,应注意钻头的导向,必要时可采用双导向钻模结构。图6.23即为双导向钻模结构的一个示例。

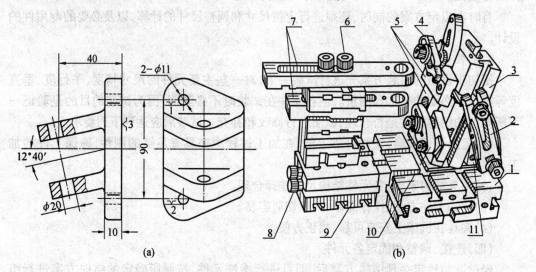

图6.23 汽车滚轮支架工序简图及钻斜孔组合夹具

1—方形基础板;2—关节压板;3—长方形基础板;4—压板;5—中孔钻模板;
6、8—螺母;7—钻模板;9—支承元件;10—连接元件;11—紧固支承

图6.23(a)是一个汽车滚轮支架工序简图,要求用组合夹具加工两个 $\phi20$ mm 的同轴孔。

由图可知,$\phi20$ mm 孔应以工件的底面作为第一定位基准。在此底面上的两个 $\phi11$ mm 的孔作为第二、第三定位基准,以实现完全定位。

定位基准选好之后,就可开始考虑夹具结构方案。首先选一个与工件底面尺寸相应的长方形基础板3,参看图6.23(b),在基础板3的上面装上两块中孔钻模板5,利用精度较高的中孔,分别配入定位圆柱销和菱形销,做两点定位和一点定位用。两块中孔钻模板的上平面就做工件底面的定位支承面。然后再在基础板3上的适当位置,装上压板4和连接板10(利用连接板做长压板使用),用这两个压板将工件夹紧。

2.斜孔角度的组装

选用尺寸大于基础板3的方形基础板1做夹具体的主要底座。将已装好定位和夹紧元件的基础板3(在此做支承元件用)倾斜放在方形基础板1的T形槽上,用关节压板2连接并调成12°40′的倾斜角。关节压板2的下端与基础板1上的紧固支承11相连,其上端与固定在基础板3侧面T形槽内的螺栓相连。

3.钻模板结构的组装

为了使所加工的上下两个 $\phi20$ mm 孔的同轴度达到要求,使钻孔时的钻头得到更好的引导,应采用双导向钻模板结构。首先从基础板1的侧面上连接支承元件9,在其上面再罗列一些必要的支承件,以达到钻模板应具有的高度要求。然后分别装上两块钻模板7,构成双导向钻模板结构。以上各元件均采用定位键和螺钉连接。

4．夹具尺寸的调整

在组装过程中要边组装、边测量、边调节。本夹具需要测量调节的尺寸有:

(1)圆形定位销与菱形定位销之间的距离尺寸,以及二者连线与基础板 3 侧边的平行度;

(2)基础板 3 与基础板 1 之间的倾斜角度为 12°40′;

(3)钻模板与支承件之间应具有的高度尺寸;

(4)两钻模板钻套孔之间的同轴度;

(5)钻模板钻套孔中心线与定位基面之间的距离尺寸。

上述五个尺寸中,前四个均可由工序简图上直接获得和测量。唯有第五个尺寸,即钻模板钻套孔中心与定位基面之间的距离尺寸,不宜按图纸上所给出的尺寸 40 mm 来直接测定。对于这种情况要采取一定的措施才行。

如图 6.24 所示,在倾斜位置已经固定好的基础板上,装上一块辅助用的测量钻模板2。将测量钻模板上的钻套孔中心前后移动,调至与工件第一定位基准相距 40 mm 的轨迹上,然后再把测量钻模板上下移动,调到距圆柱定位销孔中心 45 mm 处。此时测量钻模板上的钻套孔中心线,正应与理想的被加工孔轴线相交。这时将钻模板 3 的钻套孔轴线调到与测量钻模板上钻套孔的轴线相交位置上并紧固。最后拆去辅助用的测量钻模板,夹具就调整好了。

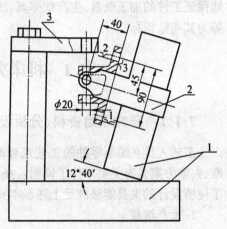

图 6.24　确定钻模板调整位置示意图
1—基础板;2—测量钻模板;3—钻模板

第 **7** 章

机床夹具的设计方法及步骤

机床夹具设计是工艺装备设计的一个重要组成部分。设计质量的高低,应以能稳定地保证工件的加工质量,生产效率高,成本低,排屑方便,操作安全,省力,制造、维护容易等为其衡量指标。

7.1 机床夹具设计的一般步骤

7.1.1 研究原始资料、分析设计任务

工艺人员在编制零件的工艺规程时,提出了相应的夹具设计任务书,其中对定位基准、夹紧方案及有关要求作了说明。夹具设计人员根据任务书进行夹具的结构设计。为了使所设计的夹具能够满足上述基本要求,设计前要认真收集和研究下列资料:

1. 生产纲领

工件的生产纲领对于工艺规程的制订及专用夹具的设计都有着十分重要的影响。夹具结构的合理性及经济性与生产纲领有着密切的关系。大批大量生产多采用气动或其他机动夹具,自动化程度高,同时夹紧的工件数量多,结构也比较复杂。单件小批生产时,宜采用结构简单、成本低廉的手动夹具,以及万能通用夹具或组合夹具,以便尽快投入使用。

2. 零件图及工序图

零件图是夹具设计的重要资料之一,它给出了工件在尺寸、位置等方面的精度要求。工序图则给出了所用夹具加工工件的工序尺寸、工序基准、已加工表面、待加工表面、工序精度要求等等,它是设计夹具的主要依据。

3. 零件工艺规程

了解零件的工艺规程主要是指了解该工序所使用的机床、刀具、加工余量、切削用量、工步安排、工时定额、同时安装的工件数目等。关于机床、刀具方面应了解机床主要技术参数、规格、机床与夹具连接部分的结构与尺寸,刀具的主要结构尺寸、制造精度等。

4. 夹具结构及标准

收集有关夹具零、部件标准(国标、厂标等)、典型夹具结构图册。了解本厂制造、使用夹具的情况以及国内外同类型夹具的资料。结合本厂实际,吸收先进经验,尽量采用国家标准。

7.1.2　确定夹具的结构方案

确定夹具结构方案主要包括：

(1)根据工件的定位原理，确定工件的定位方式，选择定位元件；

(2)确定刀具的对准及引导方式，选择刀具的对准及导引元件；

(3)确定工件的夹紧方式，选择适宜的夹紧机构；

(4)确定其他元件或装置的结构型式，如定向元件、分度装置等；

(5)协调各装置、元件的布局，确定夹具结构尺寸和总体结构。

在确定夹具结构方案的过程中，定位、夹紧、对定等各个部分的结构以及总体布局都会有几种不同方案可供选择，应画出草图，经过分析比较，从中选取较为合理的方案。

7.1.3　绘制夹具总图

绘制夹具总图时应遵循国家制图标准，绘图比例应尽量取 1∶1，以便使图形有良好的直观性。如工件尺寸大，夹具总图可按 1∶2 或 1∶5 的比例绘制；零件尺寸过小，总图可按 2∶1 或 5∶1 的比例绘制。总图中视图的布置也应符合国家制图标准，在清楚表达夹具内部结构及各装置、元件位置关系的情况下，视图的数目应尽量少。

绘制总图时，主视图应取操作者实际工作时的位置，以便于夹具装配及使用时参考。工件看作为"透明体"，所画的工件轮廓线与夹具的任何线条彼此独立，不相干涉。其外廓以黑色双点划线表示。

绘制总图的顺序是：先用双点划线绘出工件的轮廓外形和主要表面，并用网纹线表示出加工余量。围绕工件的几个视图依次绘出定位元件、对定元件、夹紧机构以及其他元件、装置，最后绘制出夹具体及连接件，把夹具的各组成元件、装置连成一体。

夹具总图上应画出零件明细表和标题栏，写明夹具名称及零件明细表上所规定的内容。

7.1.4　确定并标注有关尺寸、配合和技术条件

1.应标注的尺寸

在夹具总图上应标注的尺寸及配合有下列五类：

(1)工件与定位元件的联系尺寸。常指工件以孔在心轴或定位销上定位时，工件孔与上述定位元件间的配合尺寸及公差等级。

(2)夹具与刀具的联系尺寸。用来确定夹具上对刀、导引元件位置的尺寸。对于铣、刨夹具而言是指对刀元件与定位元件的位置尺寸；对于钻、镗夹具来说，是指钻(镗)套与定位元件间的位置尺寸，钻(镗)套之间的位置尺寸，以及钻(镗)套与刀具导向部分的配合尺寸。

(3)夹具与机床的联系尺寸。用于确定夹具在机床上正确位置的尺寸。对于车、磨床夹具，主要是指夹具与主轴端的连接尺寸；对于铣、刨夹具则是指夹具上的定向键与机床工作台上的"T"型槽的配合尺寸。标注尺寸时，还常以夹具上的定位元件作为位置尺寸的基准。

(4)夹具内部的配合尺寸。它们与工件、机床、刀具无关，主要是为了保证夹具装配后

能满足规定的使用要求。

(5)夹具的外廓尺寸。一般指夹具最大外形轮廓尺寸。当夹具上有可动部分时,应包括可动部分处于极限位置时所占的空间尺寸。例如,夹具体上有超出夹具体外的移动、旋转部分时,应注出最大旋转半径;有升降部分时,应注出最高及最低位置。标出夹具最大外形轮廓尺寸,就能知道夹具在空间实际所占的位置和可能活动的范围,以便能够发现夹具是否会与机床、刀具发生干涉。

上述诸尺寸公差的确定可分两种情况处理:夹具上定位元件之间,对刀、导引元件之间的尺寸公差,直接对工件上相应的尺寸发生影响,因而根据工件相应尺寸的公差确定。一般取工件相应尺寸公差的 $\frac{1}{3} \sim \frac{1}{5}$。定位元件与夹具体的配合尺寸公差,夹紧装置各组成零件间的配合尺寸公差等,应根据其功用和装配要求,按一般公差与配合原则决定。

2. 应标注的技术条件

在夹具装配图上应标注的技术条件(位置精度要求)有如下几方面:

(1)定位元件之间或定位元件与夹具体底面间的位置要求,其作用是保证加工面与定位基面间的位置精度。

(2)定位元件与连接元件(或找正基面)间的位置要求。如图4.1中为保证键槽与工件轴心线平行,定位元件——V形块中心线 OY,必须与夹具定向键侧面平行。在实际测量时,可将检验心棒放在 V 形块上,用千分表测量心棒侧母线与定向键侧面的平行度。再如用镗模加工主轴箱上孔系时,要求镗模上的山形定位元件与镗模底座上的找正基面保持平行,如图7.1所示,因为镗套轴线是要与找正基面 C 保持平行的。否则便无法保证所加工的孔系轴心线与山形导轨面的平行度要求。

(3)对刀元件与连接元件(或找正基面)间的位置要求,如图4.1中对刀块的侧对刀面相对于两定向键侧面的平行度要求,是为了保证所铣键槽与工件轴心线的平行度的。

(4)定位元件与导引元件的位置要求,如图7.2所示。若要求所钻孔的轴心线与定位基面垂直,必须以钻套轴线与定位元件工作表面 A 垂直、定位元件工作表面 A 与夹具体底面 B 平行为前提。

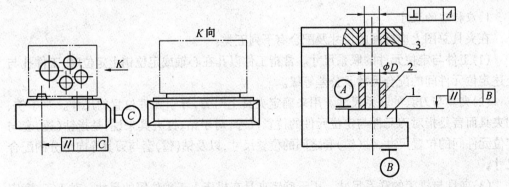

图 7.1　定位元件与找正基面间的位置要求　　图 7.2　定位元件与导引元件间的位置要求
1—定位元件;2—工件;3—导引元件

上述技术条件是保证工件相应的加工要求所必需的,其数值应取工件相应技术要求所规定数值的 $\frac{1}{3} \sim \frac{1}{5}$。

7.2　机床夹具设计举例

7.2.1　夹具设计例一

图 7.3 是连杆铣槽的工序图,该零件是中批量生产,现要求设计加工该零件上尺寸为 $10^{+0.2}_{0}$ mm 槽口所用的铣床夹具,具体步骤如下。

1. 工件的加工工艺分析

工件已加工过的大小头孔径分别为 $\phi 42.6^{+0.1}_{0}$ mm 和 $\phi 15.3^{+0.1}_{0}$ mm,两孔中心距为 57 ± 0.06 mm,大、小头厚度均为 $14.3^{0}_{-0.1}$ mm。

在加工槽口时,槽口的宽度由刀具直接保证,而槽口的深度和位置则和设计的夹具有关。槽口的位置包括两方面的要求:

(1)槽口的中心面应通过 $\phi 42.6^{+0.1}_{0}$ mm 的中心线,但没有在工序图上提出,说明此项要求精度较低,因此可以不作重点考虑。

(2)要求槽口的中心面和两孔中心线所在平面的夹角为 $45° \pm 30'$。为保证槽口

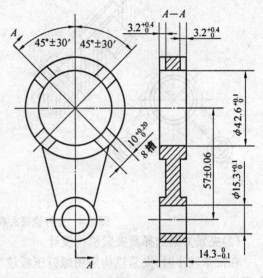

图 7.3　连杆铣槽工序图

的深度 $3.2^{+0.4}_{0}$ mm 和夹角 $45° \pm 30'$,需要分析与这两个要求有关的夹具精度。

2. 确定夹具的结构方案

(1)确定定位方案,设计定位元件

在槽口深度方面的工序基准是工件的相应端面。从基准重合的要求出发,定位基准最好选择此端面。但由于要在此端面上开槽,开槽时此面必须朝上,相应的夹具定位面势必要设计成朝下,这对定位、夹紧等操作和加工都不方便。因此,定位基准选在与槽相对的那个端面比较合适(此面限制三个不定度)。由于槽深的尺寸公差较大(0.4 mm),而基准不重合造成的误差仅为 0.1 mm,所以这样选择定位基准是可以的。当然,如果槽深的尺寸公差不大,基准不重合误差又较大时,则可以在工艺上采取相应措施,比如在加工两端面时缩小厚度的尺寸公差值等。当槽深公差要求很严格时,也不排斥采取基准重合的方案。

在保证夹角 $45° \pm 30'$ 方面,工序基准是双孔中心线所在平面,所以定位件采用一圆柱销和一菱形销最为简便。由双孔定位的分析,已知圆柱销和孔的定位精度总是比菱形销和孔的定位精度高。由于槽开在大头端面上,槽的中心面应通过孔 $\phi 42.6^{+0.1}$ mm 的中心线,这说明大头孔还是槽口的对称中心面的工序基准。因此,应选择大头孔 $\phi 42.6^{+0.1}_{0}$ mm 作为主要定位基准,定位元件选择圆柱销(限制两个不定度)。而小头孔 $\phi 15.3^{+0.1}_{0}$ mm 作次要定位基准、定位元件选择菱形销(限制一个不定度),如图 7.4(a)所示。

在每个工件上铣 8 个槽,除正反两面分别装卸加工外,在同一面的 4 个槽的加工也可采用两种方案:一是采用分度机构在一次装夹中加工,由于不能夹紧大头端面,夹具结构比较复杂,但可获得较高的槽与槽间的位置精度;另一方案是采用两次装夹工件,通过两个菱形定位销分别定位,如图 7.4(a),由于受两次装夹定位误差的影响,获得槽与槽的位置精度较低。鉴于本例中槽与槽的位置精度要求不高(夹角为 45° ± 13′),故可采用后一种方案。

(a)　　　　　　　　　　　　　　(b)

图 7.4　连杆铣槽夹具的定位夹紧方案

(2)夹紧方案选择及夹紧机构设计

在批量较小时,夹紧机构采用螺钉压板较为合适(生产批量较大时,可采用手动联动夹紧机构或液动、气动夹紧机构)。可供选择的夹紧部位有两个方案:一是压在大端上,需用两个压板(让开加工位置);另一是压在杆身上,此时只需用一个压板。前者的缺点是夹紧两次,后者的缺点是夹紧点离加工面较远,而且压在杆身中部可能引起工件变形。考虑到铣削力较大,确定采用第一方案。但如杆身截面较大,加工的槽也不深时,后一种方案也是可以采用的。

(3)夹具对定位方案的确定

夹具的设计除了考虑工件在夹具上的定位之外,还要考虑夹具如何在机床上定位,以及刀具相对夹具的位置如何确定。

对本例中的铣床夹具,在机床的定位是以夹具体的底面放在铣床工作台面上,再通过两个定向键与机床工作台的 T 形槽相连接来实现的,两定向键之间的距离应尽可能远些,如图 7.5(c)。刀具相对夹具位置采用直角对刀块及厚度为 3 mm 的塞尺来确定,以保证加工槽面的对称度及深度要求,如图 7.5(c)。

3.绘制夹具总图

工件装夹方案确定以后,要进行切削力、夹紧力以及定位误差的计算,以确定夹紧机构的结构形式和尺寸及定位元件的结构尺寸和精度。另外还要根据定位元件及夹紧机构所需的空间范围及机床工作台的尺寸,确定夹具体的结构尺寸,然后绘制夹具总图。先用双点划线画出工件外形,然后依次画出定位元件,如图 7.5(a),夹紧机构,如图 7.5(b)及其他元件最后用夹具体把各种元件连成一体,便成为连杆铣槽夹具总图,如图 7.5(c)。

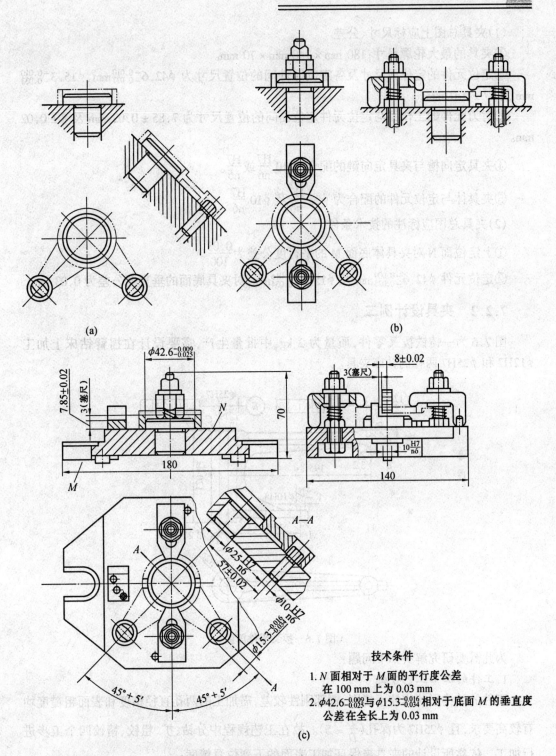

图 7.5　铣连杆的夹具总图的设计过程

技术条件

1. N 面相对于 M 面的平行度公差
在 100 mm 上为 0.03 mm
2. $\phi 42.6_{-0.025}^{-0.009}$ 与 $\phi 15.3_{-0.034}^{-0.016}$ 相对于底面 M 的垂直度
公差在全长上为 0.03 mm

4.确定夹具的主要尺寸、公差和技术要求

如图 7.5(c)所示,在该夹具总图中需标注有关尺寸、公差及技术要求。

(1)夹具总图上应标尺寸、公差

①夹具的最大轮廓尺寸:180 mm × 140 mm × 70 mm。

②定位元件的定位面尺寸及各定位元件间的位置尺寸为 $\phi 42.6_{-0.027}^{-0.010}$ mm、$\phi 15.3_{-0.033}^{-0.010}$ mm 及 57 ± 0.02 mm。

③对刀元件的工作面与定位元件定位面间的位置尺寸为 7.85 ± 0.02 mm 及 8 ± 0.02 mm。

④夹具定向槽与夹具定向键的配合为 $10\dfrac{H7}{n6}$ 或 $\dfrac{H7}{n6}$。

⑤夹具体与定位元件的配合为 $\phi 25\dfrac{H7}{n6}$ 及 $\phi 10\dfrac{H7}{n6}$。

(2)夹具总图应标注的技术条件

①上定位面 N 对夹具体底面 M 的平行度公差为 $\dfrac{0.03}{100}$。

②定位元件 $\phi 42.6_{-0.025}^{-0.009}$ mm 及 $\phi 15.3_{-0.034}^{-0.016}$ mm,对夹具底面的垂直度公差为 0.03 mm。

7.2.2　夹具设计例二

图 7.6 为一铸铁拨叉零件,质量为 2 kg,中批量生产,需要设计在摇臂钻床上加工 $\phi 12H7$ 和 $\phi 25H7$ 两孔的钻床夹具。

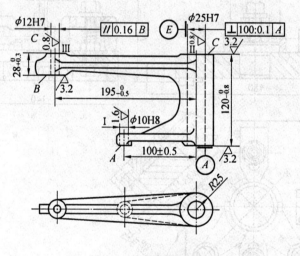

图 7.6　拨叉零件简图

为此需要研究解决如下问题:

1.工件的加工工艺分析

工件的结构形状比较不规则,臂部刚性较差,需加工的两孔直径精度和表面粗糙度均有较高要求,且 $\phi 25H7$ 为深孔($\dfrac{L}{D} \approx 5$)。故在工艺规程中分钻、扩、粗铰、精铰四个工步进行加工。依靠所设计的夹具来保证加工表面的下列位置精度:

(1)待加工孔 $\phi 25H7$ 和已加工孔 $\phi 10H8$ 的距离尺寸为 100 ± 0.5 mm;

(2)两待加工孔的中心距为 $195_{-0.5}^{\ 0}$ mm(也可用 194.75 ± 0.25 mm 来表示);工孔 $\phi 10H8$ 的距离尺寸为 100 ± 0.5 mm;

(3)两待加工孔的中心距为 $195_{-0.5}^{\ 0}$ mm(也可用 194.75 ± 0.25 mm 来表示);

(4)孔 $\phi25H7$ 和端面的垂直度公差为 100:0.1;

(5)两待加工孔轴线平行度公差为 0.16;

(6)孔的壁厚均匀。

由上可知加工的位置精度要求不高,但臂部刚性较差,给工件的装夹带来困难,设计夹具时对此应予以注意。

2.确定夹具的结构方案

(1)确定定位方案,设计定位元件

如图 7.7 所示,工件上的两个加工孔为通孔,沿 Z 方向的不定度可不予以限制。但实际上以工件的端面定位时,必定限制该方向的不定度,故应按完全定位设计夹具,并力求遵守基准重合原则,以减少定位误差对加工精度的影响。

由于工件臂部钢性较差,定位方式着重考虑两种可能方案。

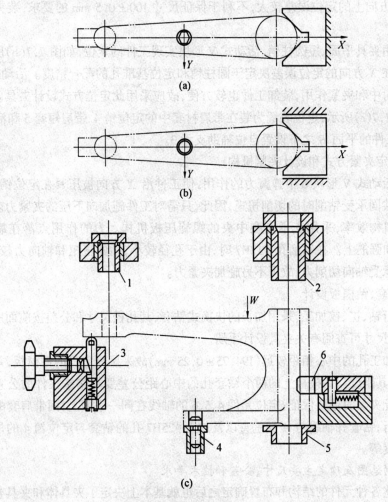

图 7.7　定位方案和定位元件设计

1、2—钻套;3—自位辅助支承;4—定位销;5—带肩短套;6—活动式 V 形块

①从保证工件定位稳定的观点出发,以已加工过的平面 C,孔 $\phi25H7$ 外廓的半圆周和孔 $\phi12H7$ 外廓的一侧为定位基准,在夹具上的平面、V 形块和挡销上定位,限制工件的六个不定度,从 A、B 面钻孔。优点是工件安装稳定,能保证 $\phi25H7$ 孔壁的对中性,但违背基准重合原则,不利于保证加工要求。且钻模板不可能在同一平面上,夹具结构较复杂。

②遵守基准重合原则,如图 7.7(c),以加工过的平面 A,内孔 $\phi10H8$ 和 $\phi25H7$ 的外廓半圆周定位。但在钻削孔 $\phi12H7$ 时,工件臂部处于悬臂状态,需要设置相应的支承件。如采用固定支承,则出现重复定位,因此可采用辅助支承保证定位的稳定性,但这样也增加了夹具的复杂程度。

从保证加工要求和夹具的结构复杂程度两方面进行综合分析比较,按第二方案设计夹具比较合理。

为实现第二方案,所使用的定位元件又有两种情况:

一是用夹具平面,短削边销,固定式 V 形块实现工件的定位,如图 7.7(a)所示。这种情况在 X 方向上的定位误差较大,不利于保证尺寸 100 ± 0.5 mm 的要求,装夹工件也不方便。

二是用夹具平面、短圆柱销、活动式 V 形块实现工件的定位,如图 7.7(b)所示。这种定位方式在 X 方向的定位误差决定于圆柱销和定位基准孔的配合精度。活动式 V 形块 6同时兼有对中和夹紧作用,装卸工件也较方便,故应采用此定位方式设计夹具。

如图 7.7(c)所示,定位装置为装在带肩衬套中的定位销 4、带肩短套 5 和活动式 V 形块 6。在工件的平面 B 之下设置自位辅助支承 3。

(2)确定夹紧方式和设计夹紧机构

由于活动式 V 形块 6 中弹簧力的作用,使工件沿 X 方向被压紧在定位销 4 上,此两定位元件共同承受钻削时的切削扭矩,因此,只需对工件施加向下压的夹紧力。为便于操作和提高机构效率,采用支承点在中央的螺旋压板机构。力的作用点落在靠近加工孔 $\phi25H7$ 的加强筋上。在钻削孔 $\phi12H7$ 时,由于孔径较小,钻削扭矩和轴向力较小,且已有辅助支承承受轴向切削力,故可不另施加夹紧力。

(3)钻套、钻模板设计

为进行钻、扩、铰加工,采用加长的快换式钻套,其孔径尺寸和公差按前面所介绍方法确定,结构尺寸可查阅有关夹具设计手册。

两待加工孔的中心相距较远(194.75 ± 0.25 mm)故采用固定式的钻模板,并设置加强筋,以提高其刚度。钻模板上的两个钻套孔的中心距公差要严格按工件的公差缩小。在设计和装配夹具时还要保证:定位元件 4、5、6 的轴线在同一平面上;两带肩套的端面与本体底面平行;钻套孔轴线与 A 面垂直以及加工 $\phi25H7$ 孔的钻套与定位销 4 的位置尺寸有足够的精度等。

3.绘制总图及确定主要尺寸、公差和技术要求

当上述各种元件的结构和布置确定之后也就基本上决定了夹具体和夹具整体结构的型式,如图 7.8 所示,夹具形成框式结构,刚性较好。

最后绘制夹具总图(图 7.8)并按要求标注夹具有关的尺寸、公差和技术条件。

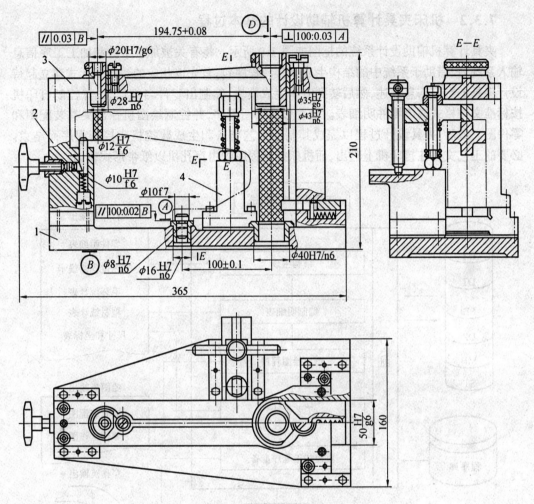

图 7.8 双孔钻床夹具简图
1—夹具体;2—支座;3—钻模板;4—夹紧装置

7.3 机床夹具计算机辅助设计简介

7.3.1 概述

传统的人工设计夹具方法,具有如下一些缺点:设计效率低,周期长;一般都采用经验设计,很难实现必要的工程计算,设计精确性差;所设计的夹具结构典型化、标准化程度低,不仅使设计本身效率低,而且也给制造带来困难,提高了成本,从而影响了专用夹具的经济效益。

近年来迅速发展起来的机床夹具计算机辅助设计为克服传统设计方法的缺点提供了新的途径。计算机辅助设计是一个正在发展中的技术领域,有很多设计系统已经在运行或者正在研究开发之中。

7.3.2 机床夹具计算机辅助设计的基本过程

夹具计算机辅助设计系统的框图如图 7.9 所示。将有关被加工工件和加工工序信息输入系统后,借助于系统中的结构生成(综合)程序包,首先以相应的数据库形式建立起待设计夹具的数字信息描述,然后转到清单生成模块,编制出零件名细信息,并控制打印机按标准文件格式输出零件明细表。接着形成绘图程序,并控制绘图机输出夹具装配图和零件图。最后,夹具设计过程以完成其制造工艺准备和生成数控机床控制程序而结束。必要的工艺文件在打印机上输出,而机床控制程序则由穿孔机以纸带形式输出。

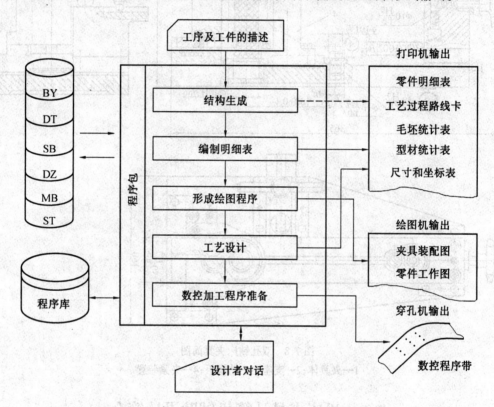

图 7.9 夹具计算机辅助设计系统粗框图

计算机辅助设计是把夹具的结构设计、绘图、制定夹具零件的制造工艺中的主要工作由计算机程序软件包来完成。因此设计系统除了有良好的硬件设备外,软件包是设计系统的核心。用程序软件完成夹具整体结构的原理是从有限数量的预先已经确定的规格化、典型化的局部设计解——标准结构元素中建造夹具的整体结构。标准结构元素(BY)全部集合用一定语言描述,并存在计算机数据库中。为了实现夹具设计,在数据库中还存放其他一些固有数据;典型图形库(DT),设备资料表格(SB),标准 – 手册资料(DZ),明细表(MB),关于夹具生产条件的资料(ST)。

在计算机辅助夹具设计过程中,设计师的任务是为设计系统准备设计的原始资料,用一定语言描述它,然后将其输入计算机;并回答设计系统在人机对话工作状态下提出的各种问题。

7.4　夹具体的设计

7.4.1　夹具体设计的基本要求

夹具体一般是夹具上最大和最复杂的基础元件。在夹具体上,要安放组成该夹具所需要的各种元件、机构、装置,并且还要考虑便于装卸工件以及在机床上的固定。因此夹具体的形状和尺寸应满足一定的要求,它主要取决于工件的外廓尺寸和各类元件与装置的布置情况以及加工性质等。所以在专用夹具中,夹具体的形状和尺寸很多是非标准的。

夹具体设计时应满足以下基本要求:

1. 有足够的强度和刚度

在加工过程中,夹具体要承受切削力、夹紧力、惯性力,以及切削过程中产生的冲击和振动,所以夹具体应有足够的刚度和强度。为此,夹具体要有足够的壁厚,并根据受力情况适当布置加强筋或采用框式结构。一般加强筋厚度取壁厚的 0.7~0.9 倍,筋的高度不大于壁厚的 5 倍。

2. 减轻重量、便于操作

在保证一定的强度和刚度的情况下,应尽可能使体积小、重量轻。在不影响刚度和强度的地方,应开窗口、凹槽,以便减轻其重量。特别对于手动、移动或翻转夹具,通常要求夹具总重量不超过 10 kg,以便于操作。

3. 安放稳定、可靠

夹具体在机床上的安放应稳定,对于固定在机床上的夹具应使其重心尽量低,对于不固定在机床上的夹具,则其重心和切削力作用点应落在夹具体在机床上的支承面范围内。夹具越高,支承面积应越大。为了使接触面接触紧密,夹具体底面中部一般应挖空。对于较大的夹具体应采用周边接触,如图 7.10(a),两端接触,如图 7.10(b)或四脚接触,如图7.10(c)等方式。各接触部位应在夹具体的一次安装中同时磨出或刮研出。

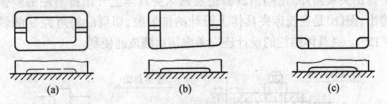

图 7.10　夹具安装基面的形式

4. 结构紧凑、工艺性好

夹具体结构应尽量紧凑,工艺性好,便于制造、装配。夹具体上最重要的加工表面有三组:夹具体在机床上定位部分的表面;安放定位元件的表面;安放对刀和导向装置或元件的表面等。夹具体的结构应便于这些表面的加工。设计夹具体时应考虑以夹具体在机床上定位部分的表面作为加工其他表面的定位基准,各加工表面最好位于同一平面或同一旋转表面上。夹具体上安装各元件的表面,一般应铸出 3~5 mm 凸台,以减少加工面积。夹具体上不加工的毛面与工件表面之间应保证有一定的空隙,以免工件与夹具体间发生干涉。其间隙当工件为毛面时取 8~15 mm,工件为光面时取 4~10 mm。对于铸件还应注意到拔模斜度对工件安装的影响。

5．尺寸稳定、有一定的精度

夹具体制造后应避免发生日久变形。为此对于铸造夹具体要进行时效处理，对于焊接夹具体要进行退火处理。铸造夹具体其壁厚过渡要和缓、均匀，以免产生过大的铸造残余应力。

夹具体各主要表面要有一定的精度和表面粗糙度要求，特别是位置精度。这是保证工件在夹具中加工精度的必要条件。如表 5～6 图所示的镗模底座，上表面 A、下表面 D 及找正面 M、N 的形状、位置精度为：A、D、M、N 各面的平面度公差为 1000：0.02～1000：0.03；A 面对 D 面的平行度公差为 1000：0.02～1000：0.05；M 面对 N 面的垂直度 1000：0.02～1000：0.05。表面粗糙度 Ra 为 0.9～1.6 μm。

6．排屑方便

在加工过程中所产生的切屑，一部分要落在夹具体上。若切屑积聚过多，将影响工件安装的可靠性，因此夹具体在结构上应考虑清除切屑方便。

（1）增加容纳切屑的空间，使落在定位元件上的少量切屑，排向容屑空间。图 7.11(a) 是在夹具体上增设容屑沟。图(b)是通过增大定位元件工作表面与夹具体之间的距离形成容屑空间。这两种方法受到夹具体和定位元件结构强度和刚度的限制，实际所增加的容屑空间是有限的，故适用于加工时产生切屑不多的场合。

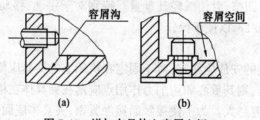

图 7.11　增加夹具体上容屑空间

（2）采用可自动排屑结构，如在夹具体上设计排屑用的斜面和缺口，使切屑自动由斜面处滑下排出夹具体外。图 7.12(a) 是在钻床夹具体上开出排屑用的斜弧面，使钻屑沿斜弧面排出；图(b)是在铣床夹具体上设计的排屑腔，切屑沿斜角为 α 的斜面排出（一般 $\alpha=10°～15°$）。夹具体结构的设计还应考虑切削液流通便利。

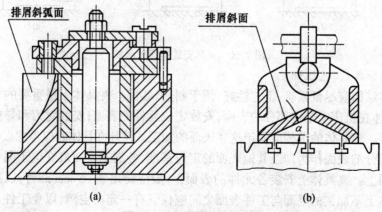

图 7.12　自动排屑结构示例

7. 应吊装方便、使用安全

夹具体的设计应使夹具吊装方便、使用安全。在加工中要翻转或移动的夹具,通常要在夹具体上设置手柄或手扶部位以便于操作。对于大型夹具为便于吊运,在夹具体上应设有起吊孔、起吊环或起重螺栓。对于旋转类的夹具体要尽量避免凸出部分,或装上安全罩,并考虑平衡。

7.4.2 夹具体毛坯的制造方法

夹具体毛坯的制造方法有多种,应根据对制造周期、经济性、结构工艺性等方面要求,结合工厂的具体条件加以选定。

1. 铸造夹具体

如图 7.13(a)所示,常用的夹具体毛坯制造方式其突出优点是制造工艺性好,可以铸出各种复杂的外形。铸件的抗压强度、刚度和抗振性都较好,且采用适当的时效方式,可以消除铸造的残余应力,长期保持尺寸的稳定性。其缺点是制造周期较长,生产成本较高。

铸造夹具体的材料可根据夹具的具体要求加以选择,通常为 HT15 ~ 33 或 HT20 ~ 40 灰铸铁;强度要求高时也可采用铸钢件,如 ZG35 II 等;在小型夹具或切削力很小的夹具中,夹具体也可考虑铸铝件,如 ZL110 等。

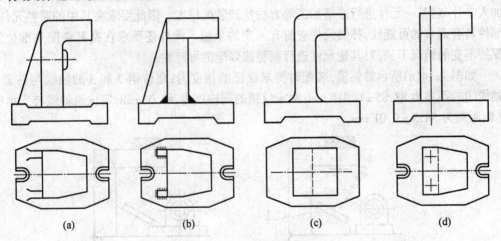

图 7.13 夹具体毛坯的种类

2. 焊接夹具体

如图 7.13(b)所示,焊接夹具体和铸造夹具体相比,制造容易、生产周期短、成本低(比铸造夹具体成本低 30% ~ 35%)。焊接夹具体所采用的材料为钢板、型材等,故其重量与同体积的铸铁夹具体相比要轻很多。焊接夹具体在其制造过程中要产生热变形和残余应力,对其精度影响很大,故焊成后要进行退火处理。焊接夹具体很难得到铸造夹具体那样复杂的外形。

3. 锻造夹具体

如图 7.13(c)所示,用锻造的方法制造夹具体的毛坯,只有在形状比较简单、尺寸不大的情况下才有可能,一般很少采用。

4. 装配夹具体

如图 7.13(d)所示,装配夹具体是选用标准毛坯件或零件,根据使用要求组装而成。

由于标准件可组织专门工厂进行专业化成批生产,因而不仅可大大缩短夹具体的制造周期,也可以降低生产成本。为使装配夹具体能在生产中得到广泛应用,必须实现其结构的系列化及组成元件的标准化。

7.5 夹具结构的工艺性

夹具制造属于单件生产性质,而其精度又比加工工件高。故一般用调整、修配、装配后组合加工、总装后在使用机床上就地进行最终加工等方法,保证夹具的工作精度。在夹具设计时必须认识到夹具制造的这一工艺特点,否则很难在结构设计、技术条件制订等方面做到恰当、合理,以致给制造、检验、装配、维修带来困难。为了使所设计的夹具在制造、检验、装配、调式、维修等方面所化费的劳动量最少、费用最低,应做到在整个夹具中,广泛采用各种标准件和通用件,减少专用件。各种专用件的结构应易于加工、测量;各种专用部件的结构易于装配、调试、维护。

7.5.1 夹具的结构应便于用调整法、修配法保证装配精度

用调整、修配法保证装配精度,是指通过移动夹具某一元件或部件、在元件或部件间加入垫片、对某一元件进行修磨加工等方法达到装配精度。因此要求夹具中的某些元件、部件具有调节的可能性,补偿元件应留有一定的余量。此外还要求在夹具装配基准位置保持不变的情况下,有对其他元件进行调整或修配的可能性。

如图 7.14(a)所示的钻模,装配时要求保证的精度为:定位销 2 和 3 的轴线与钻套 5 轴线间的距离为 88.85 ± 0.015 mm;两定位销的同轴度为 $\phi0.02$ mm;定位销轴线与支承板 7 的距离为 58.5 ± 0.01 mm。

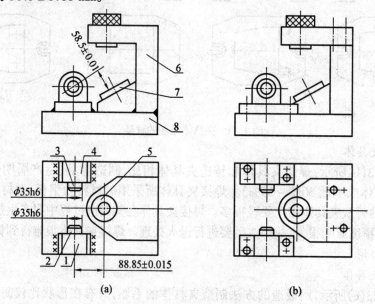

图 7.14 钻模技术要求及结构形式

1、4—定位销座;2、3—定位销;5—钻套;6—支架;7—支承板;8—夹具底座

该钻模若采用整体焊接结构,则两定位销座 1 和 4 以及钻模板支架 6 都要焊在夹具底座 8 上。为了保证上述两轴线间距离 88.85 ± 0.015 mm,必须首先保证两销座销孔的同轴度 ϕ0.02 mm。但是根据机床精度、镗杆刚度及两孔轴向距离考虑,所镗孔之同轴度只能达到 0.03 ~ 0.04 mm,故无法保证该轴间距公差 ± 0.015 mm 的要求。

若将两定位销座与夹具体的连接改为销钉定位、螺钉紧固的可移动式结构形式,如图 7.14(b),就可以通过精细调整来保证上述技术要求。即先用螺钉将定位销座初步固定在夹具底座上,在镗床上镗出两销孔。然后用精确的测量和调整使两销孔达到 ϕ0.02 mm 的同轴度要求。钻模板与支座的连接也改为销钉、螺钉定位紧固方式,用调整的方法达到中心距的精度要求。这时虽然增加了装配时的调整和配铰销钉孔的工作量,但夹具装配精度却得以保证。此外,也可对用螺钉固定在夹具体上的支承板进行修磨,以保证距离尺寸 58.5 ± 0.01 mm。

再如图 7.15 所示的镗床夹具,工件 1 以底平面 M 及垂直侧面 N 在支承板 3 上定位,并用止推支承 4 限制了工件沿轴向的不定度。夹具装配后要求保证:尺寸 A、B、C、D 的尺寸精度,前后镗套孔的同轴度,镗套中心线对支承板在水平面与垂直平面内的平行度。

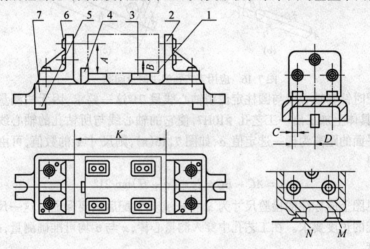

图 7.15 镗床夹具结构简图
1—工件;2—支架;3—支承板;4—止推支承;5—定向键;6—镗套孔;7—底座

从上述装配要求可知,夹具的装配精度与支架 2 和支承板 3 的位置精度有关。如果支架 2 与底座 7 铸成一体,支架上的孔已经过精加工,则必须以支架上的孔 6 为装配基准,安装支承板 3 和定向键 5。这样做会给装配工作带来很多困难。如果支架 2 与底座 7 采用装配式结构,并预先加工好,则可以选取底座 7 的底面为装配基准。这时先装好定向键 5,然后根据它调整支承板 3 的位置,使两者的侧面平行。再根据底座 7 的底面及支承 3 的侧面调整支架的位置。这样较易保证装配要求。支架设计成装配式的,在预装时还可以用修磨支架底面的办法,保证孔轴心线与支承板水平工作面的位置精度。

7.5.2 夹具的结构应便于进行测量与检验

在规定夹具某些位置精度要求时,必须同时考虑相应的测量方法,否则技术要求有时无法实现。而应用工艺孔常是解决测量问题的有效方法。如图 7.16(c)所示,工件上被加工孔与基准孔倾斜21°,它与作为第二定位基准的基准孔间距离为 l_2,与定位平面的距离为 H。因此,夹具上钻套的轴心线与圆柱定位销的轴线也呈同样的角度。

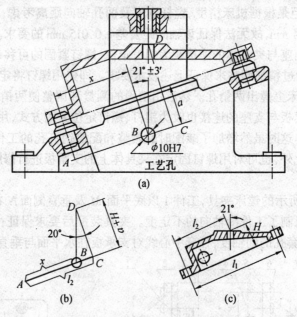

图7.16 应用工艺孔解决测量问题

夹具装配时钻套轴心线与圆柱定位销轴心线呈21°这一要求,因无法测量不能保证。此时,可在夹具体上加工出一工艺孔 $\phi 10H7$,使它的轴心线与所钻孔的轴心线正交,并和夹具上定位平面的距离为任一选定值 a,如图 7.16(a),则尺寸 x 的数值,可由图(b)的几何图形中求得

$$x = AC - BC = l_2 - (a + H)\tan 21°$$

在夹具总图上应标注的检验尺寸为 x 和 a,夹具装配后只要保证 x 这一尺寸,就可以间接保证装配的角度要求。在工艺孔中穿入测量心棒, x 与 a 均可准确测量,故可保证较高的角度精度。

应用工艺孔时应注意:工艺孔的位置应便于加工和测量,并尽可能做在夹具体上。为简化计算,工艺孔一般做在工件的对称轴线上,或使其轴心线通过所钻孔或定位元件的轴线。为便于制造和使用,工艺孔尽可能采用 $\phi 6H7$、$\phi 8H7$ 或 $\phi 10H7$ 等标准尺寸。

7.5.3 夹具结构应便于拆卸、维修和加工

夹具上很多重要零部件的连接采用螺钉或销钉。为了拆卸、维修方便,销钉孔尽可能做成贯穿的通孔,拆卸时可由孔底将销钉打出,如图 7.17(a),也可在销钉孔侧面加工出推销钉的横孔,如图(b),或采用头部带螺孔的销钉,以便拧入拔出销钉用的工具,图(c)。

当无凸缘衬套类型零件压入不通孔时,为方便取出可在其底部钻孔攻丝,做成螺纹孔,或在其底部端面上铣出径向槽,如图 7.18 所示。

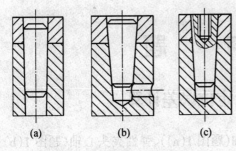

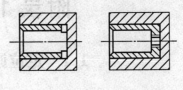

图 7.17　销钉连接工艺　　　　　　　　　图 7.18　无凸缘衬套的端部结构形式

从夹具上拆去某零件时,应不受其他零件的妨碍。如图 7.19 所示,为了拧去螺母 2 就必需拆出零件 1,如图(a)。为了解决这一问题,可在零件 1 上预先加工一供拧出螺母 2 用的孔,如图(b)。

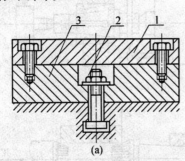

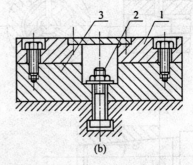

图 7.19　为便于拆卸的结构改进

此外,夹具结构的设计应注意加工的工艺性,如留出必要的空刀槽,留出加工时刀具的引进位置,减少加工面积,避免在斜面上钻孔等。

附录 1 习 题

1.1 定位原理及定位误差计算

1. 题图 1 为套类零件分别在斜面滑柱心轴(题图 1(a))、弹性夹头心轴(题图 1(b))、锥度心轴(题图 1(c))、短圆锥面(题图 1(d))上定位的情况,试分析各属于何种定位? 限制了哪些不定度?

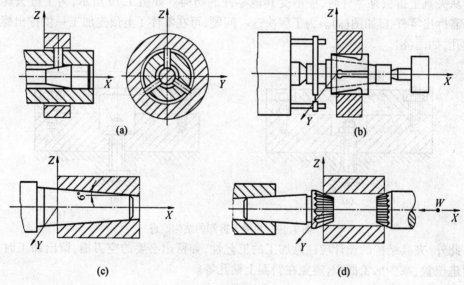

题图 1

2. 题图 2 为轴类零件的几种定位情况,试分析各属于何种定位,限制了哪些不定度? 有无不合理之处? 如何改进?

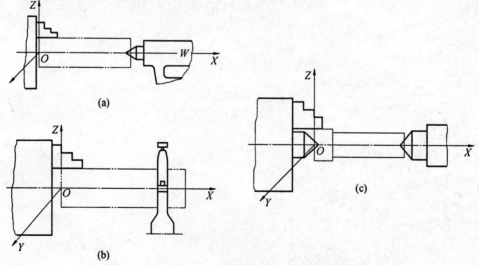

题图 2

3.在阶梯轴上铣削一平面,该零件在短 V 形块、圆头支钉和浮动支点上定位(题图 3)。试分析该定位方案有何不合理之处? 如何改进?

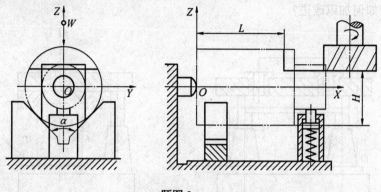

题图 3

4.题图 4 为连杆零件在夹具中的平面及两个固定的短 V 形块 1 及 2 上定位,试问属何种定位? 限制了哪些不定度? 是否有需改进之处? 提出改进措施。

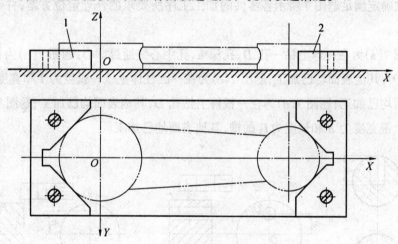

题图 4

5.题图 5 为三通零件在三个短 V 形块中定位,欲铣一端面保证尺寸 L。试分析该定位方案属于几点定位? 有无改进之处?

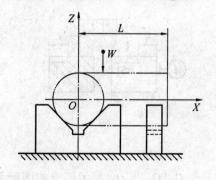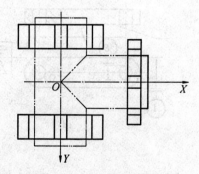

题图 5

6.题图 6 为用滑柱式钻模加工零件上两孔的定位方案。该两孔除要求位置尺寸 l_1 及 l 外,尚需与两侧面 M、N 对称。零件在支承平面 1 及长 V 形块 2 上定位。试分析该定位方案应如何加以改进?

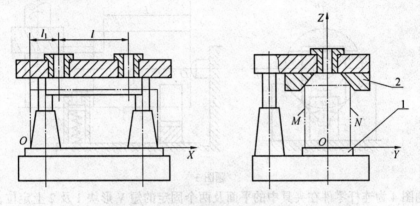

题图 6

7.试确定满足题图 7 所示各零件的加工工序所要求的合理定位方案,并绘出定位方案草图。

题图 7(a)为在一球上钻一孔 D,孔深 h,孔中心线通过球心;题图 7(b)为在一圆柱体上钻孔 O_1,其他表面均已加工;题图 7(c)为在一圆柱体上铣一长度为 l 和宽度为 b 的槽,其他表面均已加工;题图 7(d)为在一板件上钻孔 D,其他表面均已加工;题图 7(e)为在一方形件上铣宽度为 b 和长度为 l_2 的槽,其他表面均已加工。

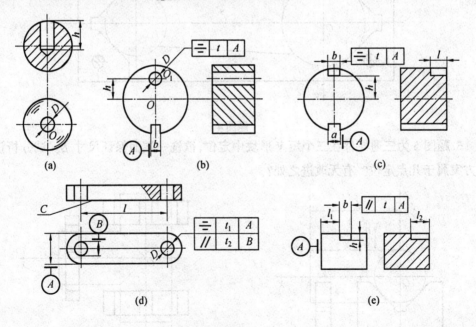

题图 7

8.欲在题图 8 所示板件上由组合钻床一次加工孔 O_1、O_2 及 O_3,技术要求如图所示,试确定合理的定位方案并绘制定位方案草图。

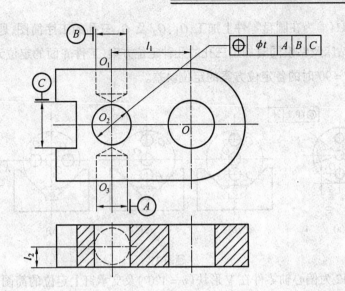

题图 8

9.题图 9 为在杆件上有宽度为 b 的开口槽,内孔 D 已加工,试确定合理的定位方案并绘制定位方案草图。

10.题图 10 为在盘类零件上钻两个斜孔 ϕD_1 的工序简图,试确定合理的定位方案绘制定位方案草图。

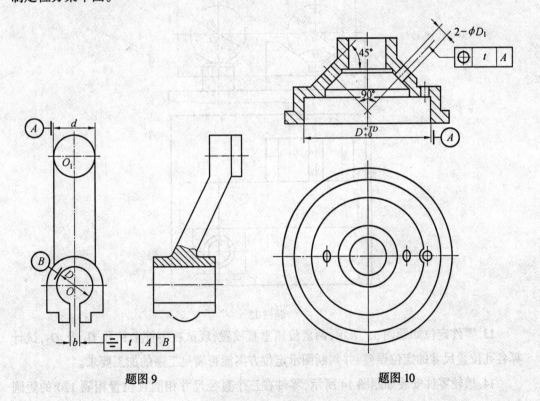

题图 9　　　　　　　　　　　　　　　题图 10

11. 题图 11(a)为在圆盘零件上加工 O_1、O_2 及 O_3 三孔的工序简图,题图 11(b)、(c)、(d)为用三轴钻床及钻模同时加工三孔的几种定位方案(工件底面的定位元件未表示),试分别计算当 $\alpha = 90°$ 时的各定位方案的定位误差。

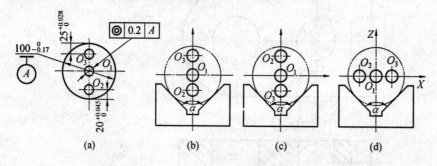

题图 11

12. 题图 12 为偏心轴零件在 V 形块($\alpha = 120°$)及支承钉上定位的简图,工序要求为加工与 O_1O_2 平行的平面 C。当 $d_1 = 50_{-0.150}$mm、$d_2 = 55_{-0.20}$mm 及 $L = 80_0^{-0.8}$mm 时,试计算该工序的定位误差。

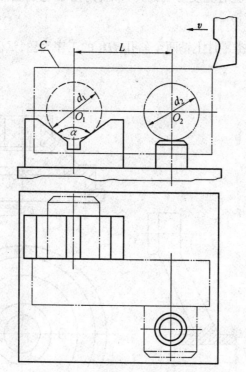

题图 12

13. 零件定位如题图 13 所示,两定位销垂直放置,现欲在零件上钻孔 O_1 及 O_2,试计算各孔位置尺寸的定位误差,并判断图示定位方案能否满足工序的加工要求。

14. 槽轮零件安装如题图 14 所示,零件在三个直径尺寸相同且位置相隔 120° 的短圆柱销中定位加工中心孔 D。试计算加工后一批零件中心孔 D 对槽轮外圆的同轴度误差。

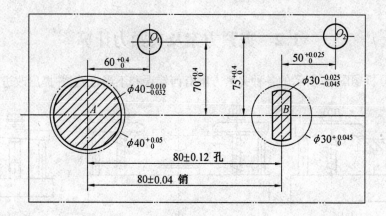

题图 13

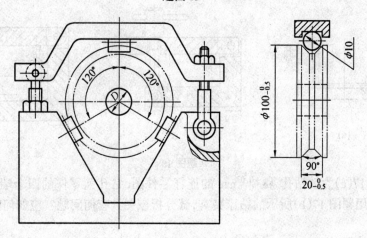

题图 14

15.题图 15 为柴油机油泵顶柱套筒铣端面槽工序的定位简图。现已知：$D_1 = 25^{+0.023}_0$ mm，$d_1 = 25^{-0.002}_{-0.003}$mm，$D_2 = 9^{+0.058}_0$mm，$d_2 = 9^{-0.005}_{-0.015}$mm，$L = 23 \pm 0.26$mm，试计算该定位方案能否满足加工的端面槽 b 与两孔中心联线之间角度 $\alpha = 45° \pm 50'$ 的要求？

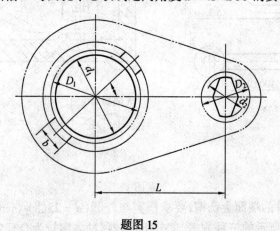

题图 15

1.2　夹紧方案及夹紧力计算

1. 试分析题图 16 所示的各种夹紧方案有何错误和不当之处,并提出改进措施。

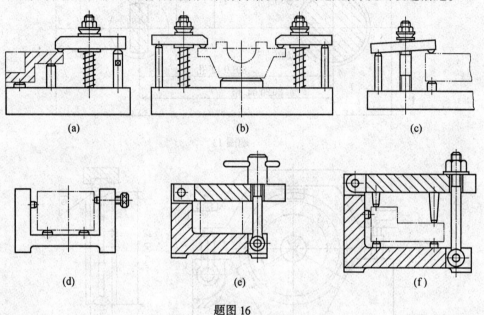

题图 16

2. 题图 17(a)为欲钻孔 $\phi 8^{+0.03}_{0}$ mm 的连杆零件图,钻孔前零件的四个端面均已加工,钻孔工序采用题图 17(b)所示的钻床夹具,试分析该夹具有何问题? 应如何改进?

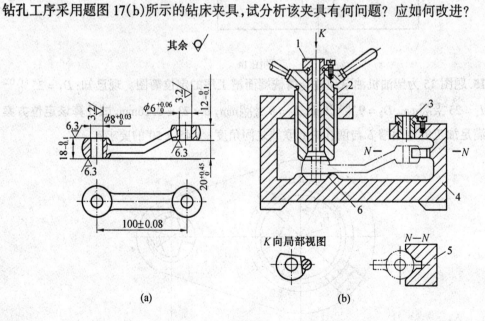

题图 17

3. 欲在圆形零件的端面上铣槽,要求槽宽与外圆($d = 25^{-0.020}_{-0.035}$mm)中心线对称。零件的安装有如题图 18 所示的三种方案,试分析比较哪种方案较为合理? 为什么?

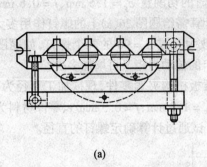

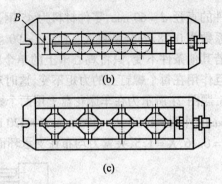

题图 18

4. 方形零件的夹紧装置如题图 19 所示。若外力 $Q = 150$ N，$L = 150$ mm，$D = 40$ mm，$d_1 = 10$ mm，$l = l_1 = 100$ mm，$\alpha = 30°$，各处摩擦系数均为 0.1，转轴处的摩擦损耗按传递效率 $\eta = 0.95$ 计算。试计算夹紧力 $W = ?$

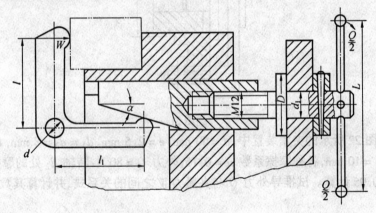

题图 19

5. 题图 20 为车削外圆零件的鸡心卡。现已知鸡心卡夹持工件的直径 $d_1 = 40$ mm，加

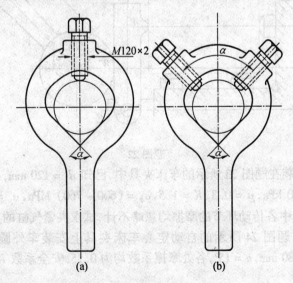

题图 20

工工件的直径 $d = 60$ mm,零件材料为 45 钢,加工时的切削量 $a_p = 1.5$ mm、$f = 0.6$ mm/r,摩擦系数为 0.18,安全系数 $K = 1.5$,$\alpha = 90°$。试计算需给题图 26(a)上的螺钉作用多大力矩? 若其他条件不变,只将鸡心卡上的单个螺钉改为互成 $\alpha = 90°$ 的两个螺钉,如题图 26(b),且作用在每个螺钉上的力矩不变,这时鸡心卡的传动力矩又可增加多少?

6. 题图 21 所示为在车床花盘上用两个螺钉压板机构夹紧零件,现欲加工直径为 $d = 100$ mm 的外圆。已知 $d_1 = 180$ mm、$D = 120$ mm,$a_p = 1.2$ mm、$f = 0.3$ mm/r,零件材料为 45 钢,$\mu = 0.16$,$K = 1.5$,夹紧力均布在支承环面上。试通过计算确定螺钉的直径。

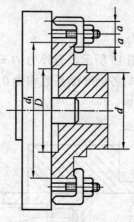

题图 21

7. 在题图 22 所示的夹紧装置中,$d = 50$ mm,$e = 2.5$ mm,$d_1 = d_2 = 8$ mm,$L = 100$ mm,$l = 75$ mm,$a = 10$ mm,各种摩擦系数 $\mu = 0.15$,外力 $Q = 80$ N,转轴 d_2 处的摩擦损耗按传递效率 $\eta = 0.95$ 计算。试推导外力 Q 与夹紧力 W 之间的关系式,并计算其数值。

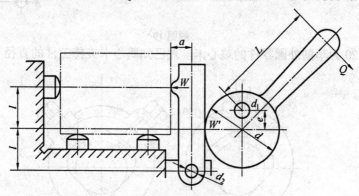

题图 22

8. 一钢锻件安装在题图 23 所示的车床夹具中,已知 $d_1 = 120$ mm,$d_2 = 80$ mm,$a = 2b$,$d'_1 = 30$ mm,$p = 600$ kPa,$\mu = 0.3$,$K = 1.5$,$\sigma_b = (600 \sim 760)$ MPa,$a_p = 2.5$ mm,$f_刀 = 0.5$ mm/r。若夹紧装置中各传动环节的摩擦均忽略不计,试求夹紧气缸的直径 $D = ?$

9. 套类零件在题图 24 所示的自动定心车床夹具上安装车外圆,现已知切削力矩 $M_切 = 50$ N·m,$D = 80$ mm,$\alpha = 15°$,各处摩擦系数均为 0.15,安全系数 $K = 1.5$,试求拉杆所需之拉力 Q。

关系于该 $L = 53.784 \pm 0.01$ mm,$L = 25 \pm 0.10$ mm,$r_1' = 30_{-0}^{+0.04}$ mm,$D = 15_{-0}^{+0.05}$ mm,安装孔径 $d_{孔} = 15_{-0}^{+0.0}$ mm。设计若干时间夹具设计法？若右上铣切面的方法及表达，工作下大，公差。若若连续工某若面方面切工工艺？

(注：大小 L 夹具面，且切某面方面切连连连？

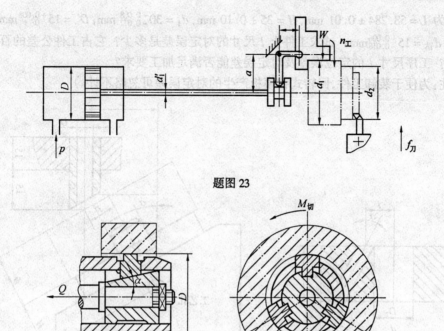

题图 23

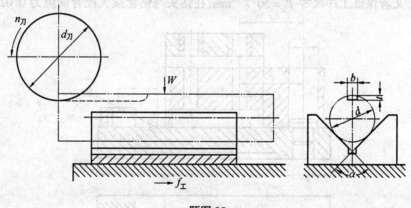

题图 24

10. 工件安装如题图 25 所示,欲用铣刀在工件上铣一键槽 $b \times t$。已知 $b = 10$ mm,$t = 5$ mm,$d = 40$ mm,工件材料为 45 钢,铣刀直径 $d_刀 = 75$ mm,刀齿数为 $Z = 25$,每齿进给量为 $f_Z = 0.04$ mm,$\mu = 0.17$,$K = 1.5$,$\alpha = 90°$。试计算所需夹紧力 $W_0 = ?$

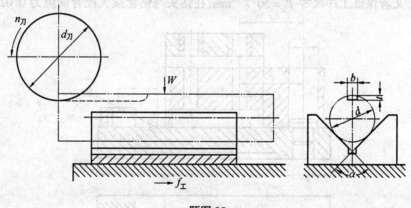

题图 25

1.3 对定误差计算

1. 工件及其在夹具中的定位如题图 26 所示。已知工件尺寸 $d = 100$ mm,$D_1 = 30_{0}^{+0.03}$ mm,$B = 40 \pm 0.02$ mm,$l = 24 \pm 0.10$ mm,欲在其上钻斜孔 D,$\alpha = 30°$。夹具上的有

关尺寸为 $L = 58.284 \pm 0.01$ mm，$H = 35 \pm 0.10$ mm，$d_1 = 30_{-0.072}^{-0.008}$ mm，$D' = 15_{0}^{+0.008}$ mm。钻头直径 $d_{钻} = 15_{-0.018}^{-0.006}$ mm。试求工件上 l 尺寸的对定误差是多少？它占工件公差的百分比为多少？工序尺寸 l 的定位误差及对定误差能否满足加工要求？

（注：为便于装卸工件，回转式钻模板产生的对定误差可忽略不计。）

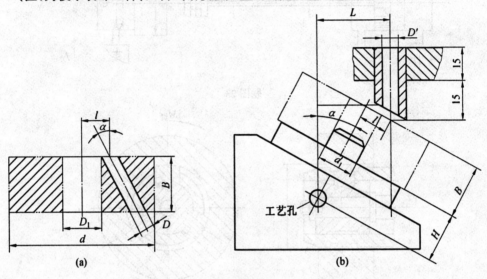

题图 26

2. 工件在夹具中的安装如题图 27 所示，欲在工件上钻两个与其底面垂直（公差为 100:0.06）的 $\phi 10$ mm 通孔。已知夹具体长度 $L = 300$ mm，试分析为控制夹具的对定误差小于工件垂直度公差的 $\frac{1}{5}$ 时，应对夹具底面 A 与定位面 B 之间的平行度提出什么样的精度要求？又若保证工序尺寸 $l' = 50_{0}^{+0.10}$ mm，在钻头与钻套最大配合间隙为 0.02 mm 的条

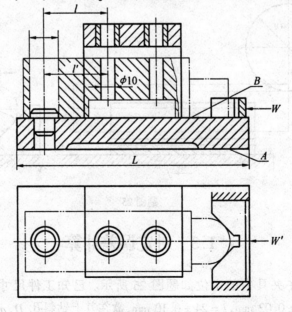

题图 27

件下,定位销与钻套之间的距离尺寸 $l = ?$

3. 工件安装如题图 28 所示,欲在工件上铣一与侧面 A 平行(公并为 100∶0.05)的通槽。已知夹具定向键与机床工作台 T 形槽的最大配合间隙为 0.02 mm,当夹具在机床上定位误差为工件平行度公差 $\frac{1}{3}$ 时,试确定两定向键之间的距离 $L = ?$

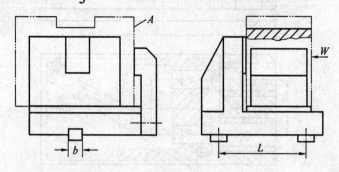

题图 28

4. 夹具上的分度装置如题图 29 所示。已知分度盘 A、B 两孔之间距离 $S = 136.8 \pm 0.03$ mm,分度盘底孔 $D_1 = 30^{+0.013}_{0}$ mm,衬套孔 $D_2 = 0^{+0.021}_{0}$ mm,菱形分度销 $d_2 = 20^{0}_{-0.013}$ mm,夹具底座衬套内孔 $D_3 = 24^{+0.021}_{0}$ mm,分度销导向部分外径 $d_3 = 24^{0}_{-0.013}$ mm,分度盘上衬套内孔 D_2 对其外圆的同轴度公差为 $T = 0.005$ mm。当不考虑其他误差时,试计算此分度装置的分度误差应为多少?

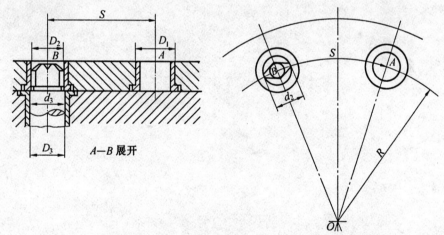

题图 29

5. 镗床夹具简图如题图 30 所示,加工工件上两孔 D_1 和 D_2,要求保证孔中心距 $l_1 = 180 \pm 0.08$ mm。已知镗模导套的中心距 $l'_1 = 180 \pm 0.01$ mm,导套的孔径为 $D'_1 = 80^{+0.019}_{0}$ mm,$D'_2 = 50^{+0.016}_{0}$ mm,镗杆的直径为 $d_1 = 80^{-0.010}_{-0.023}$ mm,$d_2 = 50^{-0.009}_{-0.021}$ mm。试问能否满足加工要求?

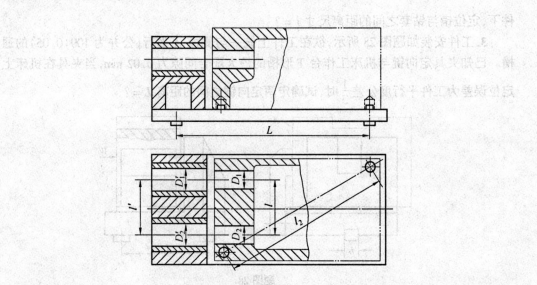

题图 30

附录2 常用定位、夹紧的参考资料

主要包括有常用定位元件所能限制的不定度,常见定位方式的定位误差及各类型斜楔和铰链夹紧机构中的扩力比等有关参数的计算公式。

附录2-1 常用定位元件所能限制的不定度

工件定位基准面	定位元件	定位方式简图	定位元件特点	限制的不定度
平面	支承钉			$1、2、3—\vec{Z}、\hat{X}、\hat{Y}$ $4、5—\vec{X}、\hat{Z}$ $6—\vec{Y}$
	支承板		每个支承板也可设计为两个或两个以上小支承板	$1、2—\vec{Z}、\hat{X}、\hat{Y}$ $3—\vec{X}、\hat{Z}$
	固定支承与浮动支承		1、3—固定支承 2—浮动支承	$1、2—\vec{Z}、\hat{X}、\hat{Y}$ $3—\vec{X}、\hat{Z}$
圆孔	固定支承与辅助支承		1、2、3、4—固定承支 5—辅助支承	$1、2、3—\vec{Z}、\hat{X}、\hat{Y}$ $4—\vec{X}、\hat{Z}$ 5—增加刚性,不限制不定度
	定位销（心轴）		短销（短心轴）	$\vec{X}、\vec{Y}$
			长销（长心轴）	$\vec{X}、\vec{Y}、\hat{X}、\hat{Y}$
	锥销		单锥销	$\vec{X}、\vec{Y}、\vec{Z}$
			1—固定销 2—活动销	$\vec{X}、\vec{Y}、\vec{Z}$ $\hat{X}、\hat{Y}$

续附录 2 – 1

工件定位基准面	定位元件	定位方式简图	定位元件特点	限制的不定度
外圆柱面	支承板或支承钉		短支承板或支承钉	$\vec{Z}$
			长支承板或两个支承钉	$\vec{Z}$、$\overset{\frown}{X}$
	V 形块		Z 方向浮动的短 V 形块	$\vec{X}$
			长 V 形块或两个短 V 形块	$\vec{X}$、$\vec{Z}$ $\overset{\frown}{X}$、$\overset{\frown}{Z}$
			短 V 形块	$\vec{X}$、$\vec{Z}$
	定位套		短套	$\vec{X}$、$\vec{Z}$
			长套	$\vec{X}$、$\vec{Z}$ $\overset{\frown}{X}$、$\overset{\frown}{Z}$
	半圆孔		短半圆孔	$\vec{X}$、$\vec{Z}$
			长半圆孔	$\vec{X}$、$\vec{Z}$ $\overset{\frown}{X}$、$\overset{\frown}{Z}$
	锥套		单锥套	$\vec{X}$、$\vec{Y}$、$\vec{Z}$
			1—固定锥套 2—活动锥套	$\vec{X}$、$\vec{Y}$、$\vec{Z}$ $\overset{\frown}{X}$、$\overset{\frown}{Z}$

附录 2-2　常见定位方式的定位误差

定位方式		定位简图	定位误差
定位基面	定位元件		
平面	平面		$\delta_{定位}(A)=0$ $\delta_{定位}(B)=T_H$
圆孔面及平面	圆柱面及平面		$\delta_{定位}=T_D+T_d+\Delta_{min}$ （定位基准任意方向变动）
圆孔面	圆柱面		$\delta_{定位}(X)=0$ $\delta_{定位}(Y)=\dfrac{1}{2}(T_D+T_d)$ （定位基准固定方向变动）
圆柱面	两垂直平面		$\delta_{定位}(A)=0$ $\delta_{定位}(B)=\dfrac{T_d}{2}$ $\delta_{定位}(C)=T_d$
圆柱面	平面及 V 形块		$\delta_{定位}(A)=\dfrac{T_d}{2}$ $\delta_{定位}(B)=0$ $\delta_{定位}(C)=\dfrac{1}{2}T_d\cos\beta$

续附录 2-2

定 位 方 式		定 位 简 图	定 位 误 差
定位基面	定位元件		
圆柱面	平面及 V 形块		$\delta_{定位}(A) = 0$ $\delta_{定位}(B) = \dfrac{T_d}{2}$ $\delta_{定位}(C) = \dfrac{T_d}{2}(1 - \cos \beta)$
圆柱面	平面及 V 形块		$\delta_{定位}(A) = T_d$ $\delta_{定位}(B) = \dfrac{T_d}{2}$ $\delta_{定位}(C) = \dfrac{T_d}{2}(1 + \cos \beta)$
圆柱面	V 形块		$\delta_{定位}(A) = \dfrac{T_d}{2\sin \frac{\alpha}{2}}$ $\delta_{定位}(B) = 0$ $\delta_{定位}(C) = \dfrac{T_d \cos \beta}{2\sin \frac{\alpha}{2}}$
圆柱面	V 形块		$\delta_{定位}(A) = \dfrac{T_d}{2}\left(\dfrac{1}{\sin \frac{\alpha}{2}} - 1\right)$ $\delta_{定位}(B) = \dfrac{T_d}{2}$ $\delta_{定位}(C) = \dfrac{T_d}{2}\left(\dfrac{\cos \beta}{2\sin \frac{\alpha}{2}} - 1\right)$
圆柱面	V 形块		$\delta_{定位}(A) = \dfrac{T_d}{2}\left(\dfrac{1}{\sin \frac{\alpha}{2}} + 1\right)$ $\delta_{定位}(B) = \dfrac{T_d}{2}$ $\delta_{定位}(C) = \dfrac{T_d}{2}\cos \beta$

附录2-3　各类斜楔夹紧机构中的扩力比 i_p 的计算公式

斜楔夹紧机构形式				简　图	扩力比 i_p 的计算公式	符号说明
无移动柱塞的斜楔夹紧机构	单斜楔面	两面摩擦	I		$i_p = \dfrac{1}{\tan(\alpha + \varphi_1) + \tan\varphi_2}$	（含附录2-4） α—斜楔角或铰链臂的倾斜角 φ_1—平面摩擦时作用在斜楔面上的摩擦角 φ_2—平面摩擦时作用在斜楔基面上的摩擦角 φ_3—移动柱塞对导向孔的摩擦角 φ—滚子或铰链销轴的摩擦角 φ'_1、φ'_2—滚子滚动的当量摩擦角 $\tan\varphi'_1 = \tan\varphi'_2 = \dfrac{d}{D}\tan\varphi$ 式中： d—销轴直径 D—滚子直径 φ'_3—移动柱塞对导向孔的当量摩擦角 $\tan\varphi'_3 = \dfrac{3l}{a}\tan\varphi_3$ 式中： l—移动柱塞导向孔中点至斜楔面或铰链中心距离 a—导向孔长度 φ'—铰链臂两端铰链的当量摩擦角 $\tan\varphi'_3 = \dfrac{d}{L}\tan\varphi$ 式中： L—铰链臂两铰孔的中心距
		斜面带滚子	2		$i_p = \dfrac{1}{\tan(\alpha + \varphi'_1) + \tan\varphi_2}$	
		两面带多斜楔滚子面	III		$i_p = \dfrac{1}{\tan(\alpha + \varphi'_1) + \tan\varphi'_2}$	
		斜楔带摩擦面	IV	$W_1 = \dfrac{W}{n}$	$i_p = \dfrac{1}{\tan(\alpha + \varphi_1)}$	
		斜楔带滚子面	V	$W_1 = \dfrac{W}{n}$	$i_p = \dfrac{1}{\tan(\alpha + \varphi'_1)}$	
带移动柱塞的斜楔夹紧机构	单斜楔面	移动柱塞双头导向 无滚子	VI		$i_p = \dfrac{1 - \tan(\alpha + \varphi_1)\tan\varphi'_3}{\tan(\alpha + \varphi_1) + \tan\varphi_2}$	
		移动柱塞双头导向 单滚子	VII		$i_p = \dfrac{1 - \tan(\alpha + \varphi'_1)\tan\varphi'_3}{\tan(\alpha + \varphi'_1) + \tan\varphi_2}$	
		移动柱塞双头导向 双滚子	VIII		$i_p = \dfrac{1 - \tan(\alpha + \varphi'_1)\tan\varphi'_3}{\tan(\alpha + \varphi'_1) + \tan\varphi'_2}$	
		移动柱塞单头导向 无滚子	IX		$i_p = \dfrac{1 - \tan(\alpha + \varphi_1)\tan\varphi'_3}{\tan(\alpha + \varphi_1) + \tan\varphi_2}$	
		移动柱塞单头导向 单滚子	X		$i_p = \dfrac{1 - \tan(\alpha + \varphi'_1)\tan\varphi'_3}{\tan(\alpha + \varphi'_1) + \tan\varphi_2}$	
		移动柱塞单头导向 双滚子	XI		$i_p = \dfrac{1 - \tan(\alpha + \varphi'_1)\tan\varphi'_3}{\tan(\alpha + \varphi'_1) + \tan\varphi'_2}$	
	多斜楔面	斜楔带摩擦	XII	$W_1 \quad W_1 = \dfrac{W}{n}$	$i_p = \dfrac{1 - \tan(\alpha + \varphi_1)\tan\varphi'_3}{\tan(\alpha + \varphi_1)}$	
		斜楔带滚子	XIII	$W_1 \quad W_1 = \dfrac{W}{n}$	$i_p = \dfrac{1 - \tan(\alpha + \varphi'_1)\tan\varphi'_3}{\tan(\alpha + \varphi'_1)}$	

附录 2-4　各类型铰链夹紧机构中的 i_p、h_3、x_0、h 的计算公式

类型	机构简图	计算项目	计算公式
I		i_p	$i_p = \dfrac{1}{\tan(\alpha_2 + \varphi') + \tan \varphi'_1}$
		h_3	$h_3 = L(1 - \cos \alpha_2)$
		x_0	$x_0 = L(\sin \alpha_1 - \sin \alpha_2)$
		h	$h = 2L(\cos \alpha_2 - \cos \alpha_1)$
2		i_p	$i_p = \dfrac{1}{2\tan(\alpha_2 + \varphi'_3)}$
		h_3	$h_3 = 2L(1 - \cos \alpha_2)$
		x_0	$x_0 = L(\sin \alpha_1 - \sin \alpha_2)$
		h	$h = 2L(\cos \alpha_2 - \cos \alpha_1)$
III		i_p	$i_p = \dfrac{1}{2}\left[\dfrac{1}{\tan(\alpha_2 + \varphi') - \tan \varphi'_3} \right]$
		h_3	$h_3 = 2L(1 - \cos \alpha_2)$
		x_0	$x_0 = L(\sin \alpha_1 - \sin \alpha_2)$
		h	$h = 2L(\cos \alpha_2 - \cos \alpha_1)$
IV		i_p	$i_p = \dfrac{1}{\tan(\alpha_2 + \varphi')}$
		h_3	$h_3 = 2L(1 - \cos \alpha_2)$
		x_0	$x_0 = L(\sin \alpha_1 - \sin \alpha_2)$
		h	$h = L(\cos \alpha_2 - \cos \alpha_1)$
V		i_p	$i_p = \dfrac{1}{\tan(\alpha_2 + \varphi')} - \tan \varphi'_3$
		h_3	$h_3 = 2L(1 - \cos \alpha_2)$
		x_0	$x_0 = L(\sin \alpha_1 - \sin \alpha_2)$
		h	$h = L(\cos \alpha_2 - \cos \alpha_1)$

附录3 夹具技术要求参考资料

附录3-1 夹具的尺寸公差

工件的尺寸公差/mm	夹具相应尺寸公差占工件尺寸公差的
< 0.02	3/5
0.02 ~ 0.05	1/2
0.05 ~ 0.20	2/5
0.20 ~ 0.30	1/3

附录3-2 夹具的角度公差

工件的角度公差	夹具相应角度公差占工件角度公差的
0°1′ ~ 0°10′	1/2
0°10′ ~ 1°	2/5
1° ~ 4°	1/3

附录3-3 车、磨夹具径向跳动允差

工件径向跳动允差/mm	定位元件定位表面对回转中心线的径向跳动允差/mm	
	心轴类夹具	一般车磨夹具
0.05 ~ 0.10	0.005 ~ 0.01	0.01 ~ 0.02
0.10 ~ 0.20	0.01 ~ 0.015	0.02 ~ 0.04
0.20 以上	0.015 ~ 0.03	0.04 ~ 0.06

附录3-4 按工件公差确定夹具对刀块到定位表面的制造公差

工件的允许误差/mm	对刀块到定位表面的相互位置/mm	
	平行或垂直时	平行或不垂直时
± 0.1	± 0.02	± 0.015
± 0.1 ~ ± 0.25	± 0.05	± 0.035
± 0.25 以上	± 0.10	± 0.08

附录3-5 对刀块工作面、定位表面和定位键侧面间的技术要求

工件加工面对定位基准的技术要求/mm	对刀块工作面及定位键侧面对定位表面的垂直度或平行度(mm/100 mm)
0.05 ~ 0.10	0.01 ~ 0.02
0.10 ~ 0.20	0.02 ~ 0.05
0.20 以上	0.05 ~ 0.10

附录 3－6   导套中心距或导套中心到定位基面间的制造公差

工件孔中心距或孔中心到基面的允差/mm	导套中心距或导套中心到定位基面的制造公差/mm	
	平行或垂直时	平行或不垂直时
±0.05 ~ ±0.10	±0.005 ~ ±0.02	±0.005 ~ ±0.015
±0.10 ~ ±0.25	±0.02 ~ ±0.05	±0.015 ~ ±0.035
±0.25 以上	±0.05 ~ 0.10	±0.035 ~ ±0.08

附录 3－7   导套中心对夹具安装基面的相互位置要求

工件加工对定位基面的垂直度要求/mm	导套中心对夹具安装基面的垂直度要求(mm/100 mm)
0.05 ~ 0.10	0.01 ~ 0.02
0.10 ~ 0.25	0.02 ~ 0.05
0.25 以上	0.05

附录 3－8   常用夹具零件材料及热处理

名称		推荐材料	热 处 理 要 求	国标《夹具零部件》代号
定位元件	支承钉	$D \leqslant 12$ mm,T7A $D > 12$ mm,钢20	淬火 HRC60 ~ 64 渗碳深 0.8 ~ 1.2 mm,淬火 HRC60 ~ 64	GB2226—1980
	支承板	钢20	渗碳深 0.8 ~ 1.2 mm 淬火 HRC60 ~ 64	GB2236—1980
	可调支承螺钉	钢45	头部淬火 HRC38 ~ 42 $L < 50$ mm,整体淬火 HRC53 ~ 58	国际《夹具零部件》附录——应用图例中图6
	定位销	$D \leqslant 16$ mm,T7A $D > 16$ mm,钢20	淬火 HRC53 ~ 58 渗碳深 0.8 ~ 1.2 mm,淬火 HRC53 ~ 58	GB2203—1980A GB2204—1980A
	定位心轴	$D \leqslant 35$ mm,T8A $D > 35$ mm,钢45	淬火 HRC55 ~ 60 淬火 HRC43 ~ 48	
	V 形块	钢20	渗碳深 0.8 ~ 1.2 mm 淬火 HRC60 ~ 64	GB2208—1980
夹紧元件	斜楔	钢20 代用钢45	渗碳深 0.8 ~ 1.2 mm, 淬硬 HRC58 ~ 62 淬火 HRC43 ~ 48	
	压紧螺钉	钢45	淬碳 HRC38 ~ 42	GB2160—1980 至 GB2163—1980
	螺母	钢45	淬火 HRC33 ~ 38	
	摆动压块	钢45	淬火 HRC43 ~ 48	GB2171—1980 GB2172—1980
	普通螺钉压板	钢45	淬火 HRC38 ~ 42	国际《夹具零部件》附录应用图例.20、21、23 ~ 25
	钩形压反	钢45	淬火 HRC38 ~ 42	GB2197—1980
	圆偏心轮	钢20 优质工具钢	渗碳深 0.8 ~ 1.2 mm 淬火 HRC60 ~ 64 淬火 HRC50 ~ 55	GB2191—1980 至 GB2194—1980

续附录 3 - 8

名　称		推荐材料	热 处 理 要 求	国标《夹具零部件》代号
其他专用元件	对刀块	钢 20	渗碳深 0.8 ~ 1.2 mm 淬火 HRC60 ~ 64	GB2240—1980 至 GB2243—1980
	塞 尺	T7A	淬火 HRC60 ~ 64	GB2244—1980 GB2245—1980
	定向键	钢 45	淬火 HRC43 ~ 48	GB2206—1980
	钻套	内径 ≤ 25 mm, T10A 内径 > 25 mm, 钢 20	淬火 HRC60 ~ 64 渗碳深 0.8 ~ 1.2 mm 淬火 HRC60 ~ 64	GB2262—1980 GB2264—1980 GB2265—1980
	衬套	（同上）	（同上）	GB2263—1980
	固定式镗套	钢 20	渗碳深 0.8 ~ 1.2 mm 淬火 HRC55 ~ 60	GB2266—1980 GB2267—1980 GB2269—1980
夹具体		HT15 ~ 30 或 HT20 ~ 30	时效处理	

附录 3 - 9　常用夹具元件的公差和配合

元件名称	部 位 及 配 合		备　注
衬　套	外径与本体	$\dfrac{H7}{r6}$ 或 $\dfrac{H7}{n6}$	
	内径	H6 或 H7	
固定钻套	外径与钻模板	$\dfrac{H7}{r6}$ 或 $\dfrac{H7}{n6}$	
	内径	G7 或 F8	基本尺寸是刀具的最大尺寸
可换钻套	外径与衬套	$\dfrac{H6}{g5}$ 或 $\dfrac{H7}{g6}$	
快换钻套	内径	钻孔及扩孔时　F8	基本尺寸是刀具的最大尺寸
		粗铰孔时　G7	
		精铰孔时　G6	
镗　套	外径与衬套	$\dfrac{H6}{h5}\left(\dfrac{H6}{j5}\right)$；$\dfrac{7}{H6}\left(\dfrac{H7}{js6}\right)$	
	内径与镗杆	$\dfrac{H6}{g5}\left(\dfrac{H6}{h5}\right)$；$\dfrac{H7}{g6}\left(\dfrac{H7}{h6}\right)$	
支承钉	与夹具体配合	$\dfrac{H7}{r6}$、$\dfrac{H7}{n6}$	
定位销	与工件基准配合	$\dfrac{H7}{g6}$、$\dfrac{H7}{f7}$ 或 $\dfrac{H6}{g5}$、$\dfrac{H6}{f6}$	
	与夹具体配合	$\dfrac{H7}{r6}$、$\dfrac{H7}{n6}$	
可换定位销	与衬套配合	$\dfrac{H7}{h6}$	
钻模板铰链轴	轴与孔配合	$\dfrac{G7}{h6}$、$\dfrac{F8}{h6}$	

附录 3－10　各类机床夹具的主要技术条件的实例

序号	名　称	夹具示意图	技　术　要　求/mm
1	车床夹具		①表面 N 和 L 为基准。a 面与 N 的轴线的平行度公差 0.02/100(或按产品要求) ②a 面与 L 的垂直公差 0.02/100 ③a 面平面度公差 0.02/150
2	车床夹具		①V 形块的轴线对 N 的同轴度公差 0.01 ②V 形块的轴线对 L 的垂直度公差 0.02/100
3	车床夹具		①R 面与 L 的平行度公差 0.02/100 ②通过表面 u 和 v 的轴线之平面对表面 N 轴线的位置度公差0.01
4	圆销定心盖板式钻模板		①φD 轴线与 a 面的垂直度公差 0.01/100 ②a 面平面度公差 0.02/300 ③所有钻套孔轴线与 a 面垂直度公差 0.02/100
5	钻床夹具		①表面 F 的轴线(或钻套的轴线)对表面 L 的垂直度公差 0.02/100 ②表面 F 的轴线对表面 a 轴线的位置公差 0.010 ③表面 R 对 L 面的垂直度公差 0.02/100
6	钻床夹具		①表面 F 的轴级(或钻套的轴线)对表面 L 的垂直度公差 0.02/100 ②R 面对 L 面的平行度公差 0.02/100 ③表面 F 的轴线对通过表面 u 和 v 的轴线之平面的位置度公差 0.01
7	铣床夹具		①a 面对 L 面的平行度公差 0.03/100 ②b 面对定位键 N 面的平行度公差 0.02/100
8	铣床夹具		①V 形块轴线对 L 面的平行度公差 0.02/100 ②V 形块轴线对 N 面的平行度公差 0.02/100
9	铣床夹具		①通过装置在表面 u 和 v 的检验棒轴线之平面对 L 面的平行度公差 0.02/100 ②通过装置在表面 v 和 w 的检验棒轴线之平面对通过装置在表面 u 和 y 的检验棒轴线之平面的位置度公差 0.01 ③装置在 u、v、w 和 y 的检验棒的轴线对 N 面的垂直度公差 0.02/100

参考文献

[1] 陶崇德,葛鸿翰.机床夹具设计(第2版)[M].上海:上海科学技术出版社,1989.

[2] 龚定安,蔡建国.机床夹具设计原理[M].西安:陕西科学技术出版社,1980.

[3] 职工大学机制专业教学研究会编.机床夹具[M].北京:北京科学技术出版社,1985.

[4] 王光斗,王春福.机床夹具设计手册[M].上海:上海科学技术出版社,1980.

[5] 李益民主编.机械制造工艺学习题集[M].北京:机械工业出版社,1986.

[6] 王秀伦,边文义,张运祥.机床夹具设计[M].北京:中国铁道出版社,1984.

[7] 长春汽车制造厂工装设计室编.机床夹具设计原理[M].长春:吉林人民出版社,1976.

参考文献

[1] 陆剑中，富春德. 金属切削原理与刀具(第2版)[M]. 上海：上海科学技术出版社，1999.

[2] 吴宗泽. 机械及其零件图图册[M]. 桂林：广西科学技术出版社，1990.

[3] 哈工大... 北京：北京科学技术出版社，1993.

[4] 王先逵. 机械制造工艺学[M]. 上海：上海科学技术出版社，1989.

[5] 李益民主编. 机械制造工艺设计简明手册[M]. 北京：中国工业出版社，1986.

[6] 王光斗，王春福. 机床夹具设计手册[M]. 上海：中国机... 出版社，1994.

[7] 长春汽车厂... 机械工艺... 机床夹具设计原理[M]. 长春：吉林人民出版社，1979.